U0190102

国家出版基金项目
NATIONAL PUBLICATION FOUNDATION

“十四五”国家重点出版物出版规划重大工程

污染控制理论与应用前沿丛书

常温空气阴极燃料电池
在废水处理中的应用

Room-Temperature Air-Cathode Fuel Cell System
and Functional Application in Wastewater Treatment

孙 敏 著

中国科学技术大学出版社

内 容 简 介

常温空气阴极燃料电池利用环境中有机/无机废弃物与氧气之间的氧化还原电位差异,在常温、常压条件下通过阴、阳电极之间的电子传递完成氧气对环境废弃物的氧化反应。开发以常温空气阴极燃料电池为核心的新型废水处理工艺,对于实现能源利用和环境保护的可持续发展具有重要意义。本书以常温空气阴极燃料电池作为对象,围绕其在环境废弃物资源化处置方面的应用展开讨论,并对燃料电池的内在反应机理和电池系统调控进行深入阐述。

本书内容对于认识常温空气阴极燃料电池的内在规律和调控手段,推动其真正成为适应面广、可靠性强、成本低的清洁能源生产新技术,有着重要的指导意义。

图书在版编目(CIP)数据

常温空气阴极燃料电池在废水处理中的应用/孙敏著.—合肥:中国科学技术大学出版社,2022.3

(污染控制理论与应用前沿丛书/俞汉青主编)

国家出版基金项目

"十四五"国家重点出版物出版规划重大工程

ISBN 978-7-312-05390-0

Ⅰ.常… Ⅱ.孙… Ⅲ.燃料电池—应用—废水处理—研究 Ⅳ.X703

中国版本图书馆 CIP 数据核字(2022)第 031685 号

常温空气阴极燃料电池在废水处理中的应用

CHANGWEN KONGQI YINJI RANLIAO DIANCHI ZAI FEISHUI CHULI ZHONG DE YINGYONG

出版	中国科学技术大学出版社
	安徽省合肥市金寨路 96 号,230026
	http://www.press.ustc.edu.cn
	https://zgkxjsdxcbs.tmall.com
印刷	安徽联众印刷有限公司
发行	中国科学技术大学出版社
开本	787 mm×1092 mm　1/16
印张	16
字数	301 千
版次	2022 年 3 月第 1 版
印次	2022 年 3 月第 1 次印刷
定价	100.00 元

总　序

建设生态文明是关系人民福祉、关乎民族未来的长远大计,在党的十八大以来被提升到突出的战略地位。2017 年 10 月,党的十九大报告明确提出"污染防治"是生态文明建设的重要战略部署,是我国决胜全面建成小康社会的三大攻坚战之一。2018 年,国务院政府工作报告进一步强调要打好"污染防治攻坚战",确保生态环境质量总体改善。这都显示出党和国家推动我国生态环境保护水平同全面建成小康社会目标相适应的决心。

当前,我国环境污染状况有所缓解,但总体形势仍然严峻,已严重制约了我国经济社会的持续健康发展。发展以资源回收利用为导向的污染控制新理论与新技术,是进一步推动污染物高效、低成本、稳定去除的发展方向,已成为国家重大战略需求和国际重要学术前沿。

为了配合国家对生态文明建设、"污染防治攻坚战"的一系列重大布局,抢占污染控制领域国际学术前沿制高点,加快传播与普及生态环境污染控制的前沿科学研究成果,促进相关领域人才培养,推动科技进步及成果转化,我们组织一批来自多个"双一流"大学、活跃在我国环境科学与工程前沿领域、有影响力的科学家共同撰写"污染控制理论与应用前沿丛书"。

本丛书是作者团队承担的国家重大重点科研项目(国家重大科技专项、国家 863 计划、国家自然科学基金)和获得的重大科技成果奖励(2014 年国家自然科学奖二等奖、2020 年国家科学技术进步奖二等奖)的系统总结,是作者团队攻读博士学位期间取得的重要的前沿学术成果(全国百篇优秀博士论文、中科院优秀博士论文等)的系统凝练,是一套系统反映污染控制基础科学理论与前沿高新技术研究成果的系列图书。本丛书围绕我国环境领域的污染物生化控制、转化机理、无害化处置、资源回收利用等亟须解决的一些重大科学问题与技术问题,将物理学、化学、生物学、材料学等学科的最新理论成果以及前沿高新技术应用到污染控制过程中，总结了我国目前在污染控制领域（特别是废水和固废领域）的重要研究进展，探索、建立并发展了常温空气阴极燃料电池技术、纳米材料技术、新兴生物电化学系统、新型膜生物反应器、水体污染物的化学及生物转化，以及固体废弃物污染控制与清洁转化等方面的前沿理论与技术，形成了具有广阔应用前景的新理论和新方法，为污染控制与治理提供了理论基础和科学依据。

  "污染控制理论与应用前沿丛书"是服务国家重大战略需求、推动生态文明建设、打赢"污染防治攻坚战"的一套丛书。其出版将有利于促进最前沿的科研成果得到及时的传播和应用，有利于促进污染治理人才和高水平创新团队的培养，有利于推动我国环境污染控制和治理相关领域的发展和国际竞争力的提升；同时为环境污染控制与治理实践提供新思路、新技术、新材料，也可以为政府环境决策、强化环境管理、履行国际环境公约等提供科学依据和技术支撑，在保障生态环境安全、实施生态文明建设、打赢"污染防治攻坚战"中起到不可替代的作用。

编委会

2021 年 10 月

前　言

常温空气阴极燃料电池利用环境中有机/无机废弃物与氧气之间的氧化还原电位差异，在常温、常压条件下通过阴、阳电极之间的电子传递完成氧气对环境废弃物的氧化反应。开发以常温空气阴极燃料电池为核心的新型废水处理工艺，对于实现能源利用和环境保护的可持续发展具有重要意义。本书以常温空气阴极燃料电池作为对象，围绕其在环境废弃物资源化处置方面的应用展开讨论，并对燃料电池的内在反应机理和电池系统调控进行深入阐述。

第 1 章以微生物燃料电池（MFC）为对象，探讨如何集成应用电化学、分析化学以及微生物学的多种方法和手段对MFC进行性能强化和功能拓展。MFC 利用电活性微生物作为催化剂，将环境废弃物中的化学能直接转化为电能，其具有环境污染控制与清洁能源生产的双重功能。本章在介绍MFC 技术基本工作原理的基础上，基于荷电特征普遍存在于微生物个体（包括产电微生物）的科学事实，提出施加短暂外电场加速 MFC 启动的方法，并全面阐释了不同强度外电场对微生物的催化行为和 MFC 启动的影响机制；基于电活性微生物存在多种胞外电子传递方式的特征，介绍了基于核黄素的荧光分析原位定量检测电活性微生物胞外电子传递能力的方法；探讨了通过电极材料的设计调控电活性微生物膜的代谢与生长，以及 MFC 在降解聚丙烯酰胺（PAM）类水溶高聚物方面的应用潜力；阐释了 PAM 的降解途径以及生物电对 PAM 降解的强化机制；介绍了原位利用 MFC 输出能量的MEC-MFC 耦合强化制氢系统，突破了 MFC 较低能量输出难以被有效利用的局限，可实现无需外加化学电源的生物电解制氢；探讨了 MEC-MFC 耦合系统中 MEC 与 MFC 的相互协作关系与系统关键调控因子。

第 2 章以硫基常温空气阴极燃料电池为对象，探讨了将该技术应用于硫化物的定向氧化并同步回收单质硫和电能。硫基常温空气阴极燃料电池基于硫化物的活泼还原特性，使其在阳极发生自发电化学氧化反应,是一种具有较高资源化潜力的脱硫技术。本章在介绍硫基常温空气阴极燃料电池基本工作原理的基础上,深入分析了不同 pH 阳极溶液中硫化物电化学氧化过程和产物分布,探讨制备碳载锰氧化物对硫化物电化学氧化进行催化增强;深入阐述了硫化物在空气阴极燃料电池中的转化机理、微生物在硫化物氧化各阶段的协同催化行为,以及微生物群落结构和演化过程。

第 3 章以铁基常温空气阴极燃料电池为对象,探讨电池反应动力学特征和其在酸性矿山废水和硫化氢资源化处置方面的应用。铁基常温空气阴极燃料电池利用阴极氧气驱动 Fe(Ⅱ)在阳极处发生氧化成为 Fe(Ⅲ),利用该技术可由酸性矿山废水原位制备非均相电 Fenton 催化剂,并可耦合络合铁脱硫工艺由硫化物同步回收单质硫和电能。本章在介绍铁基常温空气阴极燃料电池基本工作原理的基础上,深入分析了电池中阳极 Fe(Ⅱ)的电化学氧化动力学过程,介绍了铁基常温空气阴极燃料电池在酸性矿山废水资源化处置方面的拓展应用,评估了该技术在实际酸性矿山废水处理中制造非均相电 Fenton 催化剂的可行性;介绍了常温空气阴极燃料电池与络合铁工艺相集成的耦合脱硫系统,对系统的限速步骤络合 Fe(Ⅲ)的再生展开了讨论,在 Fe(Ⅱ)物种分布规律基础上构建了能够较为精准描述络合 Fe(Ⅱ)电化学氧化和有氧氧化速率的动力学模型。

本书内容对于认识常温空气阴极燃料电池的内在规律和调控手段,使其真正成为适应面广、可靠性强、成本低的清洁能源生产新技术,有着重要的指导意义。

本书由合肥工业大学孙敏编写,翟林峰和张锋分别参与了第 2、第 3 章和第 1 章的资料整理工作。

作 者

2021 年 7 月

目　录

第 —— **1** —— 章

微生物燃料电池

微生物燃料电池（MFC）是一类特殊的生物质燃料电池，其利用自然界存在的微生物在常温、常压条件下将有机/无机物氧化产生电流。MFC采用微生物取代化学燃料电池中昂贵的化学催化剂，在大大降低成本的同时，可以利用非常复杂的燃料如废水中碳水化合物等发电，从而在处理废水的同时直接获得高品位的电能。此外，微生物具有独特的自我繁殖和更新能力，因此可以在污水处理过程中长期有效地实现电力输出。MFC在净化水质的同时产出了易于利用的清洁能源电能，从而获得了净化环境和生产清洁能源的双重效益，为废水处理厂提供了一种全新的技术途径[1-2]。

本章结合电化学、分析化学以及微生物学的多种研究方法，针对电活性微生物的电子传递机制及其生物电催化行为、MFC的内在产电规律和调控手段进行深入阐述，并探讨以MFC为核心的废水生物处理及资源化工艺，使其真正成为适应面广、可靠性强、成本低的清洁能源生产新技术。

1.1

微生物燃料电池的基本工作原理

1.1.1

微生物燃料电池的产电机制

MFC的基本结构与化学燃料电池相似，图1.1为典型的MFC工作原理示意图。该MFC由阴极、阳极、质子交换膜和外电路组成。底物在阳极被微生物利用，产生电子、质子以及二氧化碳等代谢产物。电子从微生物细胞传递至阳极表面，接着沿外电路传递到阴极，同时质子由阳极室经质子交换膜迁移到阴极室。阴极的电子受体氧气在催化剂的作用下与电子和质子结合，在阴极表面发生还原反应。电子不断产生、传递形成电流，从而完成产电过程。

阳极直接参与微生物催化的底物的氧化反应，其中负载在电极上的那部分微生物对产电效率起主要作用。对阳极材料的基本要求是电导性高、耐腐蚀、比表面积大、孔隙率高、不易堵塞。MFC 常用的阳极材料有碳布、石墨毡、石墨颗粒、石墨棒、石墨盘片等。氧气作为阴极电子受体,具有氧化电势较高、廉价易得且反应产物为水、无污染等优点。阴极通常采用石墨、碳布或碳纸为基本材料,但其对氧气还原反应催化效果不佳,因此需附载高活性化学或生物催化剂来提高氧气还原效率。贵金属铂由于其常温催化活力强、稳定性高而被广泛用作 MFC 阴极催化剂。对于以溶解氧为电子受体的 MFC,氧气在水溶液中较低的溶解度导致溶解氧浓度是反应的主要限制因素。为了解决此问题,可直接将载铂阴极暴露于空气中,构成空气阴极单室 MFC。此设计可减少双室 MFC 由于阴极溶液曝气带来的能耗,且可有效解决氧气传递问题,提高氧气的还原效率,增加电能输出。在传统 MFC 中,质子交换膜是重要组件,其作用在于维持电池反应溶液 pH 的平衡以有效传输质子,使电极反应正常进行,同时抑制阴极反应气体向阳极渗透。质子交换膜的好坏与性质直接影响 MFC 的工作效率及产电能力。理想的质子交换膜具备将质子高效率传递到阴极的同时阻止底物或电子受体在两极间迁移的功能。去除质子交换膜,可减少质子向阴极传递的阻力,从而降低内阻,提高功率输出。但是没有膜的隔离,阴极电子受体易进入阳极,减少电能的转化。此外,在质子迁移系统中,氧气等电子受体向阳极的扩散现象值得关注。其发生会使兼性微生物和好氧微生物消耗部分燃料,同时抑制电活性微生物的代谢,导致整个 MFC 系统库仑效率的降低。

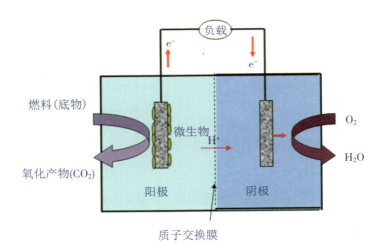

图 1.1 MFC 的基本工作原理示意图

在早期的 MFC 研究中,常常在阳极腔室内加入外源介体以实现微生物-电极间电子传递或提高电子传递速率。当底物在微生物作用下被氧化,释放出的电子被进入微生物细胞内处于氧化态的介体所获得,介体被还原;还原态的介体离开微生物细胞,在阳极表面失去电子被氧化,同时电子传递到电极上。理想的外源介体应具备如下条件：① 介体的氧化态和还原态均可溶且较稳定，易于穿过微生物细胞膜；② 介体的氧化还原电势应与体系相匹配，即高于细胞内还原组分的电势，且低于阳极电极电势；③ 介体的氧化态在微生物细胞内获取电子的同时不干扰其他生物代谢过程，对微生物无毒，且不能被其利用；④ 氧化还原反应速率快，且可逆性良好。外源介体主要包括小分子有机物和金属有机复合物，其中较为典型的有硫堇、可溶性醌、Fe(Ⅲ)-EDTA 和一些人工合成的染料物质，如甲基紫、中性红等。外源介体的功能依赖于其电极反应动力学参数，其中最主要的是介体的氧化还原反应速率常数。为了提高反应速率，可将多种介体适当混合使用。外源介体的价格昂贵，且需要经常补充，相对于 MFC 提供的电能，添加介体所付出的成本较高。此外，大多氧化还原介体有毒性。因此，外源介体 MFC 的应用受到极大限制。近些年，研究者发现了多种不需要介体就可以直接将电子传递到电极表面的微生物，即阳极电活性微生物[3]，以此类微生物接种的 MFC 称为直接 MFC 或无介体 MFC。

1.1.2

电活性微生物胞外电子传递方式

电活性微生物是 MFC 阳极的生物催化剂，研究其传递电子的机制及催化行为，可为建立 MFC 的调控手段、提高 MFC 的工作效率提供了强有力的理论依据，对 MFC 真正投入应用具有重要意义。产电菌(*exoelectrogens*)是可以将有机物完全氧化并利用完整的电子传递链将电子传递到胞外电极的微生物细菌。希瓦氏菌属(*Shewanella*)和地杆菌属(*Geobacter*)同属变形菌门，为革兰氏阴性菌，是目前 MFC 研究中应用最多的纯培养产电菌，几乎所有的 MFC 电子传递方式都是依据上述两类细菌的研究而建立的。电子由电活性微生物细胞内传递至阳极表面是直接 MFC 产电的关键步骤，也是制约产电性能的因素之一。图 1.2 总结了阳极电子传递的几种主要方式：生物膜接触传递、纳米导线辅助传递和电子穿梭传递。[4]

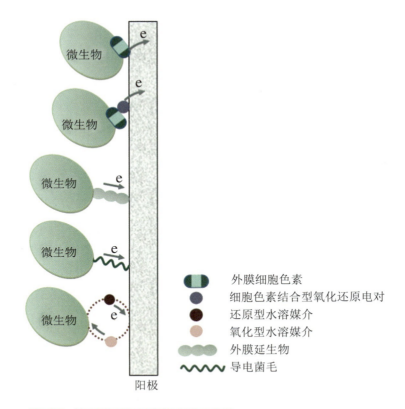

微生物

微生物

微生物

微生物

微生物

外膜细胞色素
细胞色素结合型氧化还原电对
还原型水溶媒介
氧化型水溶媒介
外膜延生物
导电菌毛

阳极

图 1.2　MFC 阳极电子传递机制示意图

　　微生物细胞外膜蛋白介导的直接电子传递是一种常见的电子传递方式，该方式要求微生物细胞必须和阳极表面有物理接触。此类微生物主要包括希瓦氏菌、地杆菌和脱硫单胞菌（*Desulfuromonas*）。依靠该方式只是仅靠电极表面的单层微生物具有电化学活性，可传递电子给电极，故电池性能受限于电极表面这一单层微生物的最大细菌浓度。不同菌种所依靠的蛋白种类有所不同。在厌氧条件下，希瓦氏菌和地杆菌主要通过细胞色素 c 完成胞内电子传递。例如，*Shewanella oneidensis* MR-1 细菌拥有的多种细胞色素 c 在细胞内膜、周质空间、外膜组成了灵活的电子传递网络。在代谢过程中，NADH 作为电子传递体，将有机物分解产生的电子传送至由细胞色素 c 组成的电子传递网络，与阳极表面直接接触的电活性微生物菌体通过细胞膜外侧的细胞色素 c，将呼吸链中电子直接传递至电极表面。由基因 *omcA* 和 *mtrC* 所控制合成的细胞色素 c 最终将电子传递给胞外电极。对 *Geobacter sulfurreducens* 的基因组学的研究表明，该种微生物可以通过细胞膜上的一系列细胞色素 c 将电子传至电极表面。*G. sulfurreducens* 能够分泌细胞色素至胞外，并且在电极表面形成 50 μm 的导电生物膜，因此生物膜外层细菌产生的电子可以通过生物膜传递至电极[5]。然

污染控制理论与应用前沿丛书
常温空气阴极燃料电池在废水处理中的应用

而,生物膜接触的传递方式只能在纳米范围内传递电子,而依靠纳米导线,电活性菌可完成 100 μm 以上的长距离电子传递[6]。某些细菌,如 *Geobacter* sp. 和 *Shewanella* sp. 细胞表面存在一种可导电的纳米级的菌毛或荚膜,其在电子传递中起重要作用,被称为微生物纳米导线[7]。当施加外电压时,微生物纳米导线会产生强电流响应。在电子传递过程中,纳米导线起到电子导管的作用:它一端与细胞外膜相连,另一端与电极表面直接接触,从而使细胞外膜上的电子传递至电极表面。这些纳米导线的存在,摆脱了菌体直接接触电极的限制,可使电子传递到离细胞表面更远处,从而完成较远距离的电子传递。对于 *S. oneidensis*,微生物纳米导线被认为是细胞外膜外延物[7-8],其电导率可达 1 S·cm^{-1};而对于 *G. sulfurreducens*,微生物纳米导线一直以来被认为是由菌毛蛋白聚合而成的一种名为 e-pili 的菌毛,电导率为 50 mS·cm^{-1}[9]。然而,有研究者发现野生型 *G. sulfurreducens* 的细胞色素 *omcS* 也可通过聚合形成微生物纳米导线[10]。无论是细胞外膜外延物还是 e-pili 菌毛,都可以独立传递电子。尤其是 e-pili,即使在外膜细胞色素缺失的情况下,仍具有将电子从胞内传递至胞外的功能[11-12]。

电子穿梭传递机制,即微生物利用电子穿梭体(氧化还原介体)将代谢产生的电子转移至电极表面。研究发现,一些微生物自身可分泌具有传递电子功能的氧化还原介体。这些介体是由次级代谢途径产生的、与细胞外电子传递相关的小分子物质,如醌类、核黄素类、吩嗪类物质[13-15]。对于 *S. oneidensis* MR-1,已经证实其可以主动分泌核黄素类物质至胞外负担电子传递的任务,而且在 *S. oneidensis* MR-1 形成的生物膜中也发现了核黄素,这预示着其与生物膜的导电性有直接关联[13]。次级代谢物介体传递电子,消除了添加外源介体带来的各种问题。在微生物体内,分泌产生的氧化态次级代谢介体作为可逆的末端电子受体,接受电子形成还原态,介体将电子传递至胞外,在电极表面失去电子重新变成氧化态,进入细胞开始下一氧化还原过程。一个介体分子能够不停地参与电子传递循环,因此少量介体就能够获得有效的电子传递。而且,这些介体还可以用于辅助其他非电活性微生物完成与电极间的电子传递[16-18]。但一般认为氧化还原介体只在间歇操作系统中有效,在开放式连续流系统中,介体会随底物的变更而流失,导致 MFC 库仑效率和能效下降。

产电菌可根据细胞的代谢状态和环境灵活调整其电子转移途径。*Shewanella* sp. 分泌的核黄素即可作为电子传递介质独立传导电子,也可结合血红素细胞色素辅助其电子传递[19-20],因此其可以以悬浮细胞或生物膜两种形式生长。类似地,在长期缺失 e-pili 基因的情况下,*G. sulfurreducens* 会产生新的电子传递介质以支持其胞外电子传递[21]。

1.1.3

产电菌的主要分类

已报道的纯种产电菌大多是异化金属还原细菌,菌株从电子传递过程中获取生长所需的能量,并以电极作为唯一电子受体彻底氧化多种有机电子供体,电子回收率较高。纯种产电菌在 MFC 应用中有两个优点:一是彻底氧化有机物,达到较高的能量转化效率;二是微生物从电子传递过程中获取生长所需能量,实现代谢活性的自我维持,有利于 MFC 长期运行。

1. γ-变形菌

γ-变形菌中的代表产电菌是 *Shewanella* sp. 细菌。Kim 等在研究 *S. putrefaciens* IR-1 代谢乳酸产电时,最早提出微生物能直接将电子传递到电极表面的设想[22]。但 *S. putrefaciens* 在 MFC 中生长时,大多数细胞处于游离状态,仅有少量细胞覆盖于电极表面形成生物膜,因而容易随基质的更换而流失。以电极为受体时,该菌只能不完全氧化有限的电子供体,如乳酸、丙酮酸等,而其对乙酸和葡萄糖的利用效率较低[23]。Ringeisen 等在研究微型 MFC(横截面积为 $2.0\,cm^2$,体积为 $1.2\,cm^3$)时使用兼性厌氧菌 *S. oneidensis* DSP-10 作为催化剂,以乳酸为电子供体,按横截面积和阳极体积计算最大输出功率密度分别达到 $3\,W \cdot m^{-2}$ 和 $500\,W \cdot m^{-3}$,但电子回收率低于 10%[24]。*S. oneidensis* DSP-10 还能利用葡萄糖、果糖和抗坏血酸作为基质产电,而且在缺氧环境中其产电能力比严格厌氧环境中提高两倍多[25]。Pham 等从以乙酸为基质的 MFC 中分离出一株兼性厌氧细菌 *Aeromonas hydrophila* PA3。该菌可以利用葡萄糖、丙三醇、丙酮酸和氢气同时还原 Fe(Ⅲ)、硝酸盐和硫酸盐。循环伏安曲线图证明,*A. hydrophila* PA3 具有电化学活性,在酵母培养基中该菌可以产生电流,但是很快衰减[26]。Rabaey 等从以葡萄糖为基质的 MFC 中分离出细菌 *Pseudomonas aeruginosa*,该菌株可以分泌绿脓菌素起到电子传递介质的作用[27]。

2. δ-变形菌

G. sulfurreducens 是最早被报道的能够直接利用电极作为电子受体获得能量生长的微生物。基于 *G. sulfurreducens* 的 MFC 主要依靠附着在阳极电极上的细胞传递电子。随着输出电流增强,阳极表面覆盖的细胞数量增加,逐渐形成由多层细胞组成的高度结构化的生物膜,电流强度和生物量线性正相关,当达到最大输出电流时,生物膜平均厚度为 40 μm。生物膜中离电极表面较远的细胞仍具有产电代谢活性,并且参与对电极的电子传递,这些细胞远距离传递电子与其表面导电的菌毛有关。这些长约 20 μm 的菌毛相互交错缠绕,构成渗透在生物膜中的纳米网,有效地促进了远距离的电子传递[28]。

Holmes 等从海洋沉积物 MFC 阳极表面分离到两株独特的耐寒细菌 *Geopsychrobacter electrodiphilus* A1T 和 A2,可在 4 ℃ 时生长,并能还原多种可溶和难溶 Fe(Ⅲ)。当这两株细菌以可溶性 Fe(Ⅲ) 作为电子受体时,可氧化多种有机酸、氨基酸、长链脂肪酸、芳香族化合物。*G. electrodiphilus* 在 MFC 中能彻底氧化的有机酸包括乙酸、苹果酸、延胡索酸和柠檬酸等,电子回收效率在 90% 左右。A1T 和 A2 的 16S rRNA 序列与 MFC 阳极表面主导电子传递的微生物有 90%～97% 的相似性,说明 *G. electrodiphilusr* 在海洋沉积物 MFC 阳极产电中起主要作用[29]。

Desulfobulbus propionicus 是最早被发现的能通过还原难溶性 Fe(Ⅲ) 氧化物获取生长所需能量的硫酸盐还原细菌[30]。它是 *Desulfobulbaceae* 的代表菌种,其主要代谢方式是通过不完全氧化有机酸如乳酸、丙酸、丁酸和乙醇等异化还原硫酸盐。当缺乏电子受体时,还能通过琥珀酸-丁酸途径发酵乳酸、丙酮酸或乙醇生成乙酸和丙酸的混合物。在 MFC 中,*D. propionicus* 能够以乳酸、丙酸、丙酮酸或氢气为电子供体向电极传递电子并维持生长。根据反应物和产物的化学平衡计算,以丙酮酸盐作为电子供体时,*D. propionicus* 还原电极的同时还进行丙酮酸发酵,与以难溶 Fe(Ⅲ) 氧化物作为电子受体时的混合代谢类似。因此,MFC 电子回收效率较低,仅有 26.14% 的丙酮酸代谢与阳极电子传递偶联。更换新鲜基质,MFC 能够迅速恢复电流输出水平,说明附着在电极表面的细胞在阳极电子传递中起主要作用。由于不能利用乙酸作为电子供体,一般认为 *D. propionicus* 在海水 MFC 电极还原中不会起重要作用。但在含硫化物丰富的底泥中,*D. propionicus* 能够将硫氧化成硫酸盐并向电极传递电子。

3. β-变形菌

Rhodoferax ferrireducens 是最早被报道的能将葡萄糖彻底氧化与 Fe(Ⅲ) 还原偶联的兼性厌氧微生物[31]。其他许多铁还原细菌,如 *Geobacteraceae* 中的一些种属,虽然能直接向电极传递电子,但电子供体局限于简单有机酸,如乙酸、乳酸等。当向 MFC 中加入糖或其他较复杂的有机物作为燃料时,还需要发酵细菌将其降解为简单有机酸后才能被利用。而 *R. ferrireducens* 能以电极为唯一电子受体直接氧化葡萄糖、果糖、蔗糖、木糖等生成二氧化碳,并从电子传递中获得生长所需的能量。当以葡萄糖作为电子供体时电子回收效率可达 81%[32]。

4. α-变形菌

Zuo 等利用 U 形 MFC 富集分离到一株电化学活性细菌 *Ochrobactrum anthropi* YZ-1,该菌可以利用乙酸为基质产生 89 mW·m^{-2} 的电流密度,库仑效率达 93%。另外,可利用的基质包括乳酸、丙酸、丁酸、葡萄糖、蔗糖、纤维二糖、丙三醇和乙醇。但是,该菌并不能利用水合 Fe(Ⅲ) 作为电子受体呼吸,这说明产电菌和异化金属还原细菌在电子传递机制上存在区别[33]。

5. 拟杆菌

Geothrix fermentans 是从石油污染的铁还原环境中分离的严格厌氧菌,能以 Fe(Ⅲ) 作为唯一电子受体彻底氧化多种简单有机酸和棕榈酸,是最早报道的淡水环境中能够还原 Fe(Ⅲ) 同时氧化长链脂肪酸的微生物[34]。它以电极为唯一电子受体时,能够彻底氧化乙酸、琥珀酸、苹果酸、乳酸、丙酸等简单有机酸,而以乙酸为电子供体时的电子回收率可高达 94%。研究表明,*G. fermentans* 还原电极时,采取了类似还原难溶性 Fe(Ⅲ) 氧化物的策略,即合成介体加速电子传递至不溶性胞外电子受体[35]。但更换阳极室中的基质,MFC 可保持近 50% 的产电能力,并且在新基质中数周内未检测到电子介体,说明覆盖在电极表面的细胞可能以某种方式阻止介体释放到基质中,或这些细胞能直接向电极表面传递电子[36]。

6. 硬壁菌

Park 等从以淀粉废水为基质的 MFC 中分离出一株严格厌氧革兰氏阳性铁

还原细菌 *Clostridium butyricum* EG3。该菌可以在 pH 为 5.5～7.4 和温度为 15～42 ℃的环境中生长。以葡萄糖为基质时其产电功率可达 19 mW·m^{-2}。在以柠檬酸铁为电子受体时，该菌株还可以利用纤维二糖、果糖、丙三醇、淀粉和蔗糖生长[37]。

1.1.4

混合微生物菌群的驯化与群落分析

直接用来自天然厌氧环境的混合菌接种 MFC，可以使电流输出成倍增加，且可在阳极表面富集优势微生物菌群。不同的微生物存在多种电子传递方式和条件，利用混合菌群接种，可以发挥菌群间的协同作用，增加 MFC 运行的稳定性，提高系统的产电效率[16-18, 38-40]。海底沉积物和厌氧活性污泥中菌群都极为丰富，包括大量具有电化学活性的微生物。对海洋底泥 MFC 的菌群分析表明 (71.3±9.6)%属于 δ-变形菌，其中 70%的序列来自 *Geobacteraceae* 家族，其与 *Desulfuromonas acetoxidans* 的相似性最高[41]。对海洋、沼泽和淡水底泥 MFC 中的群落进行分析表明，所有反应器中 δ-变形菌均是丰度最高的群类，其他的种群包括噬纤维菌、硬壁菌和 γ-变形菌。对海洋底泥 MFC 来说，微生物利用的底物非常复杂，包括多种有机物和含硫化合物。当把淡水或海洋底泥接种至 MFC 中，利用单一生长基质时，微生物菌群结构会有所变化，丰度最高的种群是 γ-变形菌[42-43]。

混合菌群 MFC 中微生物驯化过程的常规操作是：在厌氧条件下，直接用天然厌氧环境中的污泥、污水或污水处理厂的活性污泥接种 MFC，将外电路连通后观察 MFC 电能输出的变化，定期更换培养液，直到 MFC 电能输出稳定。据报道[27]，当 MFC 运行一段时间后，其阳极室的微生物群落与接种时有明显不同，MFC 阳极室的特殊环境导致电化学活性微生物的富集。而随着电池运行和输出功率的提高，微生物群落不断演化，即使运行 155 天后，仍在变化。据推测，这是由于随着 MFC 的电流不断增加，阳极电势下降，使得适应更低氧化还原电位的微生物在群落中逐渐占据优势。在有些驯化 MFC 中，微生物群落分析表明，*Geobacter* 和 *Shewanella* 是其中的主要微生物。更多的研究表明，MFC 中的微生物群落具有高度的多样性。MFC 中的微生物菌群受接种污泥与驯化底物的影响。在一个以河底泥为接种污泥，河水为基质的 MFC 中，超过 80%的菌种属于变形菌，其中 β-变形菌占 46.2%；对于同样的接种污泥，当基质是葡萄糖和谷氨酸时，α-变形菌变为优势菌，约占整个菌群的 64.4%。放线菌仅在以葡萄糖和谷氨酸为基质的 MFC 中发现，而在河水 MFC 中还发现了 δ-变形菌、拟杆菌、绿弯菌和网团菌[43]。Aelterman 等以葡萄糖为基质，铁氰化钾为阴极构建了六级串联的叠式 MFC，接种污泥中主要包括硬壁菌和放线菌，经过富集驯化，阳极基因文库中的所有克隆均鉴定为土壤短芽孢杆菌（*Brevibacillus agri*）。以上微生物菌群的变化对应于电池内阻的减小，说明该细菌的富集可以降低阳极的极化电势[44]。

1.2

微生物燃料电池的快速启动和微生物的催化行为

有关 MFC 的机理研究中使用的微生物大多为单一菌种，直接来自微生物菌种库，如异化金属还原细菌或硫酸盐还原细菌。在 MFC 启动阶段，通常会将阳极电位控制在某一适合微生物生长的固定值。对 *G. sulfurreducens* 的研究发现，当阳极电位恒定在 +100 mV（vs. AgCl/Ag）时，微生物仅产生一对氧化还原电对；而当阳极电位恒定在 +600 mV（vs. AgCl/Ag）时，不仅原有氧化还原电对的电位发生变化，而且还会产生新的氧化还原电对[45]。因此证实外加电场可以影响电活性微生物的氧化还原性质。接下来，我们将基于荷电特征普遍存在于微生物个体（包括电活性微生物）的科学事实，探讨采用不同的短暂电场刺激作用于启动阶段的混合菌群 MFC，了解电场对电池性能的影响效应以及机制，并在此基础上，提出采用短暂电场刺激辅助 MFC 快速启动的策略。

1.2.1

短暂外电场刺激体系的构建

如图 1.3（a）所示，短暂外电场刺激体系在单室反应器 MFC 中进行，其容积为 450 mL。在反应器底部上方 2.5 cm 处，侧面有一长为 2 cm、内径为 3 cm 的侧管。该侧管与另一同等内径为 3 cm 长的单管相连，中间由 GEFC-10N 阳离子交换膜隔开。阳离子交换膜可以维持体系中 pH 的稳定而达到有效传输质子的目的，同时避免阴极氧气作为电子受体扩散到阳极室，因而不会造成体系库仑效率的下降。阳离子交换膜使用前需要预处理，具体步骤为先在 80 ℃ 条件下用 3% 的过氧化氢溶液浸泡 1 h 以去除膜表面吸附的杂质，用去离子水冲洗去除残留过氧化氢，再在 80 ℃ 条件下用 10% 硝酸溶液浸泡 1 h，然后再用去离子水冲洗干净后使用。阳极为 3×7.5 cm^2 的亲水碳纸，因为碳基材料具有电导性高、耐腐蚀、比表面积大、孔隙率高和不易堵塞的性质，可为电活性微生物膜生长提供反应场所。阴极为 2×2 cm^2、负载 2 mg·cm^{-2} 的 Pt/C 催化剂的疏水碳布。在阴极，电子受体氧气接受来自阳极的电子和质子发生还原反应，采用高活性的 Pt/C 催化剂可以使阴极反应的极化电势降低，从而加快还原反应速率。在阳极腔室加入 350 mL 培养基和 2 g 污泥。培养基的组成为：pH = 7.0 磷酸盐缓冲液，50 mmol·L^{-1}；醋酸钠，1000 mg·L^{-1}；氯化铵，310 mg·L^{-1}；氯化钾，130 mg·L^{-1}；氯化钙，10 mg·L^{-1}；六水合氯化镁，20 mg·L^{-1}；氯化钠，2 mg·L^{-1}；氯化亚铁，5 mg·L^{-1}；二水合氯化钴，1 mg·L^{-1}；四水合氯化锰，1 mg·L^{-1}；氯化铝，0.5 mg·L^{-1}；钼酸铵，3 mg·L^{-1}；硼酸，1 mg·L^{-1}；六水合氯化镍，0.1 mg·L^{-1}；五水合硫酸铜，1 mg·L^{-1}；氯化锌，1 mg·L^{-1}。MFC 所用接种污泥取自处理柠檬酸废水的升流式厌氧污泥床反应器，电池在 25 ℃ 下运行。

外电场刺激实验可在恒电位仪上进行（图 1.3(b)）。电场的强度和方向通过输入电压控制。正电场刺激时，MFC 的阳极电势高于其阴极电势，而负电场刺激时，MFC 的阳极电势低于其阴极电势；在以下实验示例中共设置 7 组 MFC，其中 6 组分别接受不同方向和强度的电场刺激：+1 V（MFC$_{+1}$）、+5 V（MFC$_{+5}$）、+10 V（MFC$_{+10}$）、−1 V（MFC$_{-1}$）、−5 V（MFC$_{-5}$）和 −10 V（MFC$_{-10}$）。另设一组不接受任何刺激的对照组 MFC（MFC$_{control}$）。电刺激分别在 MFC 启动后 12 h、48 h 和 84 h 进行，每次刺激时间为 10 min。在每个 MFC 上串联一个 1 kΩ 电阻，电路电流根据电阻电压计算得到，并换算成基于 MFC 阳极面积（双面面积为 45 cm^2）的电流密度。电池输出功率密度由输出电压及电流密度相乘得到。监测阳极电势时，参比电极是 AgCl/Ag 电极，对电极采用 Pt 电极。极化曲线实验在每次刺激后 12 h 进行，实验过程中分别连接 10 Ω 至 10000 Ω 的一系列负载电阻，每个电阻下稳定 1 h 后测量电流及电阻电压。在测量开路电压之前，电路保持开路 12 h 以达到稳态。

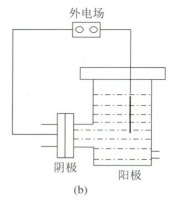

(a)   (b)

图 1.3   间歇 MFC 反应器装置及电刺激示意图

1.2.2

微生物燃料电池启动过程的循环伏安电化学分析

MFC 启动阶段是微生物在电极表面形成生物膜的过程,也是电活性微生物和非电活性微生物的竞争以及耦合过程。循环伏安法(Cyclic Voltammetry,CV)是研究微生物和电极之间电子传递的有力工具。该法控制电极电势以不同的速率一次或多次反复扫描,电势范围内电极上能交替发生不同的还原和氧化反应,并记录电流-电势曲线。在 MFC 启动后的不同阶段,通过对阳极循环伏安曲线图的分析可以了解电活性微生物膜的生长过程。表征阳极生物膜的循环伏安曲线可在 CHI 660 电化学工作站上得到。在循环伏安测量过程中分别采用双电极和三电极体系。双电极体系用于表征 MFC 启动阶段阳极生物膜的生长过程,以及电刺激后生物膜的性质变化,在 $-1.0\sim0.2$ V 之间以 0.1 V·s^{-1} 的速率进行扫描。三电极体系用于阐明生物膜中氧化还原电对的具体工作电势,其中,参比电极采用 AgCl/Ag 电极。电势扫描范围在 $-0.9\sim0.1$ V,扫描速率为 0.1 V·s^{-1}。

图 1.4(a)是 MFC$_{control}$ 在启动后不同时间段扫描的循环伏安曲线图,其中 a、b、c、d 分别是 MFC 启动前、156 h、420 h 和 660 h 后双电极体系中的循环伏安图。污泥刚接种至阳极腔室时,在整个电压扫描范围内均没有明显的氧化还原电流产生。MFC 在运行 156 h 后,可以发现电流有增加的趋势。随着电活性微生物的继续富集,420 h 后电流进一步增加;660 h 后,在 -300 mV 和 -600 mV 处出现一对氧化还原电对。经过 60 天的运行,MFC$_{control}$ 得到 820 mV 的开路电

压。这时,三电极体系的循环伏安曲线图被用来分析生物阳极的氧化还原性质。对于有固定生物膜的电极(图 1.4(b),a 线),其循环伏安图上有一明显的氧化还原电对,其氧化峰位置在 − 159 mV 处,还原峰位置在 − 530 mV 处。− 20～40 μA 的响应电流说明该电对具有较强的电子传递的能力。而对于培养液(图 1.4(b),b 线),在电压扫描过程中得到的电流较低,而且也没有发现氧化还原电对。以上结果表明,对混合菌群为接种物的 MFC 而言,电子传递的任务主要由生物膜中的电活性微生物完成。

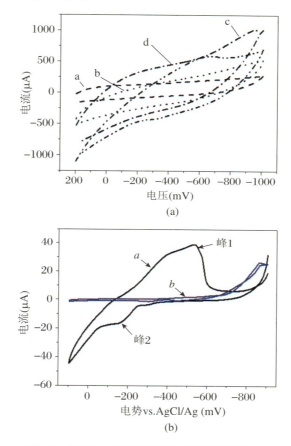

图 1.4　MFC$_{control}$ 在启动阶段的循环伏安图

1.2.3

微生物燃料电池在短暂外电场刺激下的启动过程

图 1.5 给出了接受不同电场刺激的 MFC 在启动阶段电流密度随时间的变化趋势。对 MFC$_{control}$ 而言,启动时期的电流密度变化曲线与微生物的生长

曲线非常相似。污泥接种后存在一个停滞期,期间电流增长非常慢,然后在第64~75 h,电流增长开始加速,并最终得到 85 mA·m^{-2} 的稳定电流密度。对接受正电场刺激的 MFC 而言,MFC$_{+5}$ 的电流密度比 MFC$_{control}$ 的低了大约 20 mA·m^{-2},而 MFC$_{+10}$ 的电流密度则是一直在 0 附近;接受较低电场刺激的 MFC$_{+1}$ 却得到了比 MFC$_{control}$ 稍高的电流密度。以上结果表明,低的正电场刺激能够使 MFC 的启动加速,而随着正电场强度的升高,电池的启动则被延缓甚至中断。在最初的 70 h 内,实验中所有接受负电场刺激的电池电流密度均高于 MFC$_{control}$ 的,其中 MFC$_{-10}$ 具有最高的电流密度。但是 70 h 后 MFC$_{-10}$ 的电流密度迅速下降,而 MFC$_{-1}$ 和 MFC$_{-5}$ 一直保持较高的电流密度。

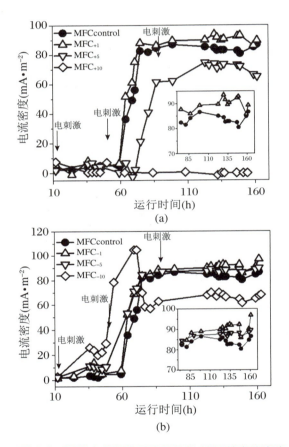

图 1.5　不同电场刺激下启动阶段 MFC 的电流密度

　　阳极开路电势的变化反映了电活性微生物在阳极上的富集生长过程,图1.6给出了启动过程中 7 个 MFC 的阳极电势变化趋势。一般来说,阳极电势越低,电活性微生物的富集状况越好。在电池启动 108 h 内,MFC$_{control}$ 的阳极电势便降低至 −431 mV。各 MFC 的阳极电势与电流密度有相同的变化趋势,具有较高电流密度的 MFC 同样具有较低的阳极电势。接受正电场刺激的电池中,

MFC$_{+1}$的阳极电势要稍低于MFC$_{control}$的,而MFC$_{+5}$和MFC$_{+10}$的阳极电势则明显高于MFC$_{control}$的,这表明+1 V电场刺激能够促进阳极电活性微生物膜生长,而+5 V和+10 V电场刺激则不利于微生物膜生长。类似地,−1 V和−5 V的电场刺激能够有效降低MFC电势,而−10 V的电场刺激则会在电池启动后期破坏电活性微生物富集生长。

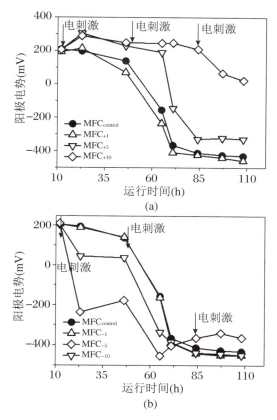

图1.6 不同电场刺激下启动阶段MFC的阳极电势(vs. AgCl/Ag)变化

在电池启动24 h、60 h和96 h时,对其做了极化曲线(图1.7)。在24 h(图1.7(a)(b))和60 h(图1.7(c)(d))时,MFC$_{-5}$和MFC$_{-10}$具有最高的电流和输出功率,而MFC$_{-1}$和MFC$_{+1}$的电流与输出功率稍高于MFC$_{control}$的。在96 h(图1.7(e)(f))时,一方面各MFC的输出电流与功率大大提高,MFC$_{+1}$在404.2 mA·m^{-2}时得到73.5 mW·m^{-2}的最大输出功率,同时,MFC$_{-5}$和MFC$_{-1}$的功率密度也高于MFC$_{control}$的。另一方面,MFC$_{-10}$的最大输出功率与60 h相比反而下降,而且该值低于MFC$_{control}$的最大输出功率。通过观察功率对电流密度的曲线图可以了解MFC内阻的变化趋势。当电池的负载电阻等于内阻时,得到最大输出功率。如 MFC$_{-5}$,在启动 24 h、60 h 和 96 h 时,最大输出功率分别发生在负载电阻为 1000 Ω、330 Ω 和 100 Ω,这说明随着微生物膜的生长,电池的内阻逐渐下降。其原因是随着电活性微生物在电极上的富集生长,生物膜逐渐形成,其传递电子的能力也随之增强。

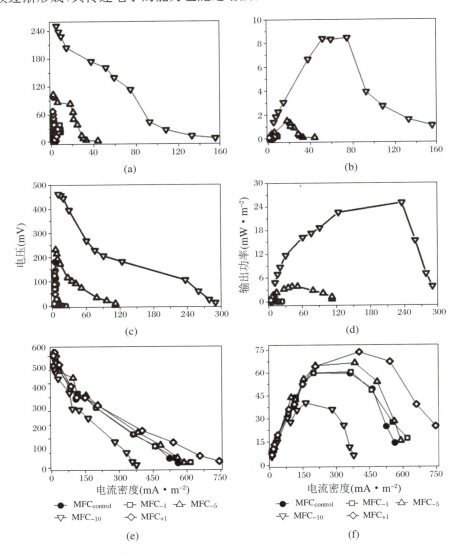

图 1.7　不同电场刺激下启动阶段 MFC 的极化曲线与功率-电流密度曲线:(a)(b)启动 24 h;(c)(d)启动 60 h;(e)(f)启动 96 h

　　极化曲线分析结果表明,MFC$_{+1}$、MFC$_{-1}$ 和 MFC$_{-5}$ 与 MFC$_{control}$ 相比,能够较快地启动。而从电流密度来看,72 h 以后基本稳定。为了进一步证实电刺激的效果,在其后的阶段,将电刺激周期改为 72 h,并采用开路电压表示阳极生物膜的状态。开路电压是电池性能的主要评价参数,代表平衡状态下电池可以输出的最大电压,开路电压的 Nernst 方程如下:

$$E^{OCV} = E^{o} + \frac{RT}{nF} \ln \frac{\Pi C_{reactant}^{\alpha}}{C_{product}^{\beta}}$$

(1.1)

其中 α 和 β 分别代表反应物和产物的反应系数。由上式可知,反应物的浓度越高,电池的开路电压越高。而在 MFC 的富集阶段,参加反应的底物浓度取决于参加传递电子的电活性微生物的数量。随着电活性微生物在电极上的富集生长,开路电压会逐渐升高,当电活性微生物在电极表面达到饱和后,开路电压达到稳定的最大值。因此可用开路电压达到稳定值的时间来反映 MFC 从接种到稳定产电的快慢程度。

如图 1.8 所示,在 MFC 的整个富集阶段,开路电压逐渐升高。而且 MFC$_{+1}$、MFC$_{-1}$ 和 MFC$_{-5}$ 的开路电压高于 MFC$_{control}$ 的,但是在 864 h 后 4 个电池的开路电压均升至 700 mV,其差异逐渐消失。前期开路电压的差异表明,适当的电场刺激加速了 MFC 的富集过程,缩短了启动时间;而当微生物在电极上达到饱和值后,开路电压会达到某个极限值,而电刺激只能使电池达到该值的时间缩短,却不能提高该值。

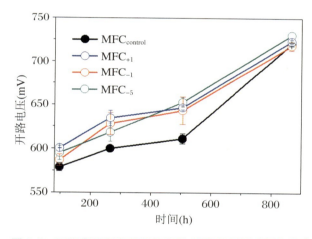

图 1.8　不同电场刺激下启动阶段 MFC 的开路电压变化趋势

1.2.4

外电场对电活性微生物的影响方式

1. 氧化还原电对

作为带有电荷的介电粒子,微生物的结构以及生理生化性能会受到外电场的影响,如外电场可以通过电空穴效应改变细胞膜的通透性。电空穴包括细胞或器官上形成的永久或暂时的空穴。永久空穴的形成会导致细胞膜以及整个细胞结构的解体,从而引起细胞的死亡。而短暂的空穴虽然会在电场消失后闭合,但在空穴形成时,物质在细胞内外的传输会受到影响,引起所谓的离子在胞内外的转移,胞内代谢物的泄漏以及胞外物质的过量摄入。因此,短暂电场刺激后微生物的结构、功能以及代谢均有可能发生改变,并进一步影响微生物的生长及其活性。电场对电活性微生物细胞内以及细胞外膜上负责电子传递的酶系也会产生影响。

接下来,另取两个已经成功启动的 MFC 电池,在双电极体系中采用循环伏安方法对微生物的氧化还原电位进行分析。如图 1.9(a)所示,该 MFC 电池在 −700 mV 处有一个明显氧化峰,其在 −800 mV 处还原峰则不明显。当电池接受 +5 V 的电场刺激后, −700 mV 处的氧化峰消失,而 −800 mV 处的还原峰明显增强,并且向正电势方向移动。以上结果表明经过电场刺激,微生物将电子传递到电极的还原能力被减弱,而其氧化底物的能力则有所增强。总体而言,微生物电子传递能力受损。如图 1.9(b)所示,该 MFC 的氧化峰出现在 −400 mV 处,还原峰出现在 −800 mV 处。当电池接受 −5 V 的电刺激后,其在 −400 mV 处的氧化峰强度增加,而 −800 mV 处的还原峰则保持未变。以上结果表明,短暂的负电场刺激增强了微生物向电极的电子传递能力,而其由基质接受电子的能力则没有变化。总的来说,微生物的催化能力得到增强。

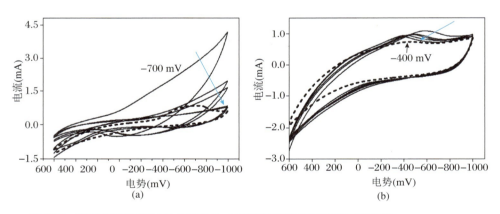

图 1.9　阳极生物膜在(a) +5 V;(b) −5 V 电场刺激前后的循环伏安图
虚线代表电场刺激前的 CV 曲线;箭头方向实线分别代表电场刺激 2 h、6 h、8 h、18 h 和 24 h 后的循环伏安曲线

2. 阳极电势

外电场可以改变微生物生长的环境电势,一般来说,电活性微生物的厌氧生

长需要较低的环境电势,因此负电场施加有助于微生物厌氧生长。然而,对电活性微生物而言,阳极的电极电势也是影响其生长的因素之一。MFC 阳极的电活性微生物将电子从底物传递给电极,该过程中底物作为还原剂,电极作为氧化剂,而阳极电势可以影响该电子传递过程。根据吉布斯自由能计算公式 $\Delta G = -n\Delta EF$,当电子受体和电子供体之间的电势差 ΔE 越大时,微生物得到的能量越多。如图 1.10 所示,底物和微生物之间的电势差 ΔE_1 是由底物和微生物性质决定的,一般固定不变。而电极的电势越高,则微生物和电极之间的电势差 ΔE_2 越大,那么微生物将电子传递给电极所获得的能量越多。当外电场作用于阳极电极时,电极电势会发生变化。正电场会升高电极电势而使电活性微生物在电子传递过程中能够获得更多的能量。

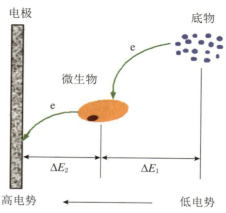

图 1.10　MFC 阳极电子传递途径及有关电势差

3. 电泳

　　微生物在外电场中存在定向运行,即所谓的电泳。电泳就是在直流电压作用下,分散在介质中的带电粒子在电场作用下向与其所带电荷相反的电极方向移动。在电刺激的过程中,电池的阴、阳两极间存在一个恒定的电场,该电场会对固定在电极上和溶液中的悬浮微生物施加垂直于电极的电泳力,其大小正比于电场的强度。如图 1.11 所示,在正电场中,带负电荷的微生物由于静电吸引向电极的方向游动;而在负电场中,微生物由于静电斥力背离电极游动。

　　石英晶体微天平(Quartz Crystal Microbalance,QCM)是基于石英晶体的压电效应对其电极表面质量变化进行测量的仪器。交变激励电压施加于石英晶体两侧的电极时,石英晶体会产生机械振荡,当交变激励电压的频率与石英晶体的固有频率相同时,形成压电谐振。振幅变大,若石英晶体表面沉积了一定质量的物质,其振荡频率就会发生相应变化。频率的改变正比于压电石英晶体质量的增加。压电石英晶体振荡时,石英晶体的频率变化与晶体表面的质量变化呈线性关系。石英晶体微天平由于可以感应到纳克级的质量变化,因此已被广泛应用于气相分析和检测中,十几年来该技术不断发展并在电化学领域得到进一步应用。

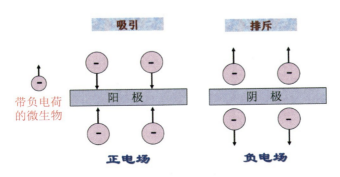

图 1.11　微生物在电场中的电泳示意图

电化学石英晶体微天平(Electrochemical Quartz Crystal Microbalance,EQCM)的工作电极与振荡器和恒电位仪相连。由恒电位仪对工作电极施加固定的电势,由振荡器激励产生工作电极的共振频率,并由计数器记录其共振频率的改变值。通常,在电化学实验中,首先在具有压电活性的石英晶体面上沉积一层 Au 或 Pt 金属,并以此为研究电极。在三电极体系中,通过改变研究电极的质量从而改变石英晶体的共振频率;反过来由频率的改变值推得质量的微小变化值。电化学石英晶体微天平是研究电泳原理的有效工具。在不同的电场中,微生物会朝向或背离电极泳动,引起电极的吸附或解吸附。而电化学石英晶体微天平对吸附的研究是基于吸附物质量的不同会引起电极的质量变化从而引起石英晶体的频率的改变。因此,可以通过电化学石英晶体微天平系统来模拟微生物在电场中的电泳。模拟微生物采用电化学活性微生物 $S.\ oneidensis$ MR-1。实验采用双电极体系,工作电极是以石英晶振(基频 7.995 MHz)为基体的金晶振电极,对电极以及参比电极为铂丝电极。$S.\ oneidensis$ MR-1 在 Luria-Bertani培养基中培养后,于离心力 10000×g 下离心 10 min,细胞冲洗干净后悬浮于去离子水中,并将细胞浓度调节至 10^{-6} g-cell·L^{-1}。分别采用 ±1 V 的电压对溶液进行极化,并考察极化过程中金晶振电极表面的质量变化。在不同的极化电势下电极质量的变化如图 1.12 所示,当电极没有极化时,电极质量基本保持不变,这说明微生物在 Au 电极上的自然沉积非常慢,这种吸附引起的电极质量变化基本可以忽略。当电极在 +1 V 的正电场中极化时,带负电荷的微生物开始在电极上吸附,在前 50 s,这种微生物吸附使电极质量增加超过 100 ng,然后电极质量基本恒定,此时微生物可能在电极表面吸附饱和。然后,当电极在 −1 V 的负电场中极化时,可以发现明显的电极质量的减少,这说明电极表面的微生物开始解吸附,在 100 s 的极化时间内电极质量减少了近 40 ng。由于电极和微生物之间的亲和性,在相同的极化时间内,微生物解吸附过程中电极质量的减少要低于微生物吸附过程中电极质量的增加。

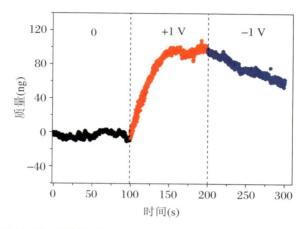

图 1.12 不同极化电场中 *S．oneidensis* MR-1 在 Au 电极吸附及解吸附过程的石英晶体质量变化

4. 外电场影响机制分析

适当的短暂电场刺激可以影响混合菌群 MFC 在启动阶段的电池性能。短暂电场的刺激原理比较复杂,电场通过电泳、电空穴、电势影响代谢等机制作用于电活性微生物,从而进一步影响电池性能。+1 V 正电场刺激明显加速了 MFC 的启动。将微生物阳极保持恒定的较低正电势可以加速电池的启动,这是由于不同电势下的电极具有不同的能量。阳极的电极电势越高,则完成整个电子传递得到的能量越多,而微生物趋向于能够得到最多能量的代谢方式,因此,微生物在电极上的生长加速。另外,正电场还可以通过电泳原理促进微生物在电极上的吸附,从而加速富集的过程。然而,氧化性的正电势不利于厌氧微生物的生长,而且,较高的电场会由于电空穴效应造成生物膜的永久损害。因此,+5 V 和 +10 V 的正电场延缓甚至破坏了 MFC 的启动。−1 V 和 −5 V 的电场明显加速了 MFC 的启动,并且在电池启动初期就使其得到较高的功率输出。一方面是由于负的阳极环境电势有利于厌氧微生物的生长;另一方面是负电场提供给阳极大量的电子,而这些电子向阴极的流动造成较大的电路电流。通过

实验也证实负电场可以增强微生物的催化能力。－10 V 的电场对 MFC 启动的延缓作用可能是由于过高的电场强度破坏了微生物的生长。

以上分析可以通过微生物膜的扫描电镜照片得到证实。如图 1.13 所示，在电极材料的表面已经形成了一层微生物膜。对于 MFC_{+1} 和 $MFC_{control}$，微生物已经覆盖了整个电极表面，这说明较多的微生物在电极上生长；而 MFC_{-1} 和 MFC_{-5} 电极表面的微生物则相对较少。因此，这两个电池具有较高电流的原因不是由于其具有较多的电活性微生物在电极表面，而是由于微生物的高催化性能以及外电场对电子的补充。

综上所述，低强度的正电场下微生物通过电泳机制加速在电极上的吸附，且获得较高的代谢能量；低强度的负电场可以增强电活性微生物膜的氧化还原能力，同时负电势也有利于厌氧细菌的生长。在正、负电场下，较高的电场刺激能够延缓甚至破坏 MFC 的启动，这是因为高的电场强度下由于电空穴效应使细菌死亡。短暂的低强度电场刺激可以作为阳极电活性微生物富集驯化的辅助强化策略。

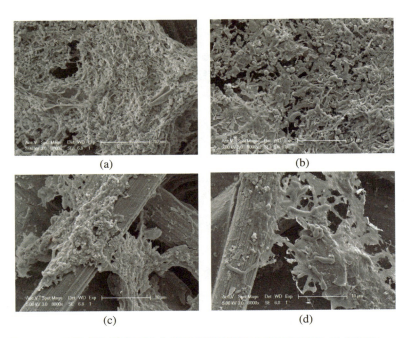

(a)　　　　　　　　(b)

(c)　　　　　　　　(d)

图 1.13　不同电场刺激下形成的阳极微生物膜扫描电镜照片：(a) $MFC_{control}$，(b) MFC_{+1}，(c) MFC_{-1}，(d) MFC_{-5}

1.3

电活性微生物的代谢与调控

1.3.1

产电菌产电能力的荧光定量检测

产电菌具有将胞内代谢的电子通过厌氧呼吸链转移到细胞外电子受体的能力,因此在元素地球化学循环、环境修复和生物能源生产过程中都起着重要的作用。想要定量分析产电菌的胞外电子转移的能力和机制,需要定量检测细菌的胞外传递电子数[10]。传统的测量方式通常是使用 MFC 直接探测从产电菌转移到电极的电子。尽管使用 MFC 方法精度很高,但此过程通常耗时较长(大于 1 周),并且需要复杂的电化学设备[25,33]。有研究开发了一种简便的比色法用于快速探测产电菌的胞外电子转移能力[46],然而这种方法只能评估通过外膜细胞色素 c 转移的外源电子,本质上不能表征产电菌的胞外电子转移的真实情况。现在已经有很多具有高选择性和灵敏度的分子探针用于功能细菌菌株的检测[47]。核黄素作为一种具有氧化还原特性的常见微生物代谢产物,能够通过充当电子穿梭物来有效介导产电菌的胞外电子转移,并且能够捕获产电菌释放的电子。核黄素还具有依赖于其氧化还原状态的荧光特性,因此可以直接使用核黄素作为荧光探针来定量描述产电菌的胞外电子转移能力。

接下来,介绍基于核黄素作为荧光探针用于快速准确地定量产电菌的胞外电子转移能力的方法。该方法的依据是核黄素的荧光对从产电菌接收到的电子数量具有敏感而快速的响应(在 10 min 内),并且核黄素具有良好的生物相容性且对环境无害的特性,因此仅需荧光分光光度计即可进行测量。基于核黄素的荧光法测量产电菌胞外电子转移能力的工作原理如图 1.14 所示:首先,将产电菌代谢的电子通过厌氧呼吸链传递至外膜细胞色素 c 类电子载体;然后,进一步传递给核黄素分子。核黄素分子一旦接收到两个电子,其原有的荧光就会消失。核黄素接收越多的电子,溶液中的荧光强度就会越低。因此,核黄素溶液荧光强度的降低幅度就能够定量表示产电菌产生的胞外电子的数量。通过荧光强度变化对产电菌浓度进行归一化,可以计算出每个细菌的最大胞外电子转移速率(即产电菌的胞外电子转移能力）。

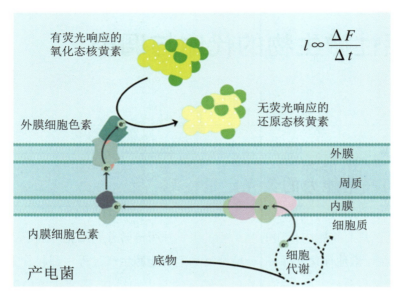

图 1.14　荧光法测定产电菌的胞外电子转移能力的工作原理

接下来以环境中普遍存在的两种模式产电菌 *G. sulfurreducens* DL-1 和 *S. oneidensis* MR-1 为例，介绍荧光探针方法的操作过程。在进行胞外电子转移能力定量之前，首先需要对产电菌进行培养，*G. sulfurreducens* DL-1 是在 DMSZ 培养基中厌氧培养。DMSZ 培养基通过将 20 mmol·L^{-1} 乙酸钠和 50 mmol·L^{-1} 富马酸钠加入矿物质溶液配制而成。乙酸盐和富马酸盐分别作为电子供体和受体。

矿物质溶液包含氯化铵（1.5 g·L^{-1}），磷酸氢二钠（0.6 g·L^{-1}），氯化钾（0.1 g·L^{-1}），微量元素储备溶液（10 mL·L^{-1}）和亚硒酸盐-钨酸盐储备溶液（1.0 mL·L^{-1}）。

微量元素储备溶液含硝基三乙酸（1.5 g·L^{-1}），七水合硫酸镁（3.0 g·L^{-1}），一水合硫酸锰（0.5 g·L^{-1}），氯化钠（1.0 g·L^{-1}），七水合硫酸亚铁（0.1 g·L^{-1}），七水合硫酸钴（0.18 g·L^{-1}），二水合氯化钙（0.1 g·L^{-1}），七水合硫酸锌（0.18 g·L^{-1}），五水合硫酸铜（0.01 g·L^{-1}），十二水合硫酸铝钾（0.02 g·L^{-1}），硼酸（0.01 g·L^{-1}），二水合钼酸钠（0.01 g·L^{-1}）和六水合氯化镍（0.025 g·L^{-1}）。亚硒酸盐-钨酸盐储备溶液包含氢氧化钠（0.5 g·L^{-1}），五水合亚硒酸钠（3 mg·L^{-1}）和二水合钨酸钠（4 mg·L^{-1}）。

将配制好的培养基煮沸 15 min，并用氮气和二氧化碳混合气体（体积比 80∶20）除去溶解氧。冷却至室温后，加入碳酸氢钠调节 pH 至 7.0。此后，将培养基分配到血清瓶中，并在高压灭菌前用丁基橡胶塞密封。以相同方式制备不含有富马酸盐的培养基。细菌培养 72 h 后,通过离心($5000 \times g$,2 min)来收集菌株,然后用 DMSZ 培养基离心洗涤 3 次,再将菌株用 DMSZ 培养基悬浮以形成菌悬液。

细胞收集和洗涤的程序在厌氧手套箱中进行。将 *S. oneidensis* MR-1 和其 11 个突变株在 Luria-Bertani 培养基中于 30 ℃ 进行好氧培养。通过离心($3000 \times g$,5 min)收集菌体,然后用矿物盐培养基离心洗涤 3 次,菌体用矿物盐培养基悬浮以形成菌悬液。

矿物盐培养基包含乳酸(20 mmol · L^{-1}),Hepes 缓冲液(50 mmol · L^{-1}),氢氧化钠(7.5 mmol · L^{-1}),氯化铵(28 mmol · L^{-1}),氯化钾(1.3 mmol · L^{-1}),一水合磷酸二氢钠(4.3 mmol · L^{-1}),氯化钠(100 mmol · L^{-1}),维生素储备溶液(10 mL · L^{-1}),氨基酸储备溶液(10 mL · L^{-1})和微量矿物质储备溶液(10 mL · L^{-1})。

维生素储备溶液含生物素(2 mg · L^{-1}),叶酸(2 mg · L^{-1}),吡多素(10 mg · L^{-1}),硫胺素(5 mg · L^{-1}),烟酸(5 mg · L^{-1}),泛酸(5 mg · L^{-1}),维生素 B12(0.1 mg · L^{-1}),对氨基苯甲酸(5 mg · L^{-1})和硫辛酸(5 mg · L^{-1})。

氨基酸储备溶液含 L-谷氨酸(0.2 g · L^{-1}),L-精氨酸(0.2 g · L^{-1})和 DL-丝氨酸(0.2 g · L^{-1})。

微量矿物质储备溶液含硝基三乙酸(1.5 g · L^{-1}),七水合硫酸镁(3.0 g · L^{-1}),一水合硫酸锰(0.5 g · L^{-1}),氯化钠(1.0 g · L^{-1}),七水合硫酸亚铁(0.1 g · L^{-1}),二水合氯化钙(0.1 g · L^{-1}),六水合氯化钴(0.1 g · L^{-1}),氯化锌(0.13 g · L^{-1}),五水合硫酸铜(0.01 g · L^{-1}),十二水合硫酸铝钾(0.01 g · L^{-1}),硼酸(0.01 g · L^{-1}),二水合钼酸钠(0.025 g · L^{-1}),六水合氯化镍(0.025 g · L^{-1})和二水合钨酸钠(0.025 g · L^{-1})。

非产电菌产酸克雷伯菌(*Klebsiella oxytoca*)菌株在 Luria-Bertani 培养基中于 37 ℃ 进行好氧培养,菌体通过离心($3000 \times g$,5 min)收集,用 Na-K 磷酸盐缓冲液(pH=7.0)离心洗涤 3 次,然后用 Na-K 磷酸盐缓冲液悬浮以形成菌悬液。

在胞外电子转移能力定量分析的过程中,体系中悬浮态菌体对光的吸收效应会影响核黄素溶液的荧光强度。因此,需要根据悬浮细菌浓度对核黄素溶液浓度与荧光强度之间的关系进行校正。其具体做法是在去离子水中配制 1 μmol · L^{-1} 的核黄素溶液作为荧光探针,将 3 mL 核黄素溶液加入到荧光比色皿中,逐步将 20 μL、20 μL、20 μL、40 μL、50 μL、50 μL 和 100 μL 的浓缩菌体悬浮液,即 *G. sulfreducens* DL-1,*S. oneidensis* MR-1 或 *K. oxytoca* 滴加到荧光比色皿中。测量悬浮细菌在 600 nm(OD_{600})处的吸光度,以反映菌体的浓度。每次添加浓缩菌体后，通过 UV-可见分光光度计记录 OD_{600}，并同时用荧光分光光度计记录荧光比色皿中菌体悬浮液的发射光谱。

如图 1.15(a)所示，无论在去离子水中还是在微生物培养基中，核黄素溶液的荧光强度随其浓度($0\sim1\ \mu\text{mol}\cdot\text{L}^{-1}$)呈主线性增加。由于矿物盐培养基和 DMSZ 培养基中存在的溶质对发射光有影响，荧光强度和核黄素浓度在培养基中的线性系数要比在去离子水中的线性系数小。当将菌株添加到含有 $1\ \mu\text{mol}\cdot\text{L}^{-1}$ 核黄素的去离子水溶液时，由于微生物悬浮液对光的吸收作用，溶液荧光会立即下降。由于在此过程中并没有胞外电子的存在，因此没有电子转移发生，核黄素浓度保持不变。进而，细菌溶液的荧光强度与核黄素浓度之间的线性吸收会比非生物系统小。在静态淬灭实验中，细菌溶液荧光强度与微生物浓度之间的关系可以通过以下公式拟合：

$$F_0/F_c = 1 + k \times OD_{600} \tag{1.2}$$

其中，F_0 和 F_c 分别是无细菌和有细菌的核黄素水溶液在 525 nm 处的荧光强度；OD_{600} 代表细菌密度。

将 $G.\ sulfurreducens$ DL-1，$S.\ oneidensis$ MR-1 和 $K.\ oxytoca$ 的浓缩菌液分别加入到 $1\ \mu\text{mol}\cdot\text{L}^{-1}$ 核黄素水溶液之后，都会导致溶液荧光的立即下降。所获得的拟合系数(k)和拟合相关系数的平方(R^2)在图 1.15(b)中示出。所有菌株，包括产电菌或非产电菌的引入会导致荧光强度降低。所有的 R^2 值都接近 1。因此，通过将荧光强度数据与式(1.2)进行拟合，可以估算含微生物悬浮液中核黄素的浓度。

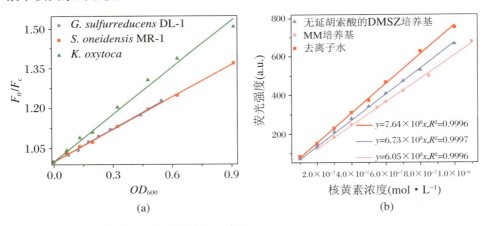

图 1.15　荧光强度与核黄素浓度的校正关系

在获得准确的荧光强度与核黄素浓度定量关系以后，就可以对产电菌进行胞外电子转移能力测试。定义此方法测试的胞外电子转移能力：

$$\text{胞外电子转移能力} = \frac{2\times(\text{单位 } OD_{600} \text{ 菌液的胞外电子转移速率})\times F}{(\text{单位 } OD_{600} \text{ 菌液中细菌的计数})} \tag{1.3}$$

智能控制理论与应用前沿丛书
常温空气阴极燃料电池在废水处理中的应用

其中 F 是法拉第常数（96485 C·mol^{-1}）。$G.\ sulfurreducens$ DL-1 或 $S.\ oneidensis$ MR-1 悬浮液单位 OD_{600} 的细菌计数，是用 4′,6-二脒基-2-苯基吲哚（DAPI）染色后，通过使用荧光显微镜直接计数。胞外电子转移能力测试的具体做法为：对于 $G.\ sulfurreducens$ DL-1，探针溶液是含 1 μmol·L^{-1} 核黄素的 DMSZ 培养基。将浓缩的菌体加入含有 3 mL 核黄素溶液的荧光比色皿中，然后将比色皿在厌氧手套箱中密封。首先测定溶液的 OD_{600} 值，然后于激发波长 450 nm、发射波长 525 nm 下记录比色皿中悬浮液的荧光强度的变化，荧光比色皿的温度控制在 30 ℃。对于 $K.\ oxytoca$，探针溶液是含有 1 μmol·L^{-1} 核黄素的基础培养基。基础培养基含葡萄糖（1.0 g·L^{-1}），磷酸氢二钾（1.0 g·L^{-1}），磷酸二氢钾（0.5 g·L^{-1}），硫酸铵（2.0 g·L^{-1}），七水合硫酸镁（0.1 g·L^{-1}）和微量元素储备溶液二（1 mL·L^{-1}）。微量元素储备溶液二含七水合硫酸亚铁（5.0 mg·L^{-1}），七水合硫酸锌（0.011 mg·L^{-1}），四水合氯化锰（0.1 mg·L^{-1}），五水合硫酸铜（0.392 mg·L^{-1}）和六水合硝酸钴（0.248 mg·L^{-1}），十水合硼酸钠（0.177 mg·L^{-1}）和六水合氯化镍（0.025 mg·L^{-1}）。将 3 mL 的探针溶液加入荧光比色皿中，鼓入氮气 5 min 去除溶液中的氧气。然后将菌悬液加入到探针溶液中，继续鼓入氮气 2 min，将荧光比色皿密封。胞外电子转移能力测试与 $G.\ sulfurreducens$ DL-1 采用相同的步骤。对于 $S.\ oneidensis$ MR-1 及其 11 个突变株的胞外电子转移能力测试，采用与 $K.\ oxytoca$ 相同的步骤，所不同的是探针溶液为含 1 μmol·L^{-1} 核黄素的矿物盐培养基溶液。

首先，介绍 $G.\ sulfurreducens$ DL-1 的胞外电子转移测试。此体系中，荧光强度与核黄素浓度之间的关系为 $Y = 6.73 \times 10^8 \times x / (1 + 0.413 \times OD_{600})$。在图 1.16(a) 中以虚线展示了不同浓度的 $G.\ sulfurreducens$ DL-1 溶液中核黄素的荧光动力学曲线。对照组（无 $G.\ sulfurreducens$ DL-1）中核黄素溶液的荧光强度在 500 s 内保持稳定，而 $G.\ sulfurreducens$ DL-1 的引入使核黄素的荧光强度减小，荧光强度的减弱呈现出两个阶段。在核黄素被还原的初始阶段，相对于核黄素的浓度，细胞表面酶的数量是有限的，因此还原过程显示出零级反应动力学。随着核黄素浓度的逐渐降低，核黄素的还原过程转变为一级反应，荧光动力学曲线也相应地从线性曲线变为指数曲线。因此，可以拟合荧光动力学曲线的线性区域，通过得到的斜率（图 1.16(a)，实线）计算出核黄素的还原速率。此外，注意到随着菌体浓度的增加，曲线中的线性区域会变窄，这是由于核黄素能够被高浓度的菌体更快还原，使得反应级数从零级到一级。如图 1.16(b) 所示，通过荧光强度与核黄素浓度之间的关系，可估算出 $G.\ sulfurreducens$ DL-1 的胞外电子转移速率；通过拟合胞外电子转移速率与菌体浓度的斜率，来获得单位浓度菌体（OD_{600}）的平均胞外电子转移能力。核黄素的还原为转移过程，因此产电菌的胞外电子转移能力为胞外电子转移速率的 2 倍，进而结合单位浓度菌体细菌计数来得到单细菌的胞外电子转移能力。

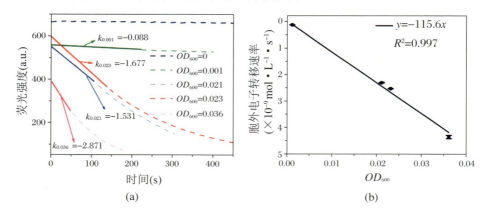

图 1.16　*G. sulfurreducens* DL-1 的胞外电子转移能力测试结果

G. sulfurreducens DL-1 单位浓度菌体的胞外电子转移能力为（115.6 ± 3.1）nmol·L^{-1}·s^{-1}。在 OD_{600} 为 0.130 时对应于（4.8 ± 0.9）× 10^{10} L^{-1} 的细胞计数，通过式（1.3）估算出 *G. sulfurreducens* DL-1 单菌体的平均胞外电子转移能力为 60.29 ± 13.02 fA。对于非产电菌 *K. oxytoca*，在加入之后，核黄素的动力学荧光曲线并没有表现出荧光强度减小的现象，这表明核黄素对产电菌的检测具有选择性。

在对 *S. oneidensis* MR-1 的测试中，荧光探针溶液是核黄素浓度为 1 μmol·L^{-1} 的矿物盐培养基。此体系中荧光强度与核黄素浓度之间的定量关系为 $y = 6.05 \times 10^8 \times x/(1 + 0.405 \times OD_{600})$（图 1.15（b））。如图 1.17（a）所示，*S. oneidensis* MR-1 的荧光动力学曲线在初始反应阶段与 *G. sulfurreducens* DL-1 不同。这是因为在加入细菌初期，*S. oneidensis* MR-1 的呼吸类型从有氧型转变为厌氧型，其表面的酶失活，因此最初并没有核黄素被还原而导致荧光强度减少的现象发生。随着时间的推移，更多的外酶被激活，核黄素被还原的速率逐渐增加并达到稳定状态。此后，*S. oneidensis* MR-1 的荧光动力学曲线类似于 *G. sulfurreducens* DL-1。用相同的方式，可以计算 *S. oneidensis* MR-1 单细菌的胞外电子转移能力。如图 1.17（b）所示，单位 OD_{600} 菌体的胞外电子转移还原率为（16.4 ± 0.4）nmol·L^{-1}·s^{-1}。在 $OD_{600} = 0.560$ 时，*S. oneidensis* MR-1 的细菌计数为（8.4 ± 1.7）× 10^{11} L^{-1}，进而计算得到 *S. oneidensis* MR-1 单菌体的平均胞外电子转移能力为（2.11 ± 0.47）fA，低于 *G. sulfurreducens* DL-1 单菌体的胞外电子转移能力。

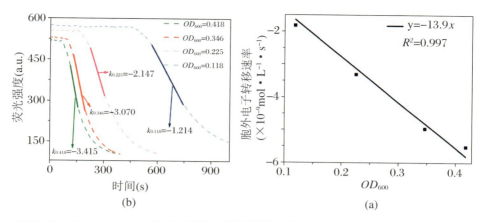

图 1.17 *S. oneidensis* MR-1 的胞外电子转移能力测试结果

接下来,通过使用 *S. oneidensis* MR-1 的突变株来验证此荧光探针测量产电菌胞外电子转移能力的有效性。所估算的突变株单细菌平均胞外电子转移能力结果见表 1.1。虽然 *S. oneidensis* MR-1 能够分泌核黄素,但失去了分泌核黄素能力的 Δbfe 突变株表现出跟野生型相似的胞外电子转移能力,表明细菌自分泌核黄素对其胞外电子转移能力测试的影响可忽略。表 1.1 显示关键外膜细胞色素缺失突变株,如 $\Delta SO4591(\Delta cymA)$、$\Delta SO1778/1779(\Delta omcA/mtrC)$、$\Delta SO1777(\Delta mtrA)$、$\Delta SO1776(\Delta mtrB)$ 等完全丧失了胞外电子转移能力,这与其在电子传递中的关键作用相一致[48]。此外,当分别将相同浓度的死细胞和活细胞菌体加入到核黄素溶液中时,加入死菌体悬浮液体系中核黄素的荧光强度保持稳定。但是,加入活菌体悬浮液体系中核黄素的荧光逐渐下降,表明核黄素与 *S. oneidensis* MR-1 之间存在电子转移过程(图 1.18)。

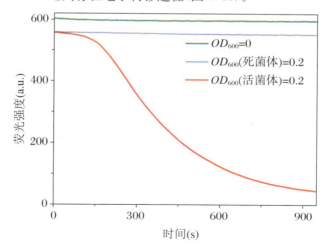

图 1.18 添加 *S. oneidensis* MR-1 死菌体和活菌体条件下核黄素溶液的荧光动力学曲线

表 1.1　*S. oneidensis* MR-1 11 种突变株的胞外电子转移能力[a]

产电菌	胞外电子转移速率 $/OD_{600}$(nmol · L^{-1} · s^{-1})	胞外电子转移能力 /细菌(fA)
$\triangle SO0702(\triangle bfe)$	16.1 ± 0.2	2.07 ± 0.44
$\triangle SO4666(\triangle cytcB)$	9.5 ± 0.3	1.22 ± 0.28
$\triangle SO0716(\triangle sorB)$	20.1 ± 0.8	2.58 ± 0.62
$\triangle SO2727(\triangle cctA)$	14.3 ± 0.9	1.84 ± 0.48
$\triangle SO0970(\triangle fccA)$	10.7 ± 0.3	1.37 ± 0.31
$\triangle SO1427(\triangle dmsC)$	14.1 ± 0.7	1.81 ± 0.45
$\triangle SO3980(\triangle nrfA)$	19.4 ± 1.3	2.50 ± 0.67
$\triangle SO4591(\triangle cymA)$	0.5 ± 0.0	0.06 ± 0.01
$\triangle SO1778/1779(\triangle omcA/mtrC)$	1.5 ± 0.0	0.19 ± 0.04
$\triangle SO1777(\triangle mtrA)$	0.3 ± 0.1	0.04 ± 0.02
$\triangle SO1776(\triangle mtrB)$	0.4 ± 0.2	0.05 ± 0.04

[a] $OD_{600} = 0.560$，DAPI 染色的计数浓度为$(8.4 \pm 1.7) \times 10^{11}$ L^{-1}。

通过荧光手段量化产电菌的胞外电子转移能力，获得的 *G. sulfurreducens* DL-1 单细菌的平均胞外电子转移能力（60.29 ± 13.02 fA）与用微电极阵列电化学表征获得单细菌的胞外电子转移能力（92 ± 33 fA）相当[49]。然而，*S. oneidensis* MR-1 的平均胞外电子转移能力仅为 2.11 ± 0.47 fA，其值低于基于生物膜的 MFC 估算得到的单细菌平均胞外电子转移能力（$80 - 200$ fA）[50]，同时也低于使用光镊捕获 MR-1 单细菌后用电化学工作站表征得到的胞外电子转移能力（200 fA）[51]。推测 *S. oneidensis* MR-1 在最初的测试过程中，胞外电子转移相关的酶未能完全被激活造成测量的值比实际值偏小。与其他胞外电子转移能力定量测试方法相比，荧光定量测试方法具有检测速度快、成本低、生物相容性强且易于操作等优点，仅借助荧光分光光度计即可在 10 min 内获得产电菌的平均胞外电子转移能力。该荧光定量测试方法可以将胞外电子转移过程的电信号转换成荧光信号，进一步可以对其进行"可视化"，为复杂环境中快速检测产电菌和在基因水平阐明产电菌的电子转移机理提供了有力的工具。而且，当此方法与高分辨率荧光显微镜结合使用时，还可用于单细菌的胞外电子转移检测，并有可能实现产电菌生物膜中胞外电子转移过程的可视化。同时，该方法也可以用于鉴定与胞外电子转移相关的蛋白。在 *S. oneidensis* 中有 39 种细胞色素 c，而在 *G. sulfreducens* 中有 100 多种 c 型细胞色素，其中很多蛋白在胞外电子转移中的具体作用尚不清楚。而此荧光方法作用于 *S. oneidensis* 突变株的结果表明，与野生型 *S. oneidensis* MR-1 相比，$\triangle mtrA$、$\triangle mtrB$、$\triangle omcA$-

真空检测理论与应用前沿丛书
常温空气阴极燃料电池在废水处理中的应用

$\Delta mtrC$ 双敲和 $\Delta cymA$ 突变株都几乎丧失了全部的产电能力（表 1.1），这表明以上蛋白是细菌胞外电子转移所必需的。因此，该方法有望用于快速评估和量化产电菌和其他环境微生物中各种细胞色素 c 的胞外电子转移能力。

1.3.2

C-WO₃ 纳米棒对 *S. oneidensis* MR-1 的生物膜抑制与传质强化

产电菌的广泛存在推动了生物电化学的快速发展，其中产电菌-电极界面的胞外电子转移效率是限制生物电化学产电性能的关键因素之一。通常，产电细菌和电极之间存在 3 种胞外电子转移途径：① 通过外膜细胞色素与电极表面的直接接触转移；② 通过氧化还原电子媒介的间接转移；③ 通过导电纳米线传导转移。环境中产电菌主要是形成生物膜基质后通过直接接触途径来转移电子的，但是也有一些产电菌主要通过氧化还原介体这种间接传递方式来完成胞外电子转移。研究表明在有核黄素存在的情况下，生物电化学系统中 *S. oneidensis* MR-1 高达 95%的电流产生，都是通过核黄素介导的胞外电子转移途径完成的[13, 52]。对产电菌来说，尽管生物膜的生成有利于直接的胞外电子转移，但是考虑到在致密生物膜下，氧化还原介体和营养物质在生物膜中扩散受限，致密生物膜的形成将显著降低生物电化学系统的胞外电子转移速率。因此，能够控制生物膜过度生长的电极将有助于生物电的稳定产生，特别是对电子传递媒介介导的胞外电子转移的运行有益。这要求电极材料在抑制生物膜生长的同时能够对氧化还原介体具有敏感的响应。

采用 WO₃ 纳米棒修饰碳纸电极，能够在抑制生物膜生长的同时对氧化还原介体具有敏感的响应。WO₃ 纳米材料由于具有良好的生物相容性和导电性、已被广泛应用于生物传感器、生物成像和生物电化学系统。以 WO₃ 纳米棒修饰碳纸作为 MFC 阳极，可以有效地抑制生物膜的形成，促进电子传递媒介介导的胞外电子转移。WO₃ 纳米棒是以二水合钨酸钠为前驱体，通过水热法合成的。将 0.825 g 二水合钨酸钠和 0.290 g 氯化钠溶解在 20 mL 去离子水中，然后在搅拌下缓慢加入 3 mol·L⁻¹盐酸直至 pH 达到 2.0。将该溶液转移至 45 mL 水热釜中，并在烘箱中于 180 ℃保持 24 h。冷却至室温后，获得白色粉末，将粉末用去离子水彻底洗涤后，通过 0.45 μm 膜过滤收集固体以获得 WO₃ 纳米棒。C-WO₃ 纳米棒电极是通过在碳纸上负载 WO₃ 纳米棒而获得的。将 WO₃ 纳米棒粉末添加到 100 mL 乙醇中,配成质量比为 0.2% 的分散液,并超声处理 30 min。
然后将分散液均匀地刷在碳纸(2×4 cm^2)上,并置于 120 ℃ 烘箱中蒸发掉乙醇。
C-WO$_3$ 纳米颗粒电极的制备如下:将质量比为 10% 的 WO$_3$ 纳米颗粒和聚乙
二醇的混合物添加到 100 mL 乙醇中,并超声处理 30 min。然后按照上述相同
的步骤,将分散液均匀涂刷在碳纸表面,待乙醇完全蒸发后,将材料放入马弗
炉中加热到 450 ℃,保持 2 h,以完全去除聚乙二醇,得到 C-WO$_3$ 纳米颗粒
电极。

   X 射线衍射相分析(X-ray Diffraction,XRD)是利用 X 射线在晶体物质中
的衍射效应进行物质结构分析的技术,其通过对材料测得的点阵平面间距及衍
射强度与标准物相的衍射数据相比较,确定材料中存在的物相。WO$_3$ 纳米棒
的 X 射线衍射结果如图 1.19(a)所示,所有衍射峰都可以与六方相 WO$_3$ 结构
的特征衍射峰对应(标准卡片 JCPDS 85-2460)。峰的形状表明所制备的 WO$_3$
纳米棒结晶性好,扫描电子显微镜结果也进一步证实了这一点,纳米棒的平均尺
寸为:长 2 μm,直径 60 nm。这些表征证明合成了形貌均匀的 WO$_3$ 纳米棒(如
图 1.19(b)所示)。

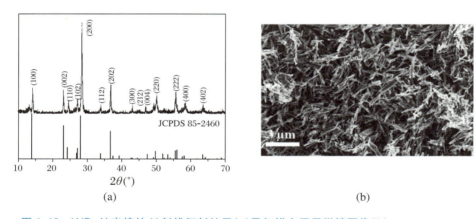

图 1.19　WO$_3$ 纳米棒的 X 射线衍射结果(a)及扫描电子显微镜图像(b)

   碳纸、C-WO$_3$ 纳米棒和 C-WO$_3$ 纳米颗粒电极的电化学性能通过其在
5 mmol·L^{-1} 铁氰化钾/亚铁氰化钾[Fe(CN)$_6$]$^{3-/4-}$ 溶液的循环伏安曲线和电
化学阻抗谱来表征,其中,Ag/AgCl(3 mol·L^{-1})作为参比电极,Pt 作为对电
极。在循环伏安法测试中,首先从高电势扫描到低电势,然后进行反向扫描,扫
描速率为 5 mV·s^{-1}。在电化学阻抗谱测试中,将开路电势设为初始电势,频率
的范围为 10 kHz～0.1 Hz,电势振幅为 5 mV。注意,所有的测试过程都在氮气
氛围下进行,并且在实验过程中需要保持电极的位置一致。循环伏安法和交流
阻抗谱结果均表明,WO$_3$ 在碳纸上的负载能够有效提高其电子传递效率,且 C-

污染控制理论与应用前沿丛书
常温空气阴极燃料电池在废水处理中的应用

WO$_3$ 纳米棒的电化学性能优于 C-WO$_3$ 纳米颗粒。如图 1.20（a）所示，[Fe(CN)$_6$]$^{3-/4-}$ 的氧化还原反应在 250～260 mV 和 180～190 mV 处产生一对氧化还原峰。其在碳纸电极的循环伏安图中非常弱，而在 C-WO$_3$ 纳米棒和 C-WO$_3$ 纳米颗粒电极的循环伏安谱图中较为明显，这表明 [Fe(CN)$_6$]$^{3-/4-}$ 在 WO$_3$ 表面发生相互转化的电子传递明显增强。三种电极中，C-WO$_3$ 纳米棒电极表面产生的氧化还原峰最强，说明其表面电子传递效率最高。交流阻抗测试又称电化学阻抗测试（Electrochemical Impedance Spectroscopy，EIS），其以不同频率的小振幅的正弦波电位（或电流）为扰动信号作用于电极系统，由电极系统的响应与扰动信号之间的关系得到电极阻抗，从而获得研究体系的相关动力学信息及电极界面的结构信息。图 1.20（a）为三种材料的交流阻抗 Nyquist 谱图。高频处实部（Z'）的截距代表反应体系的欧姆电阻，而圆半径代表反应过程中的电荷转移电阻，通常较小的电荷转移电阻表明反应过程中的电子转移更快。三种电极中，C-WO$_3$ 纳米棒的电荷转移电阻最小，表明电极和电解质界面的电子转移过程最有效。

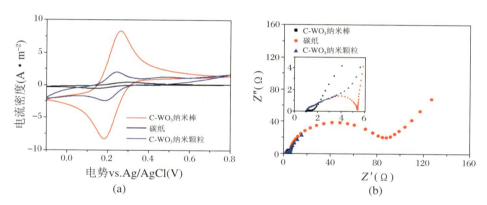

图 1.20 电化学探针溶液中 C-WO$_3$ 纳米棒、C-WO$_3$ 纳米颗粒和碳纸电极的循环伏安曲线（a）及交流阻抗谱图（插图为高频部分）（b）

将这三种电极材料应用在希瓦氏菌接种的 MFC 中，能够直接评估电极材料上生物膜的生长和传质情况。*S. oneidensis* MR-1 在 Luria-Bertani 液体培养基中培养，培养温度为 30 ℃。菌体通过 5000 r·min^{-1} 离心 5 min 收集。之后用矿物盐培养基洗涤 3 次，然后重悬于含 20 mmol·L^{-1} 乳酸钠的矿物盐培养基中制备浓缩菌液。将浓缩菌液接种到 MFC 阳极腔室中，阳极腔室中装有 100 mL 乳酸钠矿物盐培养基，细菌初始 OD_{600} 设为 0.2。为了评估由于电极本身的放电而产生的电流，首先应明确未接种 MR-1 的 MFC 中电流的变化。当电池中未接种菌体时，最初能观察到非常弱的电流，并在约 4 h 内迅速下降并稳定在 0 附近。在接种 MR-1 菌体后，所有 MFC 中都会产生电流，这证实了 *S.*

oneidensis MR-1 作为微生物催化剂其活性在 MFC 的产电过程中起着至关重要的作用,这归因于 *S. oneidensis* MR-1 对底物乳酸的代谢以及其胞外电子传递功能。从图 1.21 可以看出,在电流增加到最大值之后,只有使用 C-WO$_3$ 纳米棒电极作为阳极的 MFC 能够长时间稳定运行。使用碳纸或 C-WO$_3$ 纳米颗粒电极作为阳极的 MFC 在运行约 100 h 后,所产生的电流开始下降。以 C-WO$_3$ 纳米棒为阳极的 MFC 产生的总电量为 61 C,而以 C-WO$_3$ 纳米颗粒和碳纸为阳极的 MFC 产生的电量仅为 44 C 和 41 C。以 C-WO$_3$ 纳米棒为阳极的 MFC 在乳酸菌代谢完成后电流降至接近 0,此时向阳极室中补加乳酸钠以后,电流可立即恢复并维持在最大值。这表明 C-WO$_3$ 纳米棒电极对产电菌具有高度的亲和性,并且能够促进产电菌的电子传递和 MFC 的产电能力。

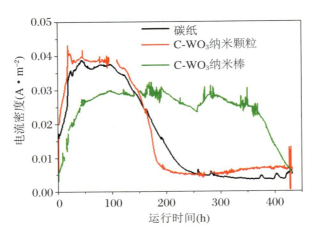

图 1.21　以不同电极为阳极的 MFC 接种 *S. oneidensis* MR-1 后的电流密度随时间的变化曲线

各电极对核黄素的电子传递功能也有显著影响。如图 1.22 所示,碳纸和 C-WO$_3$ 纳米棒的循环伏安图中有一对能清晰反映核黄素发生电化学氧化还原反应的峰。对于 C-WO$_3$ 纳米棒,氧化峰位于 $-$ 370 mV 处,还原峰位于 $-$ 420 mV 处;对于碳纸,氧化峰和还原峰的位置分别在 $-$ 350 mV 和 $-$ 470 mV 处。C-WO$_3$ 纳米棒的循环伏安图中氧化峰和还原峰之间的间距仅为 50 mV,其远低于碳纸的循环伏安图中两峰之间的间距(120 mV),而且其峰值电流也更高,因此核黄素在 C-WO$_3$ 纳米棒上发生电化学反应的可逆性更高。当使用 C-WO$_3$ 纳米颗粒做电极时,未观察到核黄素的相关电化学氧化还原过程。

碳纸、C-WO$_3$ 纳米棒和 C-WO$_3$ 纳米颗粒电极在 MFC 运行前的扫描电子显微形貌如图 1.23 所示。WO$_3$ 纳米棒在碳纤维上以团簇形式存在,而 WO$_3$ 纳米颗粒较为致密,显示出干裂泥状结构,这增加了电极的实际表面积。MFC 运行后，在碳纸电极和C-WO₃纳米颗粒电极的表面均形成了致密的生物膜。相反，几乎没有细菌附着在C-WO₃纳米棒电极上。

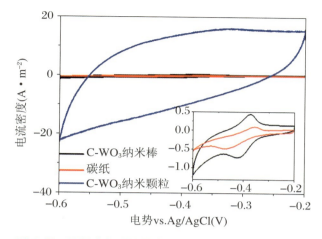

图1.22 不同电极对核黄素的循环伏安曲线图

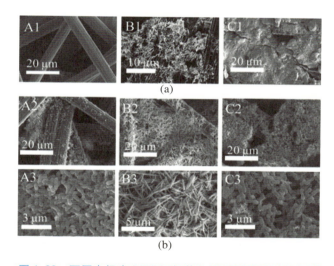

图1.23 不同电极在MFC运行前(a)和运行后(b)的扫描
电子显微图像
碳纸电极(A)；C-WO₃纳米棒电极(B)；C-WO₃纳米颗粒电
极(C)

在生物电化学系统中，由于电极上会形成致密的生物膜，进而会阻碍电子传递介体(如核黄素)的扩散；因此，一些产电菌如 *S. oneidensis* MR-1 的胞外电子转移效率会随生物膜的增厚而逐渐下降。由于 *S. oneidensis* MR-1 可以通过自分泌核黄素完成胞外电子传递，而不需要在电极表面形成生物膜。因此可以通过采用C-WO₃纳米棒作为阳极来避免电极表面产生过厚的生物膜而影响电池效率。无生物膜的 C-WO₃ 纳米棒阳极与具有致密生物膜的阳极相比，既可以实现核黄素的自由扩散，又可以促进产电菌的电子传递，因此 MFC 可以实现持久稳定的产电。

WO₃ 纳米棒抑制生物膜形成的原因很可能与材料独特的表面特性有关。一方面，碳纸表面几乎完全被 WO₃ 纳米棒覆盖，会减少碳纸表面羧酸、醇和羰基等产电菌吸附位点[53]。另一方面，纳米棒的小尺寸和高结晶度降低了电极表面的粗糙度，从而降低了对细菌的吸附。并且，六方相结构的三氧化钨在接收电子后使得细菌更难以附着[54]。在 C-WO₃ 纳米颗粒表面观察到致密的生物膜形成。纳米棒和纳米颗粒之间生物膜生长的差异可能是由两个原因引起的：首先，纳米颗粒的尺寸较小（约为 50 nm），这导致纳米颗粒具有比纳米棒更大的表面张力[55]；其次，C-WO₃ 纳米颗粒的开裂泥状结构可能会导致比纳米棒更高的表面粗糙度。这些因素都有利于细菌吸附。C-WO₃ 纳米棒电极对核黄素的电化学反应优于 C-WO₃ 纳米颗粒和纯碳电极。此优异性归因于 WO₃ 纳米棒的六方相结构，它具有由 WO₆ 八面体构建的独特的三角形和六边形隧道结构，可充当阳离子和电子的有效嵌入主体[56]。相比之下，WO₃ 纳米颗粒的单斜相则作为半导体起作用，并且电子嵌入能力较差。

与纯碳和 C-WO₃ 纳米颗粒电极相比，C-WO₃ 纳米棒电极表现出更好的电子传递性能以及对核黄素的催化活性，并且可以完全抑制 *S. oneidensis* MR-1 生物膜生长。这些特性使核黄素介导的间接胞外电子转移在 C-WO₃ 纳米棒上保持高效率，从而保证了 MFC 连续运行中能够持续向外输出较为稳定的电能。以上所介绍的 C-WO₃ 纳米棒具有良好的电化学性能、生物膜抑制特性，以及可在自然环境中介导胞外电子转移过程等特性。这种独特的 C-WO₃ 纳米棒材料可以作为一种耐生物污染的电极材料，在生物电化学领域中具有潜在的应用前景。

1.3.3

单分子层修饰金电极对 *G. sulfurreducens* DL-1 的生物膜生长促进和电子传递强化

产电菌可以将电子传递到细胞外电子受体，并在电能产生、环境修复和地球化学循环过程中发挥着重要作用。几乎所有的产电菌都可以通过外膜蛋白（多为细胞色素）或导电纳米线传递电子。通常产电菌倾向于将胞外电子传递到碳基电极上，因为碳基电极表面的含氧官能团，如羧基、羟基和醌，与产电菌之间具有特殊的亲和性，有利于细菌在碳基电极表面附着生长。此外，细胞色素可以通过氢键和电极表面羧基官能团结合。据报道[53, 57]，$S.\ putrefacians$ 细菌表面的细胞色素 c 和烷基链硫醇的羧基终端的自组装单分子层之间存在电子传递。与裸金电极或者甲基终端的自组装单分子层相比，具有羧基终端的自组装单分子层与细胞色素 c 间的电子传递产生更大的电流。但是，这种电流增强作用是源于羧酸终端与细胞色素 c 之间的直接相互电子传递还是间接电子传递，仍未明晰。首先，不能简单以细胞色素 c 与自组装单分子层之间的相互作用来简单地解释细菌中获得的结果，因为活体细菌与自组装单分子层之间的作用力可能与纯蛋白与自组装单分子层之间的作用力有所不同；其次，$Shewanella$ 类产电菌同时具有直接和间接胞外电子转移方式，因此使用这种细菌很难确定细胞色素 c 与自组装单分子层之间的电子传递途径。

为了阐明电极表面官能团对产电菌胞外电子传递的增强机理，可选用 $G.$ $sulfurreducens$ DL-1 作为模式产电菌。这种细菌主要通过直接电子传递途径进行胞外电子传递，并容易在金电极上形成生物膜[58]。由于金材料具有优异的电化学性能，可选择裸金电极和巯基乙酸（Au-COOH）或巯基乙胺（Au-NH$_2$）自组装单分子层修饰的金电极作为阳极，通过定量比较不同金电极上产生的生物电大小，来衡量 $G.\ sulfurreducens$ DL-1 和不同表面官能团之间的直接胞外电子传递效率。以此方式，可以证明电极表面羧基或氨基增强产电菌胞外电子传递的能力。通过在玻璃片的表面真空溅射贵重金属金以制备裸金电极。具体步骤为：先将玻璃片（$2.5 \times 2.5\ cm^2$）浸泡在含浓硫酸和 30% 过氧化氢溶液的混合溶液（体积比为 7∶3）中 2 h，浸泡结束后对玻璃片进行清洗。将清洗后的样品置于金属蒸发器的真空室中，压力为 10^{-6} 托。依次在基底上沉积 3 nm 铬和 15 nm 金。将所制备的裸金电极置于含有 2 mmol·L^{-1} 巯基乙酸或 β-巯基乙胺的去离子水溶液中 24 h，以此制备羧基或氨基自组装单分子层修饰金电极。

$G.\ sulfurreducens$ DL-1 可在 DMSZ 培养基中培养，分别补充 20 mmol·L^{-1} 乙酸盐和 50 mmol·L^{-1} 富马酸盐作为电子供体和电子受体。不同电极上 $G.\ sulfurreducens$ DL-1 产生生物电的电流密度如图 1.24 所示，在 0.1 V vs. Ag/AgCl 的恒定电位下，初始运行的 30 min 内所有电极均表现出电容放电现象。随后电流开始增大，电流密度呈指数大幅增长，这是由于在电极上形成了能够产生生物电的产电菌生物膜。Au-COOH、Au-NH$_2$ 和裸金电极上最大电流密度分别达到 0.99 A·m^{-2}、0.82 A·m^{-2} 和 0.35 A·m^{-2}。自组装单分子层修饰的金电极与裸金电极相比，具有更好的产电性能；这应归功于其具有较高的直接胞外电子传递能力,能更快速地接受细菌传递的胞外电子。电流密度呈指数增长反映了阳极上 *G. sulfurreducens* DL-1 细菌的指数增长特征。电流密度受电极上生物膜的形成和电极的电化学性能支配,这影响了电子从细胞外膜蛋白到阳极的转移速率。自组装单分子层的羧基和氨基末端与外膜蛋白中的肽键具有很强的结合能力。因此,当裸金电极表面用羧基或氨基官能团修饰时,*G. sulfurreducens* DL-1 可以更为便利地将电子直接从外膜蛋白转移到电极上。值得注意的是,自组装单分子层膜与金基底以共价键联结,它们无法进入细胞。因此,胞外电子传递的加速应归因于电极-产电菌界面间更有效的直接胞外电子传递,修饰的自组装单分子层增强了电极与细胞表面(尤其是细胞色素)之间的相互作用。

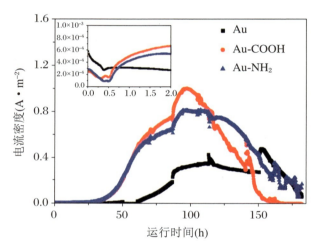

图 1.24　不同金电极表面 *G. sulfurreducens* DL-1 产生生物电的电流密度

电极本身的电化学性能可通过在 $5\ mmol \cdot L^{-1} [Fe(CN)_6]^{3-/4-}$ 溶液中的循环伏安法和化学阻抗谱评估。在循环伏安测试中,以 $50\ mV \cdot s^{-1}$ 的速度从高电位扫描到低电位,然后进行反向扫描。在电化学阻抗谱测试中,以开路电位作为初始电位,频率范围为 $10\ kHz \sim 0.1\ Hz$,电势幅度为 $5\ mV$。注意,在测量期间将溶液保持在氮气气氛中,并且要求所有电极的位置保持不变,以避免位置变化对测试结果的干扰。

图 1.25 显示了 $[Fe(CN)_6]^{3-/4-}$ 溶液中裸金、Au-COOH 和 Au-NH$_2$ 的循环伏安图和电化学阻抗 Nyquist 谱图。如图 1.25(a)所示,三个电极在 $[Fe(CN)_6]^{3-/4-}$ 中的循环伏安曲线中均显示了一对清晰的氧化还原峰。氧化峰分别出现在 $366\ mV$(Au)、$398\ mV$(Au-COOH)和 $355\ mV$(Au-NH$_2$)处,还原峰分别出现在 $12\ mV$(Au)、$-6\ mV$(Au-COOH)和 $19\ mV$(Au-NH$_2$)处。这些峰

归因于 $[Fe(CN)_6]^{3-/4-}$ 的氧化还原反应。$[Fe(CN)_6]^{3-/4-}$ 在 Au-NH$_2$ 电极表面发生电化学氧化还原产生最高的电流,表明该反应具有最高的电子传递效率。电化学阻抗谱测试结果进一步证实了 Au-NH$_2$ 电极具有优异的电化学活性。用三个电极获得了 Nyquist 谱图,并用等效电路来模拟此体系的阻抗。如图 1.25(b)所示,欧姆电阻(R_s)是由电解质的离子电阻和电极材料的本征电阻组成的。这三种金电极的 R_s 值几乎都相同(8 Ω),表明自组装单分子层修饰不会影响金电极的导电性能。电极/电解质界面的电荷转移电阻(R_{ct})代表电极上电化学反应的电阻。Au-NH$_2$ 电极的 R_{ct} 值仅为 0.2 Ω,低于裸金电极和 Au-COOH 电极的 R_{ct} 值(2.9 Ω 和 6.8 Ω),这表明 Au-NH$_2$ 电极上具有最低的化学反应电阻。循环伏安图和电化学阻抗检测结果表明,在三种电极中,Au-NH$_2$ 电极上电子传递的阻力最小。

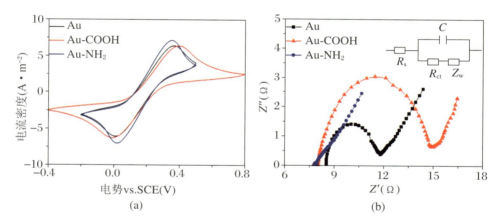

图 1.25 5 mmol·L^{-1}[Fe(CN)$_6$]$^{3-/4-}$ 中 Au,Au-COOH 和 Au-NH$_2$ 电极的循环伏安图(a)以及电化学阻抗 Nyquist 图和等效电路(b)

三种电极表面所生长的 *G. sulfurreducens* DL-1 生物膜的电子传递性能,也能够通过循环伏安方法进行分析。如图 1.26 所示,所有生物膜的循环伏安曲线图均有一对氧化还原峰。对于裸金电极,氧化峰位置在 −223 mV 处,峰电流密度为 0.25 A·m^{-2};还原峰位置在 −447 mV 处,峰电流密度为 0.14 A·m^{-2}。对于 Au-COOH 电极,氧化峰位置移至更低的电势 −272 mV 处,而还原峰出现在 −445 mV处,两峰的峰电流密度均提高至 0.30 A·m^{-2}。对于 Au-NH$_2$ 电极,氧化峰和还原峰分别出现在 −272 mV 和 −445 mV 处,但是峰电流密度较小,仅为 0.10 A·m^{-2}。以上结果表明,在所有金电极上都形成了具有电化学活性的 *G. sulfurreducens* DL-1 生物膜。与裸金电极相比,Au-COOH 电极和 Au-NH$_2$电极上的生物膜氧化峰位置都向负电势移动了 29 mV,此结果表明自组装单分子层的羧酸和胺末端均增强了生物膜活性,使其更易于接受电子。

Au-COOH和Au-NH$_2$表面生物膜的峰电流差异可能是由电极上形成生物膜的结构差异引起的。扫描电子显微镜和共聚焦激光扫描显微镜分析的结果证实了这一假设。

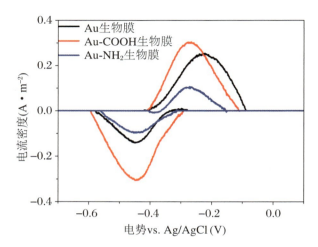

图 1.26　Au、Au-COOH 和 Au-NH$_2$ 电极表面 *G. sulfurreducens* DL-1 生物膜的循环伏安图

如图 1.27 所示，扫描电子显微镜图像显示裸金电极和 Au-COOH 电极表面被一层细菌细胞覆盖。此外，Au-COOH 电极上的生物膜比裸金电极上的生物膜更为致密。这一结果与 Khan 等的研究结果相符，即 *G. sulfurreducens* 可以附着在金电极上产电，并且金表面上通过自组装单分子层修饰的羧基能促进生物膜的形成[59]。相比之下，在 Au-NH$_2$ 电极的表面上观察到稀疏的生物膜，而且在生物膜的边缘仅观察到散落的细胞。进一步通过共聚焦激光扫描显微镜的分析，以鉴定不同金电极上形成的生物膜的结构和形态。如图 1.28 所示，裸金电极上的生物膜的厚度约为 12 μm，而 Au-COOH 电极上的生物膜显示出致密的结构，其厚度约为 17 μm。Au-NH$_2$ 电极上的生物膜虽然稀疏，但比其他两种电极上的生物膜厚，其厚度可达到 28 μm。Au-NH$_2$ 电极上稀疏而较厚的生物膜结构既减小了传质阻力，又保证了足够的产电菌生物量，因此 Au-NH$_2$ 电极上的生物膜具有最高的直接电子传递效率。

在电极表面上含有羧基或氨基官能团的自组装单分子层可以增强从 *G. sulfurreducens* DL-1 到金电极的直接胞外电子传递能力。与裸金电极相比，Au-COOH 电极可以有效增强产电菌的胞外电子传递，这是由于电极表面上形成了更致密、更活跃的生物膜。同时，Au-NH$_2$ 电极表面由于可以形成较厚的生物膜也显示出了胞外电子传递增强效应。以上研究结果表明，环境中天然存在的固体电子受体，比如腐殖酸盐等，其表面丰富的羧基或氨基官能团可能在增强产电菌的直接胞外电子传递上发挥着重要作用。

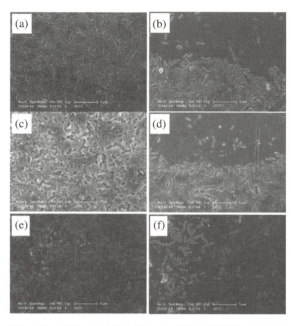

图 1.27　裸金电极（a）（b）、Au-COOH 电极（c）（d）和 Au-NH₂ 电极（e）（f）表面上 *G. sulfurreducens* DL-1 生物膜的扫描电子显微镜图像

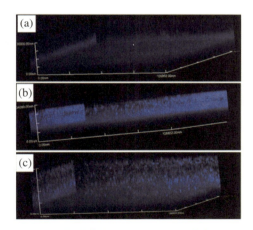

图 1.28　裸金电极（a）、Au-COOH 电极（b）和 Au-NH₂（c）电极表面 *G. sulfurreducens* DL-1 生物膜的共聚焦激光扫描显微镜图像

1.4

微生物燃料电池中聚丙烯酰胺的降解机理与生物电强化

聚丙烯酰胺(PAM)是一类白色水溶线性高分子聚合物,包括丙烯酰胺及其衍生的均聚物和共聚物。作为废水中的典型水性高分子聚合物,PAM被广泛用于石油开采、农业、造纸、水处理、纺织、选矿、医药等领域。PAM在大多数应用领域的最终归属为地表水或地下水,尤其对采油工业而言,每升废水中PAM的浓度可高达几百毫克甚至上千毫克。含有PAM的废水不仅会改变水体的理化性质,增加废水的处理难度,而且PAM本身对化学需氧量也有贡献。虽然PAM本身无毒、无腐蚀性,但是在一定条件下,例如光照或高温条件下会发生部分降解,其降解产物为毒性很强的丙烯酰胺单体,足量的丙烯酰胺进入生物体内将损伤生物的中枢神经系统,严重者导致病变,引发动物基因突变,改变生物DNA序列,影响胚胎的正常发育。PAM在环境中的残留、迁移、转化及降解产物的潜在危害日趋严重。由于含PAM的废水具有较高黏度,常规的沉淀、浮选、过滤等分离方法难以发挥作用。PAM可以通过热降解、光降解或超声降解的方法使其分子链断裂,也可以采用氧化剂如过氧化氢、过硫酸钾等将其降解成小分子物质。采用以上方法降解PAM的过程中需要添加化学药品和催化剂或者消耗大量能源,因而成本较高,难以大规模实施;投加化学药品会引起水体的二次污染;除此之外,反应过程中生成的丙烯酰胺单体和交联物也需要做进一步处理。

作为一种相对稳定的高分子聚合物材料,PAM具有较强的生物抗性,尤其是高分子量的PAM极难被微生物利用和降解。尽管如此,自然界中仍然存在可以降解PAM主链结构的特殊功能微生物。迄今,人们通过驯化筛选已经从活性污泥、土壤、采油出水中分离得到包括芽孢杆菌、肠杆菌、氮单胞菌等可以降解PAM的纯种细菌。这些细菌能够将PAM的侧链酰胺基团作为氮源利用,碳主链则作为碳源被部分降解,产物包括多种有机酸、有机醇类以及低分子量聚合物片段。由于纯种微生物生长环境苛刻,所含酶系也较为单一,因此对PAM的降解作用有限。针对以上不足,可在生物反应器中通过混合微生物群落的协同效应提高PAM处理效率。多种微生物可以通过种群间的合作,利用各自拥有

污染控制理论与应用前沿丛书
常温空气阴极燃料电池在废水处理中的应用

的酶系统对 PAM 进行联合降解。一般认为，在 PAM 降解过程中，可首先由一种或几种微生物将其碳主链结构破坏，断链产物再由其他微生物进一步降解，混合微生物菌群通过共代谢、协同代谢等途径实现对 PAM 的逐级降解。与纯种微生物相比，混合微生物菌群具有适应性强、耐冲击负荷高、菌种间协作能力强的特点，因此更适宜于实际废水中 PAM 的降解处理。然而，目前微生物处理方法仍然面临着对高分子量的 PAM 降解效果较差，以及 PAM 的碳主链结构降解程度不够彻底等问题。

MFC 作为一种新型污水处理技术，已被证明可以利用产生生物电的过程有效地提高有机物的降解效率[60-62]。对 MFC 中纤维素降解细菌 *C. cellulolyticum* 和产电细菌 *G. sulfurreducens* 协同降解纤维素的研究表明，*C. cellulolyticum* 降解纤维素的产物可被 *G. sulfurreducens* 进一步代谢产生电流，该生物电的产生显著提高了 *C. cellulolyticum* 对纤维素的降解效率[63]。在本小节中，我们将探讨 MFC 技术在降解 PAM 类水溶高聚物领域的应用，并综合运用电化学、分析化学以及微生物学的多种方法和手段，深入探索 PAM 的降解途径以及生物电对 PAM 降解的强化机制。

1.4.1

微生物燃料电池的启动

在运行初期，采用间歇的方法在 30 ℃恒温环境下对 MFC 进行启动。通过检测驯化期间 MFC 的电流变化，即可判断 PAM 能否被微生物利用并产生电能。MFC 的组件主要包括阳极材料、阴极材料和膜材料。组装单室 MFC 如图 1.29 所示。阳极为石墨毡（$3 \times 7.5 \ cm^2$），阴极为单面涂覆催化剂的疏水处理碳纸（$2 \times 2 \ cm^2$），其催化层上的铂催化剂含量为 $0.5 \ mg \cdot cm^{-2}$。阳离子交换膜面积为 $5 \times 5 \ cm^2$，厚度为 $0.254 \ mm$，电导率为 $0.1 \ S \cdot cm^{-1}$。阴极和阳极之间连有 $100 \ \Omega$ 的电阻，阳极室的有效体积为 $500 \ mL$。阳极培养液为 $50 \ mmol \cdot L^{-1}$、pH = 7.0 的磷酸盐缓冲液，其中含有 $130 \ mg \cdot L^{-1}$ 氯化钾；$10 \ mg \cdot L^{-1}$ 氯化钙；$20 \ mg \cdot L^{-1}$ 氯化镁；

图 1.29　单室 MFC 实物图

2 mg·L⁻¹氯化钠;5 mg·L⁻¹氯化亚铁;1 mg·L⁻¹氯化钴;1 mg·L⁻¹氯化锰;0.5 mg·L⁻¹氯化铝;3 mg·L⁻¹钼酸铵;1 mg·L⁻¹硼酸;0.1 mg·L⁻¹氯化镍;1 mg·L⁻¹硫酸铜;1 mg·L⁻¹氯化锌。底物为水解度 25%、黏均分子量 $5×10^6$ 的线性阴离子 PAM。由于电活性微生物生长和生物电的产生需要厌氧环境,MFC 启动前需要向阳极室通入氮气,以除去阳极室中的溶解氧。

第一个周期添加 500 mg·L⁻¹的葡萄糖和 500 mg·L⁻¹的 PAM 作为 MFC 的底物。因为在启动初期微生物对 PAM 适应性差,不易成功启动。在葡萄糖和 PAM 同时存在时,能够发生共代谢,微生物首先利用易降解的葡萄糖,这样有利于促进电活性微生物群体的生长繁殖,并且使其保持很强的活性[64]。当葡萄糖被利用完后,微生物开始消耗 PAM。从图 1.30 中可以看出,加入底物后电流快速升高,最大值达到 150 mA·m⁻²;维持一段时间后,电流又呈现迅速下降趋势;当下降到 40 mA·m⁻²时,电流下降趋势减缓。从第二个循环到第六个循环,当只添加 PAM 时,电流也可以很快产生。这说明微生物对 PAM 产生了一定的适应性,可以仅依靠代谢 PAM 产生电能。当 PAM 的浓度从 250 mg·L⁻¹增加到 500 mg·L⁻¹时,电流密度峰值在不断增加,且在 500 mg·L⁻¹时,电流密度的峰值达到最大,为 110 mA·m⁻²。但是当 PAM 的浓度增加到 750 mg·L⁻¹时,电流密度明显下降。这说明过量的 PAM 对微生物的活性有着明显的抑制作用,这种抑制作用主要来源于高黏度的 PAM 阻碍了传质,以及电子在微生物和底物之间的转移。

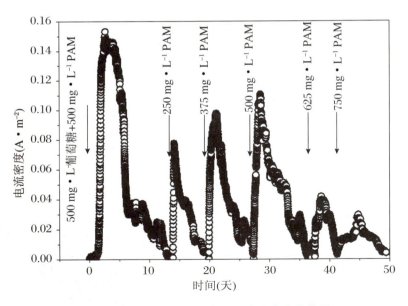

图 1.30   以不同浓度的 PAM 为底物的 MFC 电流密度趋势图

污染控制理论与应用前沿丛书
常温空气阴极燃料电池在废水处理中的应用

　　为了研究不同来源的微生物种群对 PAM 的降解作用,构建反应器 b 和反应器 c。从反应器 a(MFC)中取出含有悬浮微生物的阳极液,加入新的阳极电极和底物 PAM 构建反应器 b;从反应器 a 中取出附着有微生物膜的阳极电极,置于新鲜的含有 PAM 的阳极培养液中构建反应器 c。反应器 b 和 c 中 PAM 的浓度均为 500 mg·L^{-1}。从图 1.31 中可以看出,反应器 b 和 c 都能产生电能,这说明依附在电极上的微生物和阳极液中的悬浮微生物都能够独立利用 PAM 并产生电能。从图 1.31 中还可以看出,b 和 c 两个反应器产生的电流密度都比反应器 a 的低。同时经计算得出,反应器 a、b、c 在一个间歇周期内所产生的电量分别为 320.5 C、215.67 C 和 238.93 C。可以看出反应器 a 产生的电量小于反应器 b 和 c 产生的电量之和。反应器 b 和 c 中都有足够可被微生物利用并产生电能的 PAM,为悬浮和附着态微生物提供了充足的新陈代谢空间。当将悬浮和附着态微生物置于同一反应器时,可能由于传质因素导致其无法完全发挥代谢能力与电子传递能力。

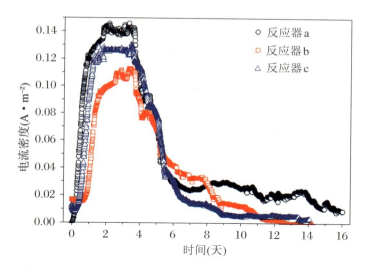

图 1.31　不同来源微生物的 MFC 的产电量:(a) 微生物来自阳极液和生物膜;(b) 微生物来自阳极液;(c) 微生物来自阳极的生物膜

　　以 PAM 作为单一有机基质运行 MFC 半年,电池稳定后构建双电极电化学体系,在此体系下以 500 mg·L^{-1} 的 PAM 为底物,对电池进行极化曲线测试。如图 1.32 所示,电池输出电压和电流密度呈负相关,在电流密度为 110 mA·m^{-2} 时,能够得到 15.9 mW·m^{-2} 的最大输出功率密度。对电池而言,当外部电阻和内部电阻相等时,得到最大的电量输出。根据功率＝电流^2×电阻计算,得到 MFC

的内部电阻为 290 Ω。

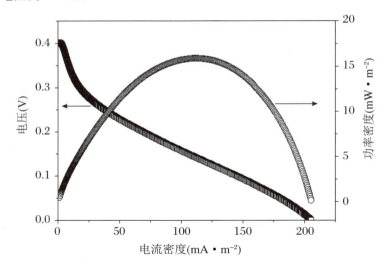

图 1.32　以 PAM 为底物时 MFC 的极化曲线和电流密度曲线

　　在 MFC 运行过程中,微生物会逐渐在阳极表面附着生长,并形成具有一定活性的生物膜。在形成生物膜的过程中,电活性微生物与非电活性微生物相互之间发生竞争和耦合作用。经过半年的 PAM 驯化,可在阳极室得到负载有完整生物膜的活性电极。为研究 MFC 中阳极表面电子传递机理可构建三电极体系,采用循环伏安技术测定生物电极的氧化还原特性。对电极和参比电极分别是铂丝、饱和甘汞电极。测试电势范围为 $-0.6 \sim 0.2$ V,扫描速率为 0.1 V·s^{-1},先从低电势扫描到高电势,之后再进行反向扫描。图 1.33 是在不同条件下得到的循环伏安曲线图,其中图(a)、(b)、(c)、(d)的循环伏安曲线分别在刚接种混合菌群时处于启动初期的 MFC 阳极、启动完成并稳定运行的 MFC 阳极、将生物电极置于新鲜培养基中构筑的工作电极体系,以及将新电极置于含电活性悬浮微生物培养基中构筑的工作电极体系中获得。从图 1.33(a)可以看出,启动初期阳极没有任何氧化还原峰产生,这说明尚未获得电活性微生物功能菌群。对于运行半年后的 MFC,电活性微生物菌群在电势扫描过程中的电子传递在 -50 mV 和 -400 mV 处产生一对氧化还原峰(图 1.33(b))。此时,将生物阳极置于不含悬浮微生物的阳极培养基中,如图 1.33(c)所示,电势扫描过程中 -50 mV 和 -400 mV 处的氧化还原峰依然能够观察到。当将新的电极置于含悬浮电活性微生物的阳极液中,如图 1.33(d)所示,电势扫描过程中在 -50 mV 和 -400 mV 处也观察到该氧化还原峰。以上结果表明,MFC 中阳极微生物膜和悬浮微生物都具有电子传递活性,因此二者可以独立利用 PAM 并产生电能。

　　待驯化结束后,用扫描电子显微镜 SEM 对 MFC 阳极上微生物的膜形态进行观察,结果如图 1.34 所示,可以看出,阳极微生物膜上的菌落形态多以球形为主,所产生的胞外聚合物质具有很强的黏性,这使得微生物个体可以牢固地结合在阳极表面。阳极生物膜具有凹凸不平的表面及缝隙结构,这为营养基质迁移进入菌落内部及微生物产生的胞外酶迁出菌落提供通道,从而为微生物维持新陈代谢提供所必需的基质。

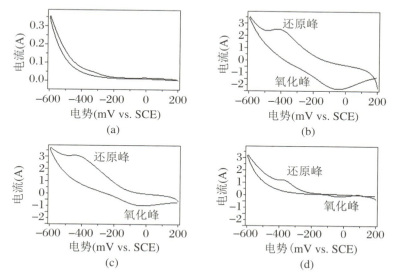

图 1.33　不同体系的循环伏安曲线:(a) 新电极在新接种的培养基中;
(b) 生物膜电极在驯化后的培养基;(c) 生物膜电极在新的培养基中;
(d) 新电极在驯化后的培养基中

图 1.34　阳极生物膜的 SEM 照片

　　在自然环境中,大约超过 99.5% 的微生物种类是不能纯培养的。如何正确认识生物电化学系统中微生物的特性以及其系统发育已成为一大难题。近年来,越来越多的分子生物学研究方法被应用到不同环境中对微生物种群的结构、功能,以及与环境之间的相互作用的科学研究中。可以借助分子生物学的研究方法,较为准确地对 MFC 阳极环境中电活性微生物种群的组成结构和功能进行分析。变形梯度凝胶电泳(Denatured Gradient Gel Electrophoresis,DGGE)

技术,在研究微生物群落的遗传多样性和种群差异性方面具有独特的优势。早在 1979 年,Fischer 和 Lerman 研究发现,可以借助变形梯度凝胶电泳技术检测脱氧核糖核酸(DNA)的突变[65]。在 PAM 凝胶中加入变性剂梯度或者温度梯度,可以使得具有同样长度但序列不同的 DNA 片段得以区分。Muzyer 等在 1993 年第一次将变形梯度凝胶电泳技术应用到微生物的科学研究中。同时,Muzyer 等经过大量的研究发现,该技术在研究微生物群落的遗传多样性和种群差异性方面取得了显著成果[66]。

接下来,本书采用变形梯度凝胶电泳技术分析 MFC 中电活性生物膜和电化学悬浮微生物的种群差异。首先用 DNA 提取试剂盒对吸附在电极上的以及悬浮的微生物进行萃取。以样品基因组 DNA 为模板,采用细菌通用引物 GC-318 和 518R 扩增克隆文库。将引物扩增片段于 60 ℃、200 V 的电压条件下电泳 5.5 h。变形梯度凝胶电泳研究结果如图 1.35 所示,a、b、c 分别代表接种污泥的微生物群落、电极上的微生物膜群落和悬浮电活性的微生物群落。由图可以看出,a、b、c 每个群落都存在 5 种以上的条带,这表明 MFC 中微生物的多样性。其中,1、2、3、4、5 条带同时作为优势菌群存在于电极表面生物膜和悬浮液中,这说明电极生物膜和悬浮微生物群落具有高度相似性,这也解释了附着在电极上的微生物和悬浮微生物都具有独立降解 PAM 和产电的能力。与接种污泥的微生物群落相比,生物膜和悬浮微生物中条带 1、4、5 代表的菌群均有所富集。从丰度上看,条带 1、2、4 所代表的微生物在生物膜中的丰度高于悬浮液中的丰度,而条带 3 所代表的微生物在悬浮液中的丰度较高。这表明电极上和悬浮液中的微生物结构存在一定的差异。不同种类的微生物菌群互相协作,共同完成对 PAM 的代谢以及产电过程。

图 1.35 不同来源微生物的变形梯度凝胶电泳图:(a) 接种污泥中的微生物;(b) 微生物膜上的微生物;(c) 阳极液中的微生物

污染控制理论与应用前沿丛书
常温空气阴极燃料电池在废水处理中的应用

1.4.2
PAM 的降解过程与机理

1. PAM 的降解过程

以 PAM 作为 MFC 底物,分别在闭路和开路模式下探讨 PAM 的降解过程。废水中的氨氮含量是污水处理工艺的重要指标,氨氮也是微生物代谢过程所必需的营养物质。一般认为,PAM 侧链上的酰胺键容易被微生物攻击。微生物代谢生成的胞外酰胺酶可以使侧链的—$CONH_2$ 水解,产生—$COOH$ 和氨氮,而氨氮会被微生物作为氮源消耗。如图 1.36(a)所示,由于微生物的化学水解作用,闭路和开路两种条件下电池内氨氮的初始浓度基本一致,均为 (1.23 ± 0.11) mg·L^{-1}。运行一段时间后,闭路条件下电池内的氨氮快速下降,第 16 天时,降到 (0.101 ± 0.075) mg·L^{-1}。而在开路条件下,氨氮的含量基本没有发生变化,这说明在开路条件下阳极中的微生物不能有效利用氨氮作为氮源。对比闭路和开路模式下氨氮的去除效果,表明在 MFC 中生物电的强化作用下,微生物对氨氮的代谢活性更强。

黏度是高分子聚合物分子量大小的直接体现,因此,PAM 降解前后黏度变化可以反映其在 MFC 电池中的降解程度。从图 1.36(b)中可以看出,PAM 在闭路条件下降解 16 天后,溶液的黏度由初始的 (23.01 ± 0.15) mPa·s 降低到 (21.00 ± 0.10) mPa·s,而在开路时溶液的黏度只是略有下降,这说明生物电强化了微生物对 PAM 的降解。在生物电的强化作用下,微生物的活性增强,对长链碳攻击更强,而碳链容易发生断裂,其分子量经降解后降低。从图中还可以看出,即使在有生物电强化的闭路条件下,降解后 PAM 溶液还是具有较高的黏度,这说明 PAM 的碳链结构在微生物降解过程中虽然发生了一定的减短,但是并没有完全断裂成小分子物质,即 PAM 在 MFC 中降解后的产物仍然具有大分子链结构。

图 1.36(c)比较了电池闭路及开路模式下化学需氧量(COD)的变化。COD 是评价水体有机污染的一项重要指标。从图中可以看出,闭路和开路两种条件下初始的 COD 浓度基本一致,均为 (933.3 ± 12.04) mg·L^{-1}。在闭路条件下,前 8 天内 COD 的浓度呈现快速下降的趋势,降到 (633.3 ± 15.34) mg·L^{-1},去除率为 33%。第 8 天后,COD 的浓度基本保持不变。在开路条件下,COD 虽然有下降的趋势,但下降幅度不大,降到了 (880 ± 14.14) mg·L^{-1},去除率仅为

6%。这说明 MFC 体系中生物电的产生对 PAM 的降解具有强化作用。

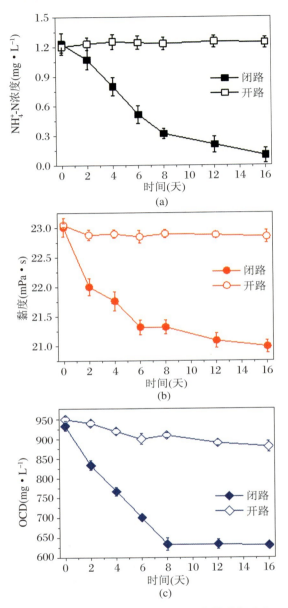

图 1.36　闭路和开路模式下 MFC 中的氨氮(a)、
溶液黏度(b)和 COD(c)随时间的变化

在闭路模式下,PAM 的降解效果明显增强,这主要和电极上的生物膜的活性有关。电池中的 PAM 被微生物膜上的电活性微生物消耗利用后,PAM 的化学能一部分被微生物自身的新陈代谢所利用,另一部分被转化为电能。在闭路条件下,阳极产生的电子可以通过外电路转移至阴极,从而完成化学能向电能的转化。而在开路条件下,无法形成电子的闭合回流,化学能也就无法转化为电能。MFC 的阳极室处于厌氧条件,这为微生物的厌氧代谢提供了适宜的环境。阳极微生物在代谢过程中产生的电子经外电路到达阴极后被氧气利用,这种生物电的产生为阳极微生物创造了间接的好氧代谢条件。因此,MFC 阳极中电活性微生物的多种代谢途径可被激活,从而促进 PAM 的降解。

2. PAM 的降解机理

将 PAM 原样、闭路以及开路模式下获得的降解液用两倍体积的乙醇醇沉后,获得的大分子产物经冻干后进行元素分析。结果如表 1.2 所示,在闭路模式下 PAM 中的氮、碳、氢元素含量都有所减少,尤其碳元素的含量从 45.1% 减少到 28.8%,而氧元素的含量从 31.3% 增加到 64.6%。这表明当 PAM 在 MFC 中经过微生物代谢后,发生了氧化反应,并且其氮、碳元素作为碳源和氮源被微生物所利用。在开路模式下,PAM 中的氮、碳元素含量只有少量减少,这再次证明了生物电对 PAM 降解具有强化作用。尤其是闭路模式下微生物较强的代谢能力加快了对氨氮的消耗,而微生物代谢产生的胞外酰胺酶含量的提高又同时促进了 PAM 侧链上酰胺基的水解,因此导致产物中氮元素的大幅减少。

表 1.2　PAM 原样、闭路以及开路模式下降解后大分子产物中各元素的质量百分含量

	氮	碳	氢	氧
降解前	16.8%	45.1%	6.8%	31.3%
闭路降解	2.8%	28.8%	3.8%	64.6%
开路降解	14.8%	41.5%	7.5%	36.2%

在生物电的强化作用下,PAM 生物降解过程中分子量变化情况一般采用凝胶渗透色谱进行分析。凝胶渗透色谱是一种用来分析化学性质相同、分子体积不同的高分子同系物的工具。当聚合物溶液流经色谱柱中的凝胶颗粒时,体积大于凝胶孔隙的较大分子排除在粒子的小孔之外,只能从粒子间的间隙通过,速率较快;而较小的分子可以进入粒子中的小孔,通过的速率要慢得多。经过一定长度的色谱柱,分子按照相对分子质量大小不同被分开,相对分子质量大的停留时间短,相对分子质量小的停留时间长。

闭路模式下运行 MFC,分别在 0、2 天、4 天、6 天、8 天、12 天、16 天从 MFC 中提取 PAM 降解液样品。从凝胶渗透色谱图上可以看出(图 1.37),第 0 天时的凝胶渗透色谱图上只有两个峰,其停留时间分别在 13.54 min 和 14.45 min 处。这说明在 MFC 中加入的 PAM 样品的分子量比较均匀。随着降解过程的进行,这两个峰的停留时间逐渐增大,表明了其分子量逐渐变小。降解 16 天后,

两峰的停留时间增大到14.70 min和15.13 min,并且停留时间在 15.13 min 处对应的峰的强度和降解前相比发生了明显变化。这表明经过生物降解后,PAM 的碳主链结构发生了变化,长链明显缩短。注意到整个降解过程中凝胶渗透色谱图上没有发现新的峰,这说明在 MFC 中电活性微生物的攻击下,虽然 PAM 碳链结构发生缩短,但并没有被裂解成小分子片段。为进一步研究 PAM 降解前后碳主链的结构变化,运用核磁(NMR)技术对 PAM 降解前后的样品进行分析。将5 mg 样品溶解到 5 mL 的氘代水中。图 1.38(a)、(b)分别代表 PAM 降解前、后的 ^{1}H NMR光谱图。未降解的 PAM 在 ^{1}H NMR 光谱图上只有两个特征峰,化学位移分别为 1.99 ppm 和 1.40 ppm,对应碳链中的—CH_2 和—CH 基团。降解后产物的光谱图上也存在这两个特征峰,但是峰的强度和降解前相比明显减弱。这说明,PAM 经生物降解后分子量有所降低。

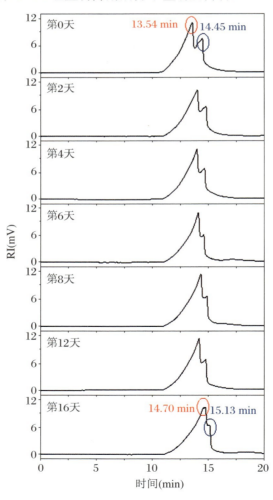

图 1.37　在闭路模式下,一个周期内 MFC 中
阳极液在不同时间的凝胶渗透色谱图

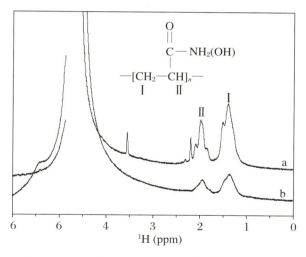

图 1.38　PAM 原样(a)和闭路降解后(b)的^{1}H NMR
谱图

对于 PAM 原样以及在闭路模式下降解得到的大分子产物的具体化学结构,可以采用红外光谱和 X 射线光电子能谱进行分析。红外光谱(Infrared Spectra)分析指的是利用红外光谱对物质分子进行的分析和鉴定。用红外光照射有机物分子时,分子中的化学键或官能团可以发生振动吸收,不同的化学键或官能团吸收频率不同,在红外光谱上处于不同位置,从而可获得分子中含有何种化学键或官能团的信息。在图 1.39 中,a、b 分别对应于 PAM 原样以及闭路模式下 PAM 的降解产物。3420 cm^{-1}和 1670 cm^{-1}处为羧酸基团中 O—H 和 C=O 键的伸缩振动峰,3210 cm^{-1}和 1454 cm^{-1}处为酰胺基团中 N—H 和 C—N 键的伸缩振动峰。与 PAM 原样的红外谱图相比,其降解产物谱图上 3420 cm^{-1}和 1670 cm^{-1}处的伸缩振动峰有明显增强,而 3210 cm^{-1}和 1454 cm^{-1}处的伸缩振动峰则有所减弱。以上结果对应于 PAM 中酰胺基团的水解。PAM 降解后产物红外谱图中仍然显示有酰胺基团特征峰,因此可以得出,MFC 中 PAM 上的酰胺基团只是发生部分水解。降解后产物的红外光谱图在 1160 cm^{-1}处出现了很强的振动峰,此峰对应于 C—O—C 伸缩振动,因此得出,在生物电的催化作用下 PAM 碳主链的降解可能产生了新的醚键结构。

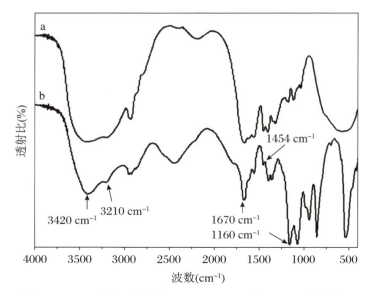

图 1.39　PAM 的红外光谱图：(a) PAM 原样；(b) 闭路模式下
PAM 降解物

　　X 射线光电子能谱（X-ray Photoelectron Spectroscopy，XPS）是一种表面分析方法，使用 X 射线辐射样品，使原子或分子的内层电子或价电子受激发射，被光子激发出来的电子称为光电子，可以测量光电子的能量和数量，从而获得待测物组成。XPS 主要通过测定电子的结合能以鉴定物质表面元素组成、元素化学态和电子态。如图 1.40 所示，图 (a)、(b) 分别是 PAM 原样和闭路模式下降解产物的 C 1s X 射线光电子能谱图。可以看出，PAM 降解前有 3 个特征峰，分别在 284.8 eV、287.9 eV、288.6 eV 处，分别对应于官能团 C—H/C—C、—CONH$_2$、—COOH 中的碳。与 PAM 原样相比，降解产物的光电子能谱图在 285.9 eV 处出现对应于 C—O—C 的新峰，因此可确定降解产物中存在醚键结构。推测 PAM 可能首先降解成较小的分子片段，这些片段重新组合连接形成了具有 C—O—C 键的长碳链。此外，通过对—CONH$_2$、—COOH 所对应峰面积的比较，发现 MFC 中发生了酰胺水解作用。然而，降解产物中仍有酰胺官能团，这表明 PAM 只是发生部分水解。研究表明[67-68]，PAM 发生催化水解时，开始阶段的水解速率远远大于后期的水解速率。当剩余酰胺基的浓度小于 30% 时，PAM 的水解格外困难。在 MFC 体系中，PAM 的水解使得酰胺基不断减少，其水解速率逐渐降低，最终酰胺基很难完全水解。

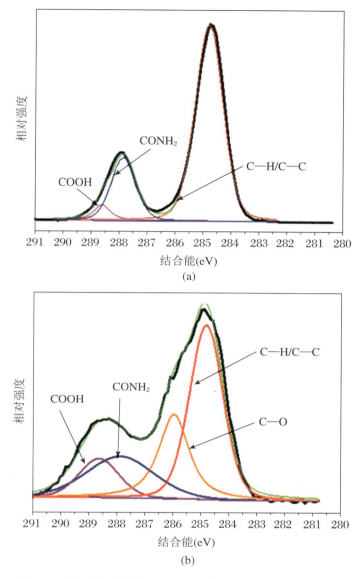

图 1.40　PAM 在降解前(a)、闭路降解后(b)样品的 C 1s X 射
线光电子能谱图

　　在 MFC 中,微生物似乎只攻击 PAM 碳主链的特定部位,因此导致 PAM 的
碳主链被部分降解。普遍认为,PAM 碳主链中的单体连接方式主要是"头-尾"。
但是 PAM 中也存在一些其他的连接方式,例如"头-头"和"尾-尾"。已经证明,
"头-头"是容易被微生物攻击的连接方式。因此,推测 MFC 中微生物也是从
PAM 碳链的"头-头"特殊位置对其攻击使其发生链的裂解。图 1.41 是 PAM
碳链在 MFC 中可能存在的降解途径。在阳极腔室中电活性微生物的催化作用
下,碳链中"头-头"连接的两个 α—[—CH—]首先被氧化成[—C—OH],然后被

氧化后的 PAM 在[HO—C～C—OH]处发生断裂。产生的小分子有机酸通过细胞膜进入胞内作为碳源供微生物代谢。如果两个[—CH₂OH]与旁边的结构单元是以"尾-尾"方式连接的,则在两个[—CH₂OH]处通过水解反应形成醚键,反应终止。如果[—CH₂OH]与旁边的结构单元通过"尾-头"方式连接,则降解继续进行,直至出现"尾-尾"连接方式,此时发生水解反应,并形成醚键而使得反应终止。这种代谢途径很好地解释了 PAM 的碳主链在微生物催化作用下发生部分降解的原因。按照这种代谢途径,PAM 碳链在"头-头"位置发生降解,但由于也存在"尾-尾"等连接方式,因此降解产物中依然有高分子链结构存在。

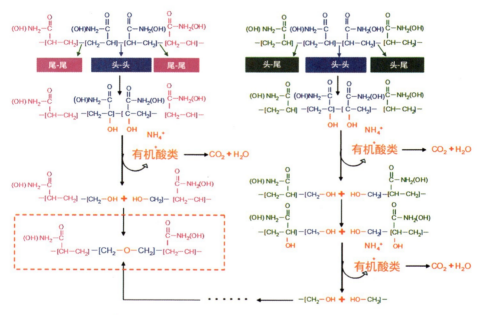

图 1.41　PAM 的碳主链可能存在的降解途径示意图

1.4.3

PAM 的结构对其降解效率的影响规律

1. 侧链官能团对 PAM 降解效率的影响

　　PAM 侧链可连接不同种类的官能团,根据官能团的性质不同可将 PAM 分为阴离子型（APAM）、阳离子型（CPAM）、非离子型（NPAM）和两性型（Am-PAM）。为考察不同侧链官能团对 PAM 碳链降解效果的影响，分别以黏均分子量为 $5×10^6$ 的非离子 PAM 和聚丙烯酸钠（PAA）作为 MFC 的底物，并对其降解后的产物进行分析。由于 PAA 本身没有酰胺基团，因此以其作为底物的 MFC 中需要添加 $310\ mg\cdot L^{-1}$ 的氯化铵作为微生物生长的氮源。如图 1.42 所示，MFC 可利用 PAM 或 PAA 为底物产生电流，而且二者产电能力相当，其最高电流密度均为 $110\ mA\cdot m^{-2}$。MFC 阳极微生物以相似的效率利用 PAM 和 PAA 产电，这预示着 PAM 侧链酰胺和羧酸官能团并不是决定其降解效率的关键因素。

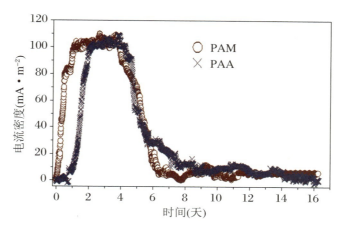

图 1.42　MFC 利用 PAM 和 PAA 为底物的产电曲线（PAM 和 PAA 的分子量均为 $5×10^6$）

图 1.43（a）和（c）分别是以 $500\ mg\cdot L^{-1}$ 的 PAM 和 PAA 作为底物的 MFC 运行过程中溶液的 COD 浓度随时间变化的趋势图。在以 PAM 作为基质的 MFC 中，COD 浓度先快速下降，之后趋于稳定。经过 16 天的降解，COD 浓度由（$953.3±12.94$）$mg\cdot L^{-1}$ 降为（$675.2±8.43$）$mg\cdot L^{-1}$，去除率为 29%。类似地，PAA 在 MFC 中降解 16 天后的 COD 浓度由（$933.3±12.04$）$mg\cdot L^{-1}$ 下降到（$633.3±15.34$）$mg\cdot L^{-1}$，去除率为 33%。因此，PAM 和 PAA 都可以在 MFC 中被电活性微生物所利用并产电。为了进行比较，可将 MFC 电路断开并在其阳极室构筑厌氧环境，或在开路状态下向阳极室持续输入空气构筑好氧环境。分别以 PAM 和 PAA 作为底物的反应器，在好氧状态下运行时 COD 降解率仅为 7.3% 和 6.6%，而在开路模式厌氧状态下运行的 MFC 中 COD 的降解率仅为 4.3% 和 2.7%。图 1.43（b）和（d）是 MFC 中游离态氨氮的浓度变化趋势图。由图可以看出，以 PAM 作为底物的 MFC 中起始游离态

氨氮的浓度为(1.25 ± 0.11) mg·L^{-1},经过 8 天反应后趋于稳定,最终的氨氮浓度降到(0.20 ± 0.11) mg·L^{-1}。以 PAA 作为底物的 MFC 中起始游离态氨氮的浓度为(71.50 ± 0.62) mg·L^{-1},在微生物的作用下,8 天后下降到(50.12 ± 0.08) mg·L^{-1}。因此,来自 PAM 及氯化铵水解产生的氨氮都可以作为氮源被微生物利用。同时,好氧和厌氧状态下运行的阳极溶液中氨氮浓度没有明显变化。虽然 PAM 和 PAA 侧链的官能团不同,但在 MFC 的阳极电活性微生物作用下,溶液中 COD 和氨氮含量都发生了明显的降低,说明 PAM 和 PAA 都可以作为电活性微生物代谢过程的能量来源,并且侧链酰胺和羧酸官能团不是决定微生物降解、产电能力的关键因素。生物电的强化作用体现在闭路模式下运行的 MFC 中 COD 和氨氮的去除效率明显高于厌氧或好氧环境中其去除效率。

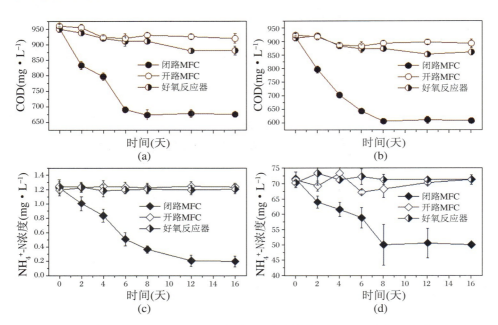

图 1.43　PAM 降解过程中 COD(a)和氨氮的(b)浓度变化以及 PAA 降解过程中 COD(c)和氨氮的(d)浓度随时间的变化(PAM 和 PAA 的分子量均为 5×10^6)

　　图 1.44 是 PAM 和 PAA 原样及在不同环境下降解产物的红外光谱图。闭路模式下运行 MFC,由于酰胺基团发生部分水解,PAM 经过降解后在 3420 cm^{-1} 处的 O—H 伸缩振动峰与 3190 cm^{-1} 处的 N—H 振动峰相对强度明显增加。此外,PAM 和 PAA 的降解产物谱图上,在 1165 cm^{-1} 处均出现了很强的 C—O—C 振动峰,表明生物电催化下醚键结构的产生。图 1.45 是 PAM 和 PAA 原样及在不同环境下降解产物的 C 1s X 射线光电子能谱图。对于 PAM,谱图上显示出—CONH$_2$ 和 C—H/C—C 结构中的碳原子特征峰,MFC 中降解

后产物的谱图上则增加了—COOH 和 C—O—C 结构中的碳原子特征峰。—COOH 由—CONH₂ 的水解产生，而 C—O—C 则在 PAM 碳主链的降解过程中产生。对于 PAA，谱图上显示出—COOH 和 C—H/C—C 结构中的碳原子特征峰，MFC 中降解后产物的谱图上则增加 C—O—C 结构中碳原子特征峰。因此，PAM 和 PAA 在 MFC 中经过降解后，其主链都发生了断裂并进行重新组合生成醚键结构。对比不同条件下 PAM 和 PAA 降解产物的红外和 X 射线光电子能谱，可以发现 PAM 和 PAA 在 MFC 中降解后的 C—H /C—C 结构有所减少，表明生物电强化作用下其碳主链得到降解。然而，单纯厌氧或好氧环境下微生物并不能有效降解 PAM 或 PAA 主链生成醚结构，同时 PAM 侧链水解程度也不高；因此证实生物电不仅能够促进 PAM 碳主链降解，而且能够有效促进其侧链酰胺官能团发生水解。由图 1.46 的凝胶渗透色谱可以看出，PAM 在谱图上有两个峰，其停留时间分别在 19.5 min 和 20.5 min 处。降解结束后，这两个峰的停留时间延长至 20.4 min 和 23.7 min。PAA 的谱图上出现三个峰，其分别在 18.1 min、19.5 min 和 23.6 min 处，降解后这三个峰的停留时间延长到 20.8 min、22.8 min 和 24 min。以上结果表明，PAM 和 PAA 在 MFC 中经过降解后其碳链只是有所缩短，而不是裂解成大分子片段。

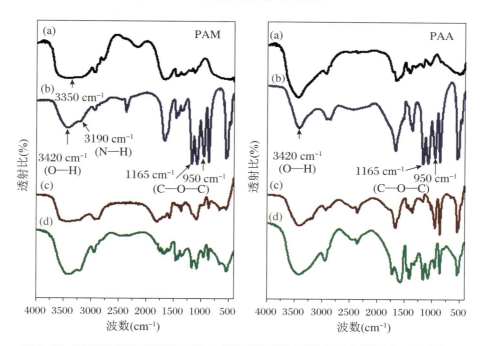

图 1.44　PAM 和 PAA 的原样(a)及在闭路 MFC(b)、开路 MFC(c)和好氧反应器(d)中降解后的红外光谱图(PAM 和 PAA 的分子量均为 5×10⁶)

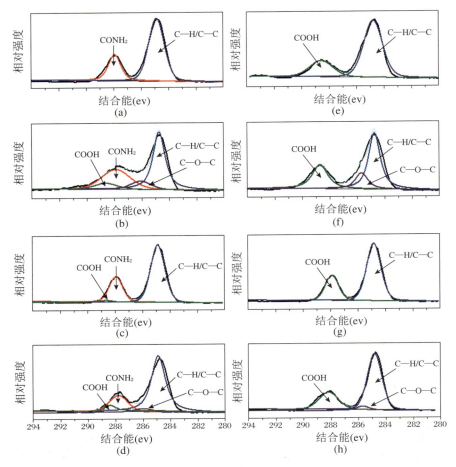

图 1.45　PAM 原样(a)及在闭路 MFC(b)、开路 MFC(c)和好氧反应器(d)中降解后的产物,PAA 原样(e)及在闭路 MFC(f)、开路 MFC(g)和好氧反应器(h)中降解后的产物的 C 1s X 射线光电子能谱(PAM 和 PAA 的分子量均为 5×10^6)

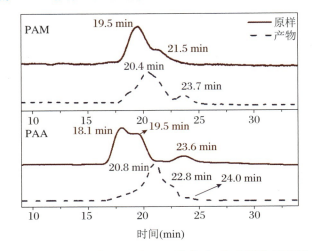

图 1.46　MFC 中 PAM 和 PAA 降解前、后凝胶渗透色谱图(PAM 和 PAA 的分子量均为 5×10^6)

2. 分子量对 PAM 降解效率的影响

PAM 具有较强的生物抗性特征,尤其是超高分子量的 PAM 极难被微生物利用和降解。接下来,分别以黏均分子量为 1.0×10^5、1.5×10^6 和 10×10^6 的 PAM 为底物,应用 MFC 技术对其实施降解,并对降解后的产物进行研究分析。结果表明,分子量为 1.0×10^5 和 1.5×10^6 的 PAM 可被有效降解,而分子量为 10×10^6 的 PAM 由于其过大的分子量和分子体积而无法被降解。图 1.47 展示了以分子量为 1.0×10^5 和 1.5×10^6 的 PAM 为基质的 MFC 中溶液黏度、COD 和氨氮浓度随时间的变化曲线图。由图可以看出,无关 PAM 分子量大小,其在开路模式下的 MFC 中都无法获得有效降解,而闭路模式运行的 MFC 由于生物电的强化作用可使 PAM 获得有效降解。

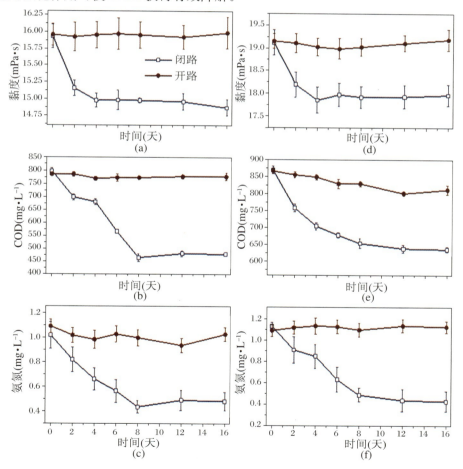

图 1.47　不同分子量的 PAM 为底物时溶液中黏度、COD 和氨氮浓度随时间的变化

(a)、(b)和(c)中 PAM 分子量为 1.0×10^5;图(d)、(e)和(f)中 PAM 分子量为 1.5×10^6

下面,着重分析 PAM 在 MFC 生物电强化下的降解效率。图 1.47(a)和 (d)是 MFC 中 PAM 溶液黏度随降解时间的变化趋势图。对于分子量为 1.0×10^5 的 PAM,经过在 MFC 中降解后溶液的黏度由(15.93 ± 0.177) mPa·s 降至 (14.86 ± 0.1227) mPa·s。对于分子量为1.5×10^6 的 PAM,溶液的起始黏度更高,为(19.11 ± 0.277) mPa·s。经过降解后溶液的黏度也有所下降,变为 (17.96 ± 0.227) mPa·s。这说明不同分子量的 PAM 经过 MFC 处理后其分子量均有所降低。图 1.47(b)和(e)是 MFC 中溶液 COD 的变化趋势图。在 MFC 中降解 16 天后,分子量为 1.0×10^5 和 1.5×10^6 的 PAM 的 COD 分别从 (797.85 ± 11.76) mg·L^{-1} 和(866.63 ± 11.76) mg·L^{-1} 降至(478.67 ± 7.66) mg·L^{-1}和(636.54 ± 7.66) mg·L^{-1}。溶液 COD 值的降低表明,PAM 可以被 MFC 中的电活性微生物作为新陈代谢的碳源。图 1.47(c)和(f)是 MFC 中氨氮浓度变化的趋势图。由图可以看出,经过代谢后,两种分子量的 PAM 溶液中氨氮浓度分别由(1.01 ± 0.11) mg·L^{-1}和(1.13 ± 0.038) mg·L^{-1}降至(0.48 ± 0.075) mg·L^{-1}和(0.38 ± 0.075) mg·L^{-1}。表明这两种分子量的 PAM 发生了酰胺基团的水解反应后产生的氨氮可以被微生物作为氮源利用。

图 1.48 是不同分子量 PAM 降解前后的凝胶渗透色谱图。分子量为1×10^5 的 PAM 在 22.5 min 和 27.2 min 处呈现出两个峰,降解后这两个峰的停留时间分别移至 23.6 min 和 28.2 min 处。分子量为 1.5×10^6 的 PAM 在谱图上的出峰位置为 19.9 min 和 22.9 min,降解后其停留时间移至 21.3 min 和24.5 min 处。对于这两种不同分子量的 PAM,其碳主链经降解后都有所变短,但是不会发生整体的裂解,因为没有代表新的大分子片段的峰出现。

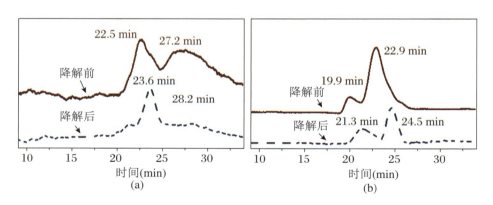

图 1.48　分子量分别为 1.0×10^5 (a)、1.5×10^6 (b)的 PAM 在 MFC 中降解前、后的凝胶渗透色谱图

图 1.49 是不同分子量的 PAM 降解产物的 C 1s X 射线光电子能谱和红外光谱图。由图可知,PAM 在 MFC 中发生酰胺基团的部分水解产生了羧酸基

团,并且产物中出现了醚键结构。此外,通过与 PAM 降解产物的红外光谱图比较可以看出,产物在 3420 cm^{-1} 和 1670 cm^{-1} 处的伸缩振动峰比在 3210 cm^{-1} 和 1454 cm^{-1} 处的伸缩振动峰的相对强度显著增强,并且在 1160 cm^{-1} 处出现了很强的 C—O—C 伸缩振动峰。这表明 PAM 在降解过程中酰胺基团发生水解生成了羧酸,同时形成了醚键结构。根据以上结果可知,不同分子量的 PAM 在 MFC 中具有相类似的降解途径,即 PAM 中的酰胺基发生部分水解,同时碳主链被部分降解并且产生了新的醚键结构。

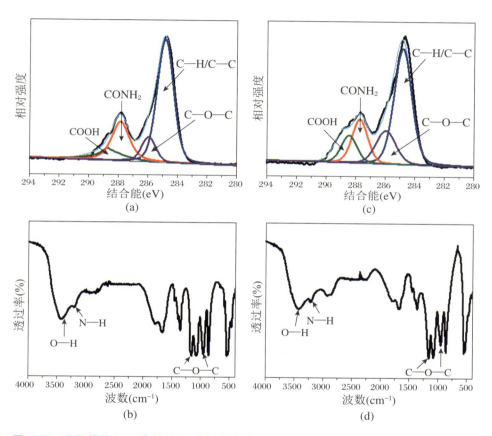

图 1.49　分子量为 1×10^5 的 PAM 降解产物的 C 1s X 射线光电子能谱(a)和红外谱图(b)以及分子量为 1.5×10^6 PAM 降解产物的 C 1s X 射线光电子能谱(c)和红外谱图(d)

　　综上所述,MFC 阳极中的电活性微生物通过部分水解 PAM 侧链酰胺基团获得生长所需要的氮源,同时还可以部分降解 PAM 的主链获得生长所需要的碳源。分子量为 1.0×10^5 和 1.5×10^6 的 PAM 在 MFC 中的降解遵循同样的主链缩短途径。碳主链的降解在"头-头"连接处进行,该处的两个 α—[—CH—] 首先被氧化成[—C—OH],随后在[—CH$_2$～C—OH]处断裂,产生的有机小分子进入微生物细胞内供微生物代谢,然后两个[—CH$_2$—OH]之间发生脱水反应,将开裂处重新连接生成醚键。PAM 的侧链基团不是决定降解效率的关键因素,但过高的分子量会导致 PAM 无法被有效降解。

1.5

微生物燃料电池强化生物制氢系统的构建与优化

氢气是一种高效节能的洁净燃料,可作为交通运输及电力生产的能源;同时也是石油、化工、化肥、玻璃、医药和冶金工业中的重要原料和物质。随着全球能源的日益紧缺以及人们环保意识的不断增强,氢气这种既具备矿石燃料的优点、符合长远能源发展需求,又具备无毒、无臭、无污染的特性,满足环保要求的洁净燃料引起了各国政府的广泛关注。

氢气是一种能源载体,自然界中没有可作为燃料存在的氢气,必须用某种一次能源生产。水的电解制氢法是一项传统的工艺,制得的氢气纯度可达99.9%,但是此工艺只适用于水力资源丰富的地区且耗电量较大。电解水制氢气的成本主要取决于电能的消耗,大约三分之二的制氢成本消耗在电能供应上。为了增加电解水制氢气工艺的经济竞争力,行之有效的方法是降低电能消耗。而从理论上来说,利用电活性微生物催化技术制得的氢气纯度与电解水制得的氢气纯度相当,而其所消耗的电量则要低得多。一般碱性电解池在 $1.8\sim2.0$ V的电压下电解水制氢。而在电活性微生物的催化下,外加电压只要高于 0.22 V就可以实现由有机物产氢。

生物质制氢的主要方法有两种:热化学法制氢和生物产氢。其中发酵产氢是利用发酵微生物代谢过程来生产氢气的一项技术,所用原料可以是有机废水、城市垃圾或者生物质,来源丰富,价格低廉。其生产过程清洁、节能且不消耗矿物资源。目前发酵产氢方法存在所谓的"发酵屏障"的限制问题。细菌在发酵葡萄糖时只能产生有限的氢气,伴随产生如乙酸、丙酸之类的发酵终端产物,而细菌不具有足够的能量把残留的产物转化成氢气。利用电活性微生物催化技术,则可以跳过"发酵屏障"的限制,将乙酸、丙酸等发酵终端产物转化为氢气。该工

污染控制理论与应用前沿丛书
常温空气阴极燃料电池在废水处理中的应用

艺不像传统发酵工艺那样局限于使用以碳水化合物为基础的生物群来制造氢气。理论上，可以通过任何能够生物分解的物质来获得高质量、高纯度的氢气。而发酵过程的产物则是氢气和二氧化碳的混合气，另外还混杂有甲烷、硫化氢等杂质。基于电活性微生物催化技术所发展的生物制氢工艺，在处理环境废弃物的同时还能提供高品质的可再生能源氢气。合理地将其与发酵技术相结合，可以发展出价廉、长效的生物制氢体系。在没有充足的多余生物质来供应全球氢能经济的现状下，电活性微生物催化技术提供了一项具有发展前景的生物制氢工艺[69-70]。

1.5.1

微生物电解池的工作原理

对 MFC 的装置和运行方式做微小的调整，就可以得到高产量的氢能，经过改造的电池称为微生物电解池（Microbial Electrolysis Cell，MEC）。MEC 技术巧妙地融合了原电池和电解池的工作原理，利用电活性微生物作为催化剂，通过电能的中间形式将阳极有机物中的化学能转化为氢能。在用于发电的 MFC 中，质子和电子在阴极与氧气等电子受体结合形成水。而在用于产氢的 MEC 中，阴极维持在没有电子受体的状态，同时外加电压使阴、阳极的电势差越过热力学能垒，此时质子和电子就可以在阴极直接结合生成氢气（图 1.50）。

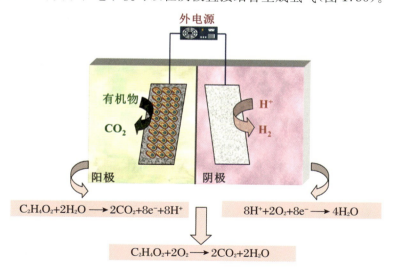

图 1.50　MEC 的工作原理示意图（以乙酸为例）

　　与产电的 MFC 相比,MEC 的主要好处是它们为不同能量需求提供了更多的选择。可以先将氢气存储起来,然后将其用作燃料或化工原料,而不仅仅是发电。由于 MEC 是在 MFC 的基础上改造而来的,与其阳极腔室电活性微生物的工作原理相似,因而很多用于提高 MFC 工作效率的措施同样适用于 MEC。但是,MEC 和 MFC 这两个系统之间还是存在很大差异的。首先,在 MEC 的阴极发生的是产氢反应,但是氢气有可能扩散至阳极,如果阴极灭菌不彻底,产生的氢气还有可能被微生物消耗,因而如何解决 MEC 中氢气的损耗是其面临的主要问题。而在 MFC 中,阴极的产物是水,因而不存在产物扩散问题,针对性地培养生物阴极反而可以提高氧气的还原速率。其次,在 MFC 中,采用阳离子交换膜比质子交换膜的效果更好,因为 Na^+、K^+ 等离子也可以起到电荷传递的作用。但是,在 MEC 中,为了保证产氢过程所需要的氢质子的浓度,采用质子交换膜更为合适。再次,在 MFC 中,底物通过膜扩散进入阴极所造成的影响不大。但是,在 MEC 中这可能会滋生阴极细菌的生长,因而减小阳极底物至阴极的扩散也是 MEC 要解决的关键问题之一。最后,在 MFC 中,氧气通过膜扩散进入阳极,因而在膜附近会生长部分好氧微生物,微生物对底物的消耗会造成底物的浪费。但是在 MEC 中,这个是可以避免的,因而 MEC 中的库仑效率通常高于 MFC。

　　在 MEC 中,需要通过外加电压使电池克服产氢的热力学能垒。由乙酸产氢气的理论外加电压为 0.14 V,而由于极化电势的影响,实际外加电压要高于 0.22 V 才能实现产氢。MEC 的研究一般采用 0.6~0.8 V 的外加电压以得到理想的产氢效率。尽管 MEC 产氢所需电能输入要远低于电解水制氢,但是能量消耗仍占据制氢成本的主要部分。采用廉价的 MEC 的辅助能源以降低制氢成本是关系到该技术应用推广的关键。理论上,一个 MFC 电池的开路电压可达到 0.8 V 以上,该电压值能满足 MEC 辅助能源的电压要求。基于此考虑,可以将 MEC 与 MFC 技术相结合构建 MEC-MFC 耦合生物制氢系统。该系统包括耦合的 MEC 和 MFC:其中产氢反应在 MEC 中完成,而 MEC 的外加辅助电能则由 MFC 提供。该系统既降低了 MEC 的辅助能源的成本,又实现了 MFC 较低能量输出的原位利用。本节将介绍 MEC-MFC 耦合系统以乙酸和丙酸为基质的生物制氢技术,阐述耦合系统中 MEC 和 MFC 的相互关系,并介绍多个 MFC 作为辅助能源的强化生物制氢工艺。

1.5.2

MEC-MFC 耦合生物制氢系统的构建与效率分析

1. 系统构建、运行和效率计算

产氢耦合系统由产氢 MEC 和电助 MFC 串联组成(图 1.51)。MFC 为单室反应器构型,其容积为 450 mL。在反应器底部上方 2.5 cm 处侧面有一个长 2 cm 的侧管,侧管内径为 3 cm。该侧管与另一同等内径、长为 3 cm 的单管相连,中间由阳离子交换膜隔开。MEC 采用双室反应器构型,MEC 反应器分为左、右两个对称的圆筒形腔室,每个腔室内径为 6 cm,容积为 450 mL。两个腔室之间由直径为 3 cm、长为 6 cm 的连通管相连,中间以阳离子交换膜隔开。MEC 和 MFC 的阳极电极材料分别为 4×4 cm^2 和 3×7.5 cm^2 的碳纸,其阴极分别为 4×4 cm^2 和 2×2 cm^2 经过防水处理的载铂碳纸,其中铂的负载量为

图 1.51　MEC-MFC 耦合产氢反应器实物照片

2 mg·cm^{-2}。反应器由有机玻璃加工制成,在反应器的上方和底部侧面各有一个内径为 1 cm 的气体和液体取样口。

耦合系统中两个反应器的生物阳极通过在乙酸或丙酸基质中富集驯化得到,阳极碳纸上已经形成电活性生物膜。在 MEC 的阴极、阳极及 MFC 阳极室中,各加入 350 mL 灭菌磷酸盐缓冲液(pH = 7.0);分别在两个反应器阳极另外加入以下营养物质:乙酸钠或丙酸钠,1000 mg·L^{-1};氯化铵,310 mg·L^{-1};氯化钾,130 mg·L^{-1};氯化钙,10 mg·L^{-1};六水合氯化镁,20 mg·L^{-1};氯化钠,2 mg·L^{-1};氯化亚铁,5 mg·L^{-1};二水合氯化钴,1 mg·L^{-1};四水合氯化锰,1 mg·L^{-1};氯化铝,0.5 mg·L^{-1};钼酸铵,3 mg·L^{-1};硼酸,1 mg·L^{-1};六水合氯化镍,0.1 mg·L^{-1};五水合硫酸铜,1 mg·L^{-1};氯化锌,1 mg·L^{-1}。各腔室均通入氮气以除去反应器中的游离氧气,然后保持密封。产氢实验在 30 ℃恒温条件下进行。

在 MEC-MFC 耦合系统中串联一个电阻,对电阻两端电压进行实时监测,电路电流根据欧姆定律计算得到,并换算成基于 MEC 阳极面积($32\ cm^2$)的电流密度。MFC 的输出电压和 MEC 的输入电压分别乘以电路电流,得到 MFC 的输出功率和 MEC 的输入功率。功率密度通过功率除以 MEC 阳极面积得到。系统产氢效率的评价参数如下:基于 MEC 体积的氢气产生速率(Q_{H_2})、阴极氢气转化率(R_{H_2})、库仑效率(CE)和氢气产率(Y_{H_2})。

通过以下公式计算 R_{H_2}:

$$R_{H_2} = \frac{n_{H_2}}{n_{Th}} \tag{1.4}$$

其中,n_{H_2} 为系统实际产生的氢气摩尔数,n_{Th} 为根据电流计算得到的理论氢气产生摩尔数,n_{H_2} 和 n_{Th} 分别通过下式计算:

$$n_{H_2} = \frac{V_{H_2}}{RT} \tag{1.5}$$

$$n_{Th} = \frac{\int_0^t I\,\mathrm{d}t}{2F} \tag{1.6}$$

其中,I 为电路电流;V_{H_2} 为产生的氢气体积;R 是气体常数,$R = 0.08206\ atm \cdot L^{-1} \cdot mol^{-1} \cdot K^{-1}$;$T = 303\ K$;$F$ 是法拉第常数,$F = 96485\ C \cdot mol^{-1}$。

乙酸为底物时,计算公式分别如下:

$$CE_{MEC} = \frac{n_{Th}}{4V_L \Delta C_{MEC}/M_A} \tag{1.7}$$

$$CE_{MEC} = \frac{n_{Th}}{4V_L \Delta C_{MFC}/M_A} \tag{1.8}$$

$$CE_{sys} = \frac{n_{Th}}{4V_L(\Delta C_{MEC} + \Delta C_{MFC})M_A} \tag{1.9}$$

$$Y_{MECH_2} = \frac{n_{H_2}}{V_L \Delta C_{MEC}/M_A} \tag{1.10}$$

$$Y_{sysH_2} = \frac{n_{H_2}}{V_L(\Delta C_{MEC} \Delta C_{MFC})/M_A} \tag{1.11}$$

丙酸为底物时:

$$CE_{sys} = \frac{n_{Th}}{TV_L(\Delta C_{MEC} + \Delta C_{MFC})/M_A} \tag{1.12}$$

其中,CE_{MEC}、CE_{MFC} 和 CE_{sys} 分别是基于 MEC、MFC 和耦合系统(包括 MEC 和 MFC)中底物消耗计算得到的库仑效率;Y_{MECH_2} 和 Y_{sysH_2} 分别是基于 MEC 以及耦合系统中底物消耗计算得到的氢气产率。M_A 是底物的摩尔分子量,V_L 是阳极溶液体积($350\ mL$),ΔC_{MEC} 和 ΔC_{MFC} 分别是 MEC 和 MFC 中消耗的底物浓度。其中，1 mol 乙酸被氧化最多可以提供 8 mol 电子，1 mol 丙酸则可以提供 14 mol 电子。

2. 以乙酸为基质的产氢系统的电流以及产氢效率分析

下面将对一个间歇周期内以乙酸为基质的产氢耦合系统的总体效率进行综合分析和评价。系统启动后，在 MEC 的阴极有氢气持续产生，而其阳极则未发现氢气。如图 1.52(a)所示，在前 7 天，氢气每天的平均产生速率维持在(2.2 ± 0.2) mL·L^{-1}，而后开始下降，一个产氢周期结束后，阴极氢气浓度可以达到 15%，其余全为氮气。如图 1.53(a)所示，电路电流密度在第 2～6 天均比较稳定地保持在 63 mA·m^{-2}，第 7 天时电流下降至 33 mA·m^{-2}。图 1.53(b)为整个产氢过程中电流的变化情况。系统的启动伴随着即时电流的产生。在 10 h 时，电流达到最大值 0.25 mA。在接下来的 150 h 内（10～160 h），电流缓慢降至 0.21 mA；在随后的 115 h 内，电流以较快的速度降至 0.09 mA（160～272 h），并且其波动明显增加；最后，在 272 h 时，电路电流迅速降至 −0.13 mA。在开始的 10～160 h 之间，电路电流的下降可能是由 MEC 阴极氢气累积引起的。根据能斯特方程 $E_{\text{cat-MEC}} = \dfrac{RT}{2F} \ln \left[\dfrac{p_{\text{H}_2}}{[\text{H}^+]^2} \right]$，随着 MEC 阴极氢气的增多，其电极电势会向负电势的方向下降，从而导致产氢阻力的增大。在 160～272 h 内，电路电流的迅速下降是因为随着底物的消耗，底物扩散的限制在生物阳极存在底物供应不足的情况，从而限制电活性微生物的活性。在第 275 天时，体系中已经检测不到乙酸的存在，因此认为最后 272 h 电路电流的迅速下降甚至逆转是由底物的耗尽所致的。

磷酸盐缓冲液浓度对体系产氢效率有很大的影响，其可以调节溶液离子强度而改变电池的内阻。如表 1.3 所示，当磷酸盐浓度由 10 mmol·L^{-1} 升至 50 mmol·L^{-1}，电流密度和每天的氢气产生速率 Q_{H_2} 分别由(59 ± 13) mA·m^{-2} 和 (2.2 ± 0.2) mL·L^{-1} 升至(285 ± 11) mA·m^{-2} 和(10.9 ± 0.0) mL·L^{-1}，氢气产率 Y_{MECH_2} 和 Y_{sysH_2} 也由(1.98 ± 0.14) mol-氢气·mol-乙酸$^{-1}$ 和(1.10 ± 0.08) mol-氢气·mol-乙酸$^{-1}$ 升至(2.88 ± 0.01) mol-氢气·mol-乙酸$^{-1}$ 和(1.57 ± 0.01) mol-氢气·mol-乙酸$^{-1}$；而当磷酸盐浓度升为 100 mmol·L^{-1} 时，电流密度和 Q_{H_2} 进一步升至(404 ± 2) mA·m^{-2} 和(14.9 ± 0.4) mL·L^{-1}，Y_{MECH_2} 和 Y_{sysH_2} 则达到(3.24 ± 0.16) mol-氢气·mol-乙酸$^{-1}$ 和(1.60 ± 0.08) mol-氢气·mol-乙酸$^{-1}$。

乙酸在 MEC 中氧化产氢过程发生的总电池反应如下：

$$C_2H_4O_2 + 2H_2O \longrightarrow 2CO_2 + 4H_2$$

对于上节所述的产氢体系,在产氢比较稳定的第 2~7 天对整个系统的参数进行了监测和计算。如图 1.52 所示,Y_{MECH_2} 和 Y_{sysH_2} 分别为 2.03~2.33 mol-氢气·mol-乙酸$^{-1}$ 以及 0.94~1.21 mol-氢气·mol-乙酸$^{-1}$,仅为理论氢气产率的 51%~58% 和 31%~40%。氢气产率 Y_{H_2} 代表底物转化为氢气的转化效率,由于耦合体系首先将底物中的化学能转化为电能,然后将电能转化为氢能。因此氢气产率 Y_{H_2} 的大小由 MEC 阴极氢气转化率 R_{H_2} 和库仑效率 CE 共同决定。MEC 阴极氢气转化率 R_{H_2} 反映了在 MEC 的阴极电子与质子结合生成氢气的能力。此反应过程无需微生物参与,而直接由铂催化。阴极氢气转化率 R_{H_2} 在 88%~96% 之间波动,说明 MEC 的阴极反应的高效率。而当 MEC 阴极没有铂催化剂时,R_{H_2} 只有 47%±14%,此时 Y_{MECH_2} 和 Y_{sysH_2} 也仅为 (0.36±0.09) mol-氢气·mol-乙酸$^{-1}$ 和 (0.20±0.07) mol-氢气·mol-乙酸$^{-1}$。如果没有催化剂的催化作用,质子与电子直接结合生成氢气的反应是比较困难的,所以氢气产生速率 Q_{H_2} 就比较低,测得的 Q_{H_2} 仅有 (0.3±0.2) mL·L^{-1}。在 MEC 阴极,氢气可能通过取样口或阳离子交换膜而发生泄漏,因而测得的氢气体积比实际产生的氢气体积要低。当 Q_{H_2} 比较高时,这种泄漏造成的影响并不明显;而当 Q_{H_2} 比较低时,氢气的泄漏产生的影响就变得尤为显著,测得的氢气体积要明显低于实际产生的氢气体积。而根据实测氢气体积计算得到的氢气产率 Y_{H_2} 则明显偏低。为了得到比较高的 R_{H_2},铂催化剂已经被广泛地用于 MEC 的阴极产氢反应。

库仑效率 CE 反映了阳极电活性微生物氧化底物并将电子传递给电极的能力。在 MEC/MFC 阳极存在多个副反应,它们均可竞争性地消耗底物而降低 CE。如图 1.52 所示,CE_{MEC} 和 CE_{MFC} 分别在 53%~64% 和 49%~75% 之间,而代表体系总体库仑效率的 CE_{sys} 则仅有 28%~33%。当将磷酸盐浓度由 10 mmol·L^{-1} 升至 50 mmol·L^{-1} 和 100 mmol·L^{-1} 时,CE_{MEC}、CE_{MFC} 以及 CE_{sys} 均有明显的增加(表 1.3)。这是由于增加磷酸盐缓冲溶液(PBS)浓度可以通过提高溶液的离子强度来降低电池内阻,电池反应速度得到提高,结果使得副反应发生的概率降低。而 R_{H_2} 同样可以影响库仑效率,见表 1.3。当 MEC 的阴极没有铂催化剂时,库仑效率有明显的降低。这也是由于电池整体反应速度的降低导致了副反应发生概率的增加。库仑效率的提高可明显提高氢气产率。在 100 mmol·L^{-1} 磷酸盐浓度下,Y_{MECH_2} 和 Y_{sysH_2} 分别为 (3.24±0.16) mol-氢气·mol-乙酸$^{-1}$ 以及 (1.60±0.08) mol-氢气·mol-乙酸$^{-1}$,该产率已经达到理论产率的 81% 和 53%。

提高磷酸盐浓度不仅使氢气产率 Y_{H_2} 得到提高,而且氢气产生速率 Q_{H_2} 也随之增加。100 mmol·L^{-1} 磷酸盐浓度下的 Q_{H_2} 是 10 mmol·L^{-1} 磷酸盐浓度下的 6.8 倍。即便如此,与传统的 MEC 产氢研究相比,该耦合系统的 Q_{H_2} 仍然很低。表 1.4 对有关文献报道的 MEC 和耦合系统中的产氢速率进行了对比。Cheng 和 Logan 以比表面积 1320 $m^2 \cdot m^{-3}$ 的石墨粒作为阳极材料,在 0.8 V 电压下,得到 1500 $mL \cdot L^{-1}$ 的 Q_{H_2}。同样是 0.8 V 的电压,Call 和 Logan 在无膜 MEC 中得到了 3120 $mL \cdot L^{-1}$ 的 Q_{H_2},其所用的石墨刷电极的表面积为 0.22 m^2,而 MEC 的体积为 28 mL。在传统 MEC 技术中,可以通过提高外加辅助电压来提高氢气的产生速率。但是,在 MEC-MFC 耦合体系中,由于辅助电压由 MFC 提供,因而 MEC 的功率输入受限于 MFC 所能提供的最大功率。阳极电极较低的表面积是致使氢气产生速率低的另外一个原因。大的电极表面积意味着更多的微生物可以附着在电极上,因此阳极的生物催化性能得到增强,电子传递和底物的氧化都得到提高。

1.5.3

产氢系统的内在耦合机制

如图 1.54 所示,产氢体系中包含 4 个相互影响的电池半反应:MEC 和 MFC 阳极的底物氧化反应,MEC 阴极的产氢反应以及 MFC 阴极的氧气还原反应。MEC 阳极的底物氧化所产生的电子沿电路传递到 MFC 的阴极,与来自 MFC 阳极的质子结合用于还原氧气,而 MFC 的阳极的底物氧化所产生的电子则在 MEC 的阴极与来自 MEC 阳极的质子直接结合生成氢气。对一个稳定的耦合系统而言,从 MEC 阳极流出的电子与 MFC 阳极流出的电子应该相等,这样才能得到稳定的电路电流。因此,要求 MEC 和 MFC 中乙酸以类似的速率被消耗。如图 1.55 所示,耦合体系 MEC 和 MFC 中的乙酸浓度在整个产氢过程中非常相近。

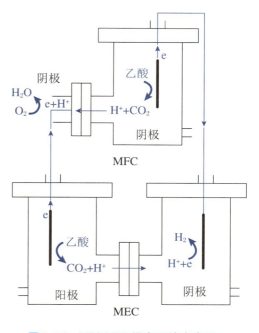

图 1.54 MEC-MFC 耦合系统中电子与质子的流向图

表 1.4 MEC 反应器中乙酸产氢的氢气产生速率比较

参考文献	阳极材料比表面积（按 MEC 体积计算）	阳极微生物	膜材料	pH=7.0 磷酸盐缓冲液浓度（mmol·L⁻¹）	MEC 输入电压(mV)	Q_{H_2} 按 MEC 体积（mL·L⁻¹）	按 MEC 阳极面积（mL·m⁻²）
[71]	石墨毡:13.7 m²·m⁻³	混合生物	阳离子交换膜	未知	500	~20	~1460
[72]	石墨碳粒:1320 m²·m⁻³（按 MEC 阳极体积）	混合微生物	阴离子交换膜	200	200	30	未知
					400	600	未知
[73]	石墨碳刷:7857 m²·m⁻³ (0.22 m² vs. 28 mL)	混合微生物	无膜	50	800	1500	未知
				50	400	1020	130
[74]	碳布:5.6 m²·m⁻³	混合微生物	无膜	~300	800	3120	397
耦合体系	碳纸:3.56 m²·m⁻³	混合微生物	阳离子交换膜	50	600	530	110000
				100	335	11	3090
					348	15	4213

常温空气阴极燃料电池在废水处理中的应用

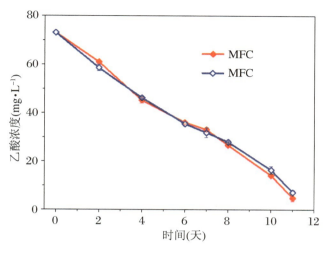

图 1.55　产氢过程中 MEC 与 MFC 中的乙酸浓度变化

　　MEC 和 MFC 中的 4 个电极反应之间的相互作用可通过设计几组产氢实验进行深入分析。在每组实验中,通过降低磷酸盐浓度或去除阴极铂催化剂使某一电极反应得到抑制。如表 1.3 所示,在 10 mmol·L^{-1}磷酸盐浓度下,通过去除铂催化剂使 MEC 或 MFC 阴极反应受到抑制。当 MFC 的阴极氧气还原反应被抑制时,MFC 不足以提供 MEC 产氢所需要的能量,因此没有氢气生成。当 MEC 的阴极产氢反应被抑制时,CE_{MEC} 和 CE_{MFC} 分别由(53% ± 8%)和(63% ± 11%)降至(21% ± 7%)和(27% ± 11%)。类似地,当将 MEC 或 MFC 的磷酸盐浓度由 50 mmol·L^{-1}降至 10 mmol·L^{-1}而抑制其阳极反应时,另一个阳极未被抑制的反应器的库仑效率同样下降。例如,当 MEC 的阳极被抑制时,CE_{MEC} 和 CE_{MFC} 分别由(75% ± 2%)和(82% ± 3%)降至(45% ± 3%)和(56% ± 2%);而当 MFC 阳极反应被抑制时,CE_{MEC} 和 CE_{MFC} 分别降至(53% ± 3%)和(49% ± 4%)。实际上,抑制任何一个电极反应,耦合体系的 CE_{sys}、Q_{H_2} 以及 Y_{H_2} 均会受到很大的影响。因此,一个稳定的耦合体系需要 4 个电极反应高效协调地进行,而抑制任何一个电极反应均会使其他 3 个反应受到影响,即体系整体效率受限于效率最低的电极反应。在 MFC 或 MEC 缺乏阴极催化剂的情况下,限制性电极反应是产氢或氧气的还原反应;而降低 MEC 或 MFC 阳极离子强度时,限制性电极反应则是底物的氧化反应。由于耦合系统的总体效率由 MEC 和 MFC 共同控制,为了使系统能够高效稳定地进行产氢反应,首先需要提高 MEC/MFC 长期运行的稳定性;其次,需要采取各种措施提高 MEC/MFC 的电池效率。如采用低内阻的电池构型,选用高生物亲和性和导电性的电极材料,优化电池反应条件等。

图 1.56 显示了耦合体系中 MEC 的输入电压变化。在底物加入 MEC 之前，MEC 阴极没有产生氢气，即 MEC 没有工作。此时电路电流密度仅有 $0.7\,mA\cdot m^{-2}$，而 MEC 的输入电压则高达 702 mV，这说明 MEC 没有工作时，其传递电子的能力非常弱，内阻较大，因而分担了较多的 MFC 的电压。MEC 阳极加入底物乙酸后，其输入电压立即下降，而电流密度显著增加，此时产氢反应开始进行。MEC 输入电压的下降表明其内阻的减小。当底物加入到 MEC 阳极室后，电活性微生物开始工作，即底物开始代谢并产生电子和质子。MEC 阳极的活化使整个体系的电子和质子传递可以顺利进行，从而确保其他 3 个电极能够正常工作。

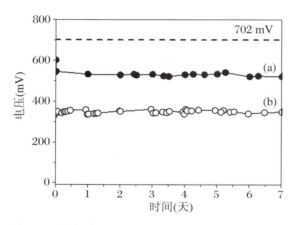

图 1.56　产氢过程中 MEC 输入电压的变化：(a) MEC 阴极没有铂催化；(b) MEC 阴极有铂催化

在耦合产氢系统中，当 MFC 的电极反应受到限制时，MEC 的输入电压会减小。而当 MEC 的电极反应受到限制时，MEC 的输入电压会增大，此时电路电流和氢气产生速率 Q_{H_2} 反而减小，这一点与非耦合 MEC 完全不同。对于非耦合 MEC，Q_{H_2} 和电路电流正比于其输入电压，那么输入电压越高，输入能量就越大，氢气产量就越高。而在 MEC-MFC 耦合系统中，MEC 的输入电压由 MEC 与 MFC 的内阻的相对大小控制。当 MEC 的电极反应受到抑制时，其内阻就会增大，根据电压分配原理，较多的电压会分配给 MEC。同理，当 MFC 的电极反应受到抑制时，MFC 的内阻增大，所以 MEC 的输入电压反而减小。而当 MFC 的电极反应受到抑制时，即使 MEC 的输入电压上升，整个体系由于产氢能量的不足，其产氢效率仍然是下降的。此外，虽然提高磷酸盐缓冲液浓度可以显著增加 Q_{H_2}，但是其对 MEC 的输入电压没有太大影响。通过以上分析，可以认为高的 MEC 输入电压并不意味着高的电路电流和 Q_{H_2}，而高的电路电流和 Q_{H_2} 也并不代表高的 MEC 输入电压。MEC 的输入电压和电路电流以及

污染控制理论与应用前沿丛书
常温空气阴极燃料电池在废水处理中的应用

Q_{H_2} 之间没有必然的联系。表 1.3 同时列出了 MEC 的输入功率。总的来说，Q_{H_2} 正比于 MEC 的输入功率，即输入功率越大，Q_{H_2} 越高。当 MFC 的阴极没有铂催化时，MEC 的输入功率最小（(5.08 ± 0.00) mW·m^{-2}），以至于无法克服热力学能垒，而在阳极磷酸盐浓度为 100 mmol·L^{-1} 以及阴极铂催化作用下，(140.59 ± 4.10) mW·m^{-2} 的 MEC 输入功率使体系具有最高的 Q_{H_2}。

扫描电镜和变性梯度凝胶电泳被用来对 MEC 和 MFC 阳极的微生物群落进行表征和比较。如图 1.57 所示，电极上的微生物呈杆状，附着在碳纤维表面或在纤维之间聚集成团簇。图 1.58 中 MEC 和 MFC 阳极微生物的 DGGE 条带位置基本相同，其中 B1～B4 在两个反应器中均为优势菌群，这表明 MEC 和 MFC 中的微生物群落不存在显著差别。而 MEC 正是由 MFC 改造而来的，其阳极反应基于同样的电活性微生物的催化原理。

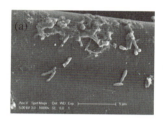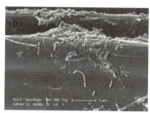

图 1.57　MFC(a)与 MFC(b)的阳极微生物的 SEM 照片

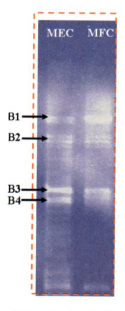

图 1.58　MEC 与 MFC 中微生物菌群的 DGGE 谱图

1.5.4

系统强化产氢策略

1. 底物和负载电阻对产氢效率的影响

电池输出电压与电路电流及负载电阻有关。高的负载电阻分担较多的电池电压,电路电流则随之下降。本小节通过调节负载电阻而控制耦合产氢系统中 MEC 的输入功率,探讨了负载电阻对 MEC 的输入功率、氢气产生速率以及系统整体效率的影响,同时对乙酸和丙酸这两种基质的产氢进行了比较。

首先就以乙酸为基质时的 MEC-MFC 耦合产氢系统效率进行探讨。如图 1.59 所示,MEC-MFC 耦合产氢系统中氢气产生速率 Q_{H_2} 随着负载电阻的升高而下降。负载电阻为 10 Ω 时,得到最高的 Q_{H_2} 为 (2.9 ± 0.2) mL·L^{-1},而当负载电阻为 10 kΩ 时,Q_{H_2} 降为 (0.2 ± 0.0) mL·L^{-1}。氢气产率 Y_{H_2} 和氢气产生速率 Q_{H_2} 随负载电阻的变化趋势相同。负载电阻为 10 Ω 时的 Y_{MECH_2} 和 Y_{sysH_2} 分别是 (1.98 ± 0.14) mol-氢气·mol-乙酸$^{-1}$ 和 (1.02 ± 0.14) mol-氢气·mol-乙酸$^{-1}$;当负载电阻升高至 10 kΩ时,Y_{MECH_2} 降低了近 8 倍,Y_{sysH_2} 则降低了 9 倍左右。乙酸产氢过程中,R_{H_2} 在 105.71%~44.50% 之间变化,而库仑效率 CE 则是在 52.9%~12.3% 之间变化。当负载电阻低于 1 kΩ 时,阴极氢气转化率 R_{H_2} 值高于 90%;而后,R_{H_2} 随着负载电阻的升高而下降。当采用高的负载电阻时,电子沿电路的传递速率可能

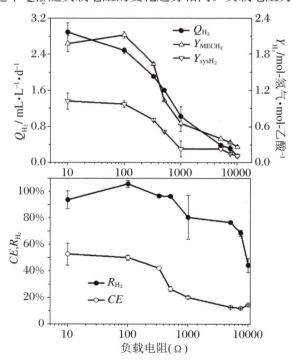

图 1.59 负载电阻对乙酸产氢系统效率的影响

污染控制理论与应用前沿丛书
常温空气阴极燃料电池在废水处理中的应用

低于电子在阴极的反应速率。此时,电子的传递就成为限制性步骤,由于传递到阴极的电子会立即被消耗,因此阴极没有过多的累积电子,而与产氢反应相比较,电子更容易与通过取样口逸入的氧气反应,结果导致 R_{H_2} 的下降。另外,氢气可以通过质子交换膜或取样口扩散而造成损失,当氢气产生速率较低时,由扩散造成的氢气损失将会使计算得到的 R_{H_2} 显著偏低。库仑效率代表基质中的电子转化为电流的转化效率,其受负载电阻的影响较大,高的负载电阻明显降低基质的利用效率。在 MEC 的阳极存在许多竞争性的副反应会消耗基质中的电子,如微生物生长、胞外聚合物合成等。如前所述,高电阻会使电子沿电路传递受限,MEC 的阳极电极会累积电子而不再适合作为电子受体。此时,更多的电子被微生物利用参与其他的副反应,导致库仑效率的下降。

如图 1.60 所示,当负载电阻由 10 Ω 升至 10 kΩ 时,电路电流密度从 (78 ± 12) mA·m^{-2} 降至 (9 ± 0) mA·m^{-2},同时 MFC 的输出电压由 366 mV 升至 504 mV,而 MEC 的输入电压则由 364 mV 降至 224 mV。尽管高的负载电阻使 MFC 的输出电压升高,但是电阻本身会分担较多的电压,结果 MEC 的输入电压反而下降。对 MEC 而言,外加电能直接用来驱动产氢反应,因此氢气产生速率与其能量输入紧密联系。图 1.61 是不同负载电阻下 MFC 输出功率分配图。在 10 Ω 的负载电阻下,MFC 的最大输出功率为 (28.6 ± 4.5) mW·m^{-2},此时消耗在电阻上的功率最小,99.3% 的 MFC 的输出功率分配至 MEC 用于产氢,因而,MEC 得到最大氢气产生速率。随着外电阻的增加,MFC 的输出功率下降,而且分配给电阻的功率比例越来越大,结果导致 MEC 的输入功率下降很多。在 10 kΩ 的负载电阻下,MEC 的输出功率已降至 (4.8 ± 0.2) mW·m^{-2},而 MEC 仅得到 (2.4 ± 0.1) mW·m^{-2} 的输入功率。

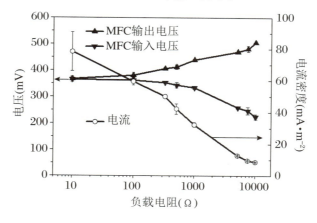

图 1.60　负载电阻对乙酸产氢系统电路电流密度和 MFC、MEC 的输入电压的影响

通过改变外电阻调节 MEC 的输出功率,可以作为微生物燃料电池耦合生物制氢体系控制氢气产生速率的有效手段。从实际应用的角度出发,控制氢气产生速率有着重要价值,尤其当产氢体系与另一耗氢体系相耦合时,为了两个体系可以有效地运行,必须控制产氢反应与耗氢反应以相协调的速率进行。

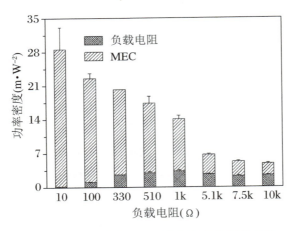

图 1.61　不同负载电阻下乙酸产氢系统 MFC 的输入功率密度分配图

MEC-MFC 耦合系统也可以以丙酸为基质生产氢气。如图 1.62(a)所示,在 50 mmol·L^{-1}磷酸盐溶液中,以丙酸为基质的耦合体系启动后可以很快达到稳定,其电流密度在 300 mA·m^{-2}左右,而在运行 24 h 后 MEC 阴极累积产生的氢气为 9.2 mL。如图 1.62(b)所示,产氢过程中 MEC 和 MFC 的阳极电势分别保持在 -482 mV 和 -405 mV。而耦合前,这两个反应器的阳极电势分别是 -451 mV 以及 -442 mV。以上结果恰恰证实了耦合系统中 MEC 和 MFC 之间是存在相互影响的。微生物的催化作用一般无法使 MEC 的阳极电势低到驱使阴极进行产氢反应的程度,因而,需要通过外电压辅助来克服产氢的热力学能垒。而在耦合系统中,MEC 的阳极电势降低了约 30 mV,这说明 MFC 作为辅助电源有效地降低了 MEC 的阳极电势,从而使产氢反应得以进行。另外,与 MEC 耦合后 MFC 的阳极电势升高了近 40 mV,这说明 MEC 对 MFC 存在抑制作用。

对于丙酸产氢的耦合系统,同样发现高的负载电阻导致较低的电流密度以及氢气产生速率 Q_{H_2}。如图 1.63(a)所示,负载电阻为 10 Ω 时,体系最大电流密度为 (343 ± 35) mA·m^{-2},此时 Q_{H_2} 也最大,其值达到(11.9 ± 1.6) mL·L^{-1};而当负载电阻升高到 1000 Ω 时,电流密度降为 (81 ± 1) mA·m^{-2},而此时的 Q_{H_2} 仅为 (3.6 ± 0.8) mL·L^{-1}。Logan 等指出[3],当 MEC 的阴极电子与质子结合生成氢气的反应以较高的效率进行时,Q_{H_2} 主要取决于电路电流密度,即电流密度越大，Q_{H_2} 越高。在 MEC-MFC 耦合系统中，证实 Q_{H_2} 与电流密度有相同的变化趋势，均随着负载电阻的升高而下降。如图 1.63(b)所示，Y_{MECH_2} 和 Y_{sysH_2} 均随着负载电阻的升高而减少。在实验的负载电阻范围内，Y_{MECH_2} 和 Y_{sysH_2} 分别在 $(4.8\pm0.7)\sim(3.4\pm0.7)$ mol-氢气·mol-丙酸$^{-1}$以及 $(2.5\pm0.4)\sim(1.6\pm0.4)$ mol-氢气·mol-丙酸$^{-1}$的范围内波动。

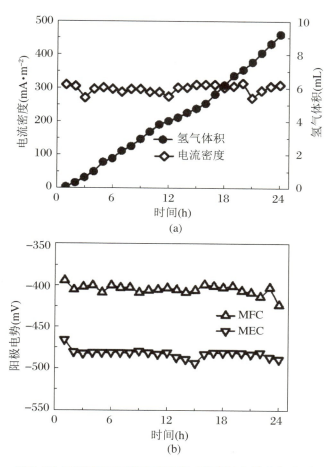

图 1.62　丙酸产氢系统启动过程中阴极氢气体积与电流密度随时间的变化(a)，以及 MEC 与 MFC 的阳极电势(vs. Hg_2Cl_2/Hg)随时间的变化(b)

如图 1.64 所示，在不同的负载电阻下，阴极的氢气转化率 R_{H_2} 变化范围为 $(91\%\pm9\%)\sim(100\%\pm16\%)$。在乙酸产氢的研究中，$R_{H_2}$ 随着负载电阻的升高而下降，而在丙酸产氢的实验中，却发现 R_{H_2} 基本不受负载电阻影响。分析其原因，在乙酸产氢实验中，磷酸盐浓度是 10 mmol·L^{-1}，因此 Q_{H_2} 较低（10 Ω 电阻下 $Q_{H_2} = (2.9\pm0.2)$ mL·L^{-1}）。此时，在高负载电阻下，低 R_{H_2} 主要由氢气扩散和副反应所致。在丙酸产氢实验中，采用 50 mmol·L^{-1} 的磷酸盐浓度，获

得了较高的 Q_{H_2}（10 Ω 电阻下 $Q_{H_2}=(11.9\pm1.6)$ mL·L^{-1}），这时氢气扩散对计算 R_{H_2} 造成的影响可忽略，因此表现为 R_{H_2} 基本不受负载电阻的影响。随着电阻的升高，CE 由（74%±16%）降至（43%±1%）。这是因为高的外电阻增加了阳极副反应的概率，因而导致底物转化为电流的库仑效率下降。

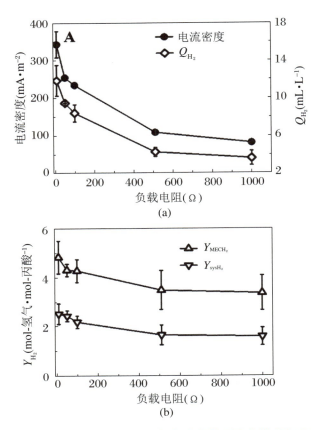

(a)

(b)

图 1.63　丙酸产氢系统氢气产生效率以及电路电流密度随电阻的变化

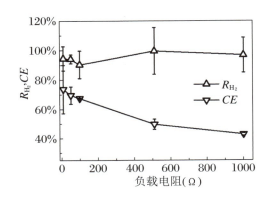

图 1.64　丙酸产氢系统中 R_{H_2} 以及 CE 随电阻的变化

图 1.65 列出了不同负载电阻下 MFC 以及 MEC 的输入/输出电压及功率变化。当负载电阻由 10 Ω 升至 1000 Ω 时,MFC 的输出电压由(285±4)mV 升至(405±5)mV,而 MEC 的输入电压由(274±2)mV 降至(145±10)mV。虽然 MFC 的输出电压随着负载电阻而上升,但是由于高的负载电阻分担较多的电压,结果导致 MEC 的输入电压反而下降。在 10 Ω 的负载电阻下,MFC 的输出功率密度达到最大值(98±10)mW·m^{-2},其中(94±13)mW·m^{-2}用于 MEC 产氢。随着负载电阻的提高,MFC 的输出功率密度逐渐下降,但是分配到电阻上的功率密度却增加,结果导致 MEC 的输入功率密度反而下降。

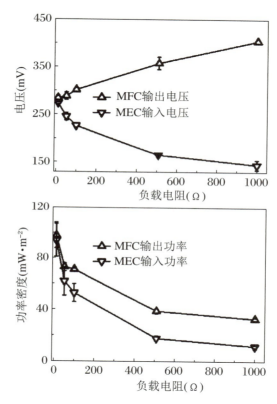

图 1.65　丙酸产氢系统中 MEC 和 MFC 的输入/输出电压及功率随负载电压的变化

下面对乙酸和丙酸在 50 mmol·L^{-1}磷酸盐缓冲体系以及 10 Ω 负载电阻下的产氢进行比较。在同样的体系中,乙酸和丙酸的产氢速率相当。而从表观上看,丙酸的氢气转化率要高于乙酸。但是,乙酸和丙酸中蕴涵的化学能不同,其理论氢气转化率也有所不同。以乙酸和丙酸底物的 MEC 中发生的总电池反应分别如下:

$$C_2H_4O_2 + 2H_2O \longrightarrow 2CO_2 + 4H_2$$

$$C_3H_6O_2 + 4H_2O \longrightarrow 3CO_2 + 7H_2$$

理论上 MEC 阳极消耗 1 mol 乙酸和丙酸分别产生 4 mol 和 7 mol 的氢气。在 MEC-MFC 耦合产氢系统中,乙酸的 Y_{MECH_2} 为(2.88 ± 0.01) mol-氢气·mol-乙酸$^{-1}$,是理论产率的 72%;而丙酸的 Y_{MECH_2} 为(4.8 ± 0.7) mol-氢气·mol-丙酸$^{-1}$,可达理论产率的 69%。对整个 MEC-MFC 耦合产氢系统而言,由于产氢所需的能量完全由 MEC 和 MFC 中底物的化学能转化而来。假设底物的能量完全转化为氢能,根据乙酸$(870.3\ kJ\cdot mol^{-1})$、丙酸$(1525.8\ kJ\cdot mol^{-1})$和氢气$(285.8\ kJ\cdot mol^{-1})$的燃烧热计算,可知体系消耗 1 mol 乙酸可以产生 3.04 mol 的氢气,消耗 1 mol 丙酸则可以产生 5.34 mol 的氢气。实验中,乙酸和丙酸的 Y_{sysH_2} 分别是(1.57 ± 0.01) mol-氢气·mol-乙酸$^{-1}$和(2.5 ± 0.4) mol-氢气·mol-丙酸$^{-1}$,为理论产率的 52% 和 47%。通过上述分析,可知在 MEC-MFC 耦合产氢体系中,乙酸和丙酸均以较高的氢气转化率进行反应。乙酸和丙酸都是厌氧产氢发酵过程的主要"死端产物"。虽然丙酸的热值远高于乙酸,但是丙酸进一步能源化的效率却低于乙酸。乙酸可以被发酵细菌进一步利用产生甲烷,而丙酸产生甲烷的反应则由于热力学原因被限制;此外,光合细菌利用丙酸的产氢速率也要明显低于利用乙酸的。MEC-MFC 产氢耦合体系为有机酸尤其是丙酸的进一步利用提供了一个有效的途径。

2. 多个辅助微生物燃料电池强化生物制氢

对 MEC-MFC 耦合系统而言,MEC 的输入功率受限于 MFC 所能提供的最大功率;因此,为了达到较高的氢气产生速率,可采用 MFC 电池组作为辅助电源以提高 MEC 的功率输入。采用不同方式连接的 MFC 电池组可以通过增加其电压输出或电流输出而提高功率输出。理论上来说,只要选择合适数目的电池以及合适的连接方式就可以得到需要的电流或电压。将 MFC 电池进行串联能够增加其电压输出,而并联方式则能增加其电流输出。图 1.66 为两个 MFC 和一个 MEC 组成的耦合系统的工作示意图。当两个 MFC 串联连接时,经过每个反应器的电流是相等的;而当两个 MFC 并联连接时,经过 MEC 的电流是经过两个 MFC 的电流的总和。表 1.5 列出了 MFC 电池组作为辅助能源的耦合体系的产氢效率。与采用单一 MFC 作为辅助能源相比,采用串联 MFC 电池组可以有效地提高体系的电流和氢气产生速率 Q_{H_2}。两个 MFC 电池组的使用将耦合系统电流密度和 Q_{H_2} 由单一 MFC 系统的(241 ± 13) mA·m^{-2} 和(7.86 ± 0.31) mL·L^{-1},提高到(334 ± 22) mA·m^{-2} 和(10.95 ± 0.64) mL·L^{-1};而 3 个 MFC 电池组则进一步将电流密度和 Q_{H_2} 提高到(418 ± 3) mA·m^{-2} 和

$(14.54 \pm 0.12)\ \mathrm{mL \cdot L^{-1}}$。与此同时，随着串联电池的增加，$R_{\mathrm{H_2}}$、$CE$ 和 $Y_{\mathrm{MECH_2}}$ 也随之增加。然而，并联 MFC 电池组似乎无法提高体系的产氢效率；与单一 MFC 相比，电池组反而会使 $Q_{\mathrm{H_2}}$ 有轻微的下降。值得注意的是，无论采用串联或并联方式，引入另外的 MFC 均会使 $Y_{\mathrm{sysH_2}}$ 下降。$Y_{\mathrm{sysH_2}}$ 反映了整个体系中底物转化为氢气的转化率，而对每个反应器而言，底物中有很大部分的能量被一些副反应所消耗，只有有限的能量转化为氢气。因此，引入的 MFC 越多，$Y_{\mathrm{sysH_2}}$ 越低。

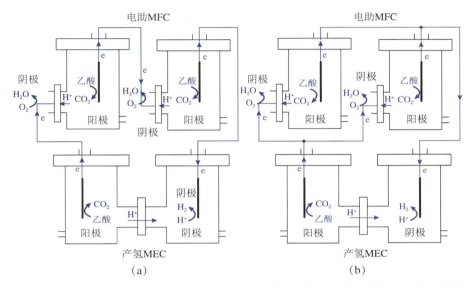

图 1.66　MEC-MFC-MFC 耦合系统中电子与质子的流向图：(a) MFC 串联；(b) MFC 并联

理论上，耦合系统的电路电流可以根据欧姆定律计算得到。单一 MFC 作为辅助电源时，电流 I_{single} 由下式计算：

$$I_{\mathrm{single}} = \frac{V_{\mathrm{MFC}} + V_{\mathrm{MEC}}}{R_{\mathrm{MFC}} + R_{\mathrm{MEC}} + R_{\mathrm{resistor}}} \qquad (1.13)$$

其中，V_{MFC} 和 V_{MEC} 分别代表 MFC 和 MEC 的开路电压，V_{MFC} 为正值，而 V_{MEC} 为负值；R_{MFC}、R_{MEC} 和 R_{resistor} 分别代表 MFC、MEC 和外接负载的电阻。

当两个开路电压和内阻相同的 MFC 作为辅助电源时，串联方式电流 $I_{\mathrm{s\text{-}2}}$ 和并联方式电流 $I_{\mathrm{p\text{-}2}}$ 通过下式计算：

$$I_{\mathrm{s\text{-}2}} = \frac{2V_{\mathrm{MFC}} + V_{\mathrm{MEC}}}{2R_{\mathrm{MFC}} + R_{\mathrm{resistor}}} \qquad (1.14)$$

$$I_{\mathrm{p\text{-}2}} = \frac{V_{\mathrm{MFC}} + V_{\mathrm{MEC}}}{R_{\mathrm{MFC}}/2 + R_{\mathrm{MEC}} + R_{\mathrm{resistor}}} \qquad (1.15)$$

同理，当 3 个开路电压和内阻相同的 MFC 作为辅助电源时，串联方式电流 $I_{\mathrm{s\text{-}3}}$ 和并联方式电流 $I_{\mathrm{p\text{-}3}}$ 通过下式计算：

$$I_{\text{s-3}} = \frac{3V_{\text{MFC}} + V_{\text{MEC}}}{3R_{\text{MFC}} + R_{\text{MEC}} + R_{\text{resistor}}} \tag{1.16}$$

$$I_{\text{p-3}} = \frac{V_{\text{MFC}} + V_{\text{MEC}}}{R_{\text{MFC}}/3 + R_{\text{MEC}} + R_{\text{resistor}}} \tag{1.17}$$

通过计算，可知无论 MFC 电池组采用串联还是并联方式，电路电流都应大于采用单一 MFC 电助反应器体系，而且 MFC 数目越多，电路电流越大。实验结果表明，采用多个反应器串联供电，可以有效地增加电路电流和 MEC 的输入功率。在两个 MFC 电池组体系中，MEC 的输入功率密度是单一 MFC 体系的两倍，此时再引入一个电助 MFC，则可以使 MEC 的输入功率又增加 80%。这一结果表明，采用串联反应器可以有效地克服 MEC 中产氢热力学能垒，因此串联 MFC 电池组可以有效地提高 MEC-MFC 耦合系统的产氢效率。尽管系统的氢气产率随着 MFC 数目的增加而下降，但是这种串联方式具有实际应用价值。因为作为废水处理装置，串联 MFC 电池组不仅可以使系统的产氢效率得到提高，其废水处理能力也能得到增强。而采用并联方式，似乎没有太大的效果。这是因为只有相同内阻和开路电压的电池才能并联供电。而由于 MFC 阳极微生物的多样性，两个 MFC 电池中微生物对底物的利用效率并不相同，因而其内阻和开路电压往往存在区别。当几个不完全相等的 MFC 并联供电时，有可能具有最高开路电压的 MFC 才能按原电池的工作原理正常进行阴、阳极反应，而电压低的几个 MFC 只能充当用电器。另外，体系中 MEC 和 MFC 是相互影响的。正如图 1.66 所示，某一 MFC 或 MEC 反应器阳极底物氧化产生的电子并不参与该反应器阴极的反应，而是沿外电路传递至其他反应器的阴极参与反应。对并联体系而言，几个 MFC 阴极氧气氧化所需的电子均来源于 MEC 的阳极底物氧化。受 MEC 阳极微生物氧化能力的限制，每个 MFC 阴极可能都没有充足的电子参与反应，这样就降低了 MFC 的阳极反应速率，而 MFC 阳极底物氧化产生的电子又全部流入 MEC 阴极参与产氢。因 MFC 的低效率工作使得整个体系的产氢能力受到影响。

表 1.5 多个 MFC 强化产氢效果比较（磷酸盐浓度 50 mmol·L⁻¹，负载电阻 10 Ω）

		Q_{H_2} (mL·L⁻¹)	R_{H_2} (%)	CE (%)	Y_{MECH_2} (mol-H₂·mol-乙酸⁻¹)	Y_{sysH_2} (mol-H₂·mol-乙酸⁻¹)	电流密度 (mA·m⁻²)	MEC 的输入电压 (mV)	MEC 的输入功率密度 (mW·m⁻²)
单一 MFC 系统		7.86±0.31	92.0±1.8	64.0±7.2	2.50±0.22	1.25±0.25	241±13	356	85.7±4.4
双 MFC 系统	串联	10.95±0.64	93.2±0.01	74.0±10.2	2.76±0.36	1.09±0.14	334±22	539	180.2±11.8
	并联	7.50±0.09	85.2±3.6	60.2±4.5	2.05±0.06	1.04±0.14	263±9	363	95.3±3.4
三 MFC 系统	串联	14.54±0.12	98.0±1.9	82.1±1.9	3.22±0.06	0.70±0.19	418±3	807	337.9±2.5
	并联	7.50±0.14	82.3±1.5	63.2±5.5	2.08±0.09	0.85±0.04	253±9	455	115.2±4.3

参考文献

［ 1 ］ Batstone D J，Hulsen T，Mehta C M，et al. Platforms for energy and nutrient recovery from domestic wastewater：a review［J］. Chemosphere，2015，140：2-11.

［ 2 ］ Sun M，Zhai L F，Li W W，et al. Harvest and utilization of chemical energy in wastes by microbial fuel cells［J］. Chemical Society Reviews，2016，45（10）：2847-2870.

［ 3 ］ Logan B E. Microbial fuel cells［M］. Hoboken，New Jersey：John Wiley and Sons，Inc.；2008.

［ 4 ］ Sun M，Zhai L F，Mu Y，et al. Bioelectrochemical element conversion reactions towards generation of energy and value-added chemicals［J］. Progress in Energy and Combusion Science，2020，77：100814.

［ 5 ］ Lovley D R. The microbe electric：conversion of organic matter to electricity［J］. Current Opinion in Biotechnology 2008，19：564-571.

［ 6 ］ Kumar A，Hsu L H H，Kavanagh P，et al. The ins and outs of microorganism-electrode electron transfer reactions［J］. Nature Review Chemistry，2017，1：0024.

［ 7 ］ Pirbadian S，Barchinger S E，Leung K M，et al. *Shewanella oneidensis* MR-1 nanowires are outer membrane and periplasmic extensions of the extracellular electron transport components［J］. Proceedings of the National Academy of Sciences of the USA，2014，111：12883-12888.

［ 8 ］ Subramanian P，Pirbadian S，El-Naggar M Y，et al. Ultrastructure of *Shewanella oneidensis* MR-1 nanowires revealed by electron cryotomography［J］. Proc Natl Acad Sci USA，2018，115：3246-3255 .

［ 9 ］ Adhikari R Y，Malvankar N S，Tuominen M T，et al. Conductivity of individual *Geobacter* pili［J］. RSC Advances，2016，6：8354-8357.

［10］ Wang F，Gu Y，O'Brien J P，et al. Structure of microbial naowires reveals stacked hemes that transport electrons over micrometers［J］. Cell，2019，177：361-369.

［11］ Walker D J F，Adhikari R Y，Holmes D E，et al. Electrically conductive pili from genes of phylogenetically diverse microorganisms［J］. ISME Journal，

2018，12：48-58.

[12] Walker D J F，Nevin K P，Holmes D E，et al. Syntrophus conductive pili demonstrate that common hydrogen-donating syntrophs can have a direct electron transfer option[J]. ISME Journal，2020，14：837-846.

[13] Marsili E，Baron D B，Shikhare I D，et al. *Shewanella* secretes flavins that mediate extracellular electron transfer[J]. Proceedings of The National Academy of Sciences of The USA，2008，105：3968-3973.

[14] Rabaey K，Boon N，Höfte M，et al. Microbial phenazine production enhances electron transfer in biofuel cells[J]. Environmetal Science & Technology，2005，39：3401-3408.

[15] Freguia S，Masuda M，Tsujimura S，et al. *Lactococcus lactis* catalyses electricity generation at microbial fuel cell anodes via excretion of a soluble quinone[J]. Bioelectrochemistry，2009，76：14-18.

[16] Pham T H，Boon N，Aelterman P，et al. Metabolites produced by *Pseudomonas* sp. enable a gram-positive bacterium to achieve extracellular electron transfer[J]. Applied Microbiology & Biotechnology，2008，77：1119-1129.

[17] Pham T H，Boon N，De Maeyer K，et al. Use of *Pseudomonas* species producing phenazine-based metabolites in the an-odes of microbial fuel cells to improve electricity generation[J]. Applied Microbiology & Biotechnology，2008，80：985-993.

[18] Masuda M，Freguia S，Wang Y F，et al. Flavins contained in yeast extract are exploited for anodic electron transfer by *Lactococcus lactis*[J]. Bioelectrochemistry，2010，78：173-175.

[19] Kotloski N J，Gralnick J A. Flavin electron shuttles dominate extracellular electron transfer by *Shewanella oneidensis*[J]. MBio，2013，4：e00553.

[20] Okamoto A，Tokunou Y，Kalathil S，et al. Proton transport in the outer-membrane flavocytochrome complex limits the rate of extracellular electron transport [J]. Angewandte Chemie International Edition，2017，56：9082-9086.

[21] Smith J A，Tremblay P L，Shrestha P M，et al. Going wireless：Fe(Ⅲ) oxide reduction without pili by *Geobacter sulfurreducens* strain JS-1[J]. Applied Microbiology & Biotechnology，2014，80：4331-4340.

[22] Kim B H，Kim H J，Hyun M S，et al. Direct electrode reaction of Fe(Ⅲ)-reducing bacterium *Shewanella putrefaciens*[J]. Journal of Microbiology and

Biotechology，1999，9：127-131.

[23] Park D H，Zeikus J G. Impact of electrode composition on electricity gener-ation in a single-compartment fuel cell using *Shewanella putrefaciens*[J]. Ap-plied Microbiology & Biotechnology，2002，59：58-61.

[24] Ringeisen B R，Henderson E，Wu P K，et al. High power density from a miniature microbial fuel cell using *Shewanella oneidensis* DSP10[J]. Envir-onmetal Science & Technology，2006，40：2629-2634.

[25] Biffinger J C，Byrd J N，Dudley B L，et al. Oxygen exposure promotes fuel diversity for Shewanella oneidensis microbial fuel cells[J]. Biosensors and Bioelectronics，2008，23：820-826.

[26] Pham C A，Jung S J，Phung N T，et al. A novel electrochemically active and Fe(Ⅲ)-reducing bacterium phylogenetically related to *Aeromonas hydrophila* isolated from a microbial fuel cell[J]. FEMS Microbiology Letters，2003，223：129-134.

[27] Rabaey K，Boon N，Siciliano S D，et al. Biofuel cells select for microbial consortia that self-mediate electron transfer[J]. Applied and Environmental Microbiology，2004，70：5373-5382.

[28] Reguera G，Nevin K P，Nicoll J S，et al. Biofilm and nanowire production leads to increased current in *Geobacter sulfurreducens* fuel cells[J]. Applied and Environmental Microbiology，2006，72：7345-7348.

[29] Holmes D E，Nicoll J S，Bond D R，et al. Potential role of a novel psychro-tolerant member of the family *Geobacteraceae*，*Geopsychrobacter electro-diphilus gen*. nov.，sp. nov.，in electricity production by a marine sediment fuel cell[J]. Applied and Environmental Microbiology，2004，70：6063-6030.

[30] Holmes D E，Bond D R，Lovley D R. Electron transfer by *Desulfobulbus propionicus* to Fe(Ⅲ) and graphite electrodes[J]. Applied and Environmen-tal Microbiology，2004，70：1234-1237.

[31] Finneran K T，Johnsen C V，Lovley D R. *Rhodoferax ferrireducens* sp. nov.，a psychrotolerant，facultatively anaerobic bacterium that oxidizes ace-tate with the reduction of Fe(Ⅲ)[J]. International Journal of Systematic and Evolutionary Microbiology，2003，53：669-673.

[32] Chaudhuri S K，Lovley D R. Electricity generation by direct oxidation of glucose in mediator less microbial fuel cells[J]. Natural Biotechnology，2003，21：1229-1232.

[33] Zuo Y，Xing D F，Regan J M，et al. Isolation of the exoelectrogenic bacterium *Ochrobactrum anthropi* YZ-1 by using a U-tube microbial fuel cell[J]. Applied and Environmental Microbiology，2008，74：3130-3137.

[34] Coates J D，Ellis D J，Gaw C V，et al. *Geothrix fermentans gen*. nov.，sp. nov.，a novel Fe(Ⅲ)-reducing bacterium from a hydrocarbon-contaminated aquifer[J]. International Journal of Systematic Bacteriology，1999，49：1615-1622.

[35] Nevin K P，Lovley D R. Mechanisms for accessing insoluble Fe(Ⅲ) oxide during dissimilatory Fe(Ⅲ) reduction by *Geothrix fermentans*[J]. Applied and Environmental Microbiology，2002，68：2294-2299.

[36] Bond D R，Lovely D R. Evidence for involvement of an electron shuttle in electricity production by *Geothrix fermentans*[J]. Applied and Environmental Microbiology，2005，71：2186-2189.

[37] Park H S，Kim B H，Kim H S，et al. Novel electrochemically active and Fe (Ⅲ)-reducing bacterium phylogenetically related to *Clostridium butyricum* isolated from a microbial fuel cell[J]. Anaerobe,2001，7：297-306.

[38] Summers Z M，Fogarty H E，Leang C，et al. Direct exchange of electrons within aggregates of an evolved syntrophic coculture of anaerobic bacteria [J]. Science，2010，330:1413-1415.

[39] Ueki T，Nevin K P，Rotaru A E，et al. *Geobacter* strains expressing poorly conductive pili reveal constraints on direct interspecies electron transfer mechanisms[J]. MBio,2018，9：e01273-01218.

[40] Liu X，Zhou S，Rensing C，et al. Synthrphic growth with direct interspecies electron transfer between pili-free *Geobacter* species[J]. The ISME journal，2018，12：2142-2151.

[41] Bond D R，Holmes D E，Tender L M，et al. Electrode-reducing microorganisms that harvest energy from marine sediments[J]. Science，2002，295：483-485.

[42] Logan B E，Murano C，Scott K，et al. Electricity generation from cysteine in a microbial fuel cell[J]. Water Research，2005，39：942-952.

[43] Phung N T，Le J Y，Kang K H，et al. Analysis of microbial diversity in oligotrophic microbial fuel cells using 16S rDNA sequences[J]. FEMS Microbiology Letters，2004，233：77-82.

[44] Aelterman P，Rabaey K，Pham T H，et al. Continuous electricity generation

at high voltages and currents using stacked microbial fuel cells[J]. Environmental Science & Technology, 2006, 40: 3388-3394.

[45] Busalmen J P, Esteve-Nunez A, Feliu J M. Whole cell electrochemistry of electricity-producing microorganisms evidence an adaptation for optimal exotrocellular electron transport[J]. Environmental Science & Technology, 2008, 42: 2445-2450.

[46] Zhou S, Wen J, Chen J, et al. Rapid measurement of microbial extracellular respiration ability using a aigh-throughput colorimetric assay[J]. Environmental Science & Technology Letters, 2015, 2: 26-30.

[47] Zhu H, Fan J, Du J, et al. Fluorescent probes for sensing and imaging within specific cellular organelles[J]. Accounts of Chemical Research, 2016, 49: 2115-2126.

[48] Bretschger O, Obraztsova A, Sturm C A, et al. Current production and metal oxide reduction by *Shewanella oneidensis* MR-1 wild type and mutants [J]. Applied and Environmental Microbiology, 2007, 73: 7003-7012.

[49] Jiang X, Hu J, Petersen E R, et al. Probing single-to multi-cell level charge transport in *Geobacter sulfurreducens* DL-1[J]. Nature Communications, 2013, 4: e2751.

[50] McLean J S, Wanger G, Gorby Y A, et al. Quantification of electron transfer rates to a solid phase electron acceptor through the stages of biofilm formation from single cells to multicellular communities[J]. Environmental Science & Technology, 2010, 44: 2721-2727.

[51] Liu H, Newton G J, Nakamura R, et al. Electrochemical characterization of a single electricity-producing bacterial cell of *Shewanella* by using optical tweezers[J]. Angewandte Chemie International Edition, 2010, 122: 6746-6749.

[52] Jiang X, Hu J, Fitzgerald L A, et al. Probing electron transfer mechanisms in *Shewanella oneidensis* MR-1 using a nanoelectrode platform and single-cell imaging[J]. Proceedings of the National Academy of Sciences of the USA, 2010, 107: 16806-16810.

[53] Crittenden S R, Sund C J, Sumner J J. Mediating electron transfer from bacteria to a gold electrode via a self-assembled monolayer[J]. Langmuir, 2006, 22: 9473-9476.

[54] Wang J M, Khoo E, Lee P S, et al. Controlled synthesis of WO_3 nanorods

and their electrochromic properties in H_2SO_4 electrolyte[J]. The Journal of Physics Chemistry C, 2009, 113: 9655-9658.

[55] Huang K, Pan Q, Yang F, et al. Controllable synthesis of hexagonal WO_3 nanostructures and their application in lithium batteries[J]. Journal of Physics D: Applied Physics, 2008, 41: 155417.

[56] Yuan S J, Li W W, Cheng Y Y, et al. A plate-based electrochromic approach for the high-throughput detection of electrochemically active bacteria[J]. Natural Protocol, 2014, 9: 112-119.

[57] Tarlov M J, Bowden E F. Electron-transfer reaction of cytochrome C adsorbed on carboxylic acid terminated alkanethiol monolayer electrodes[J]. Journal of the American Chemical Society, 1991, 113(5): 1847-1849

[58] Richter H, McCarthy K, Nevin K P, et al. Electricity generation by *Geobacter sulfurreducens* attached to gold electrodes[J]. Langmuir, 2008, 24(8): 4376-4379

[59] Khan M M T, Ista L K, Lopez G P, et al. Experimental and theoretical examination of surface energy and adhesion of nitrifying and heterotrophic bacteria using self-assembled monolayers[J]. Environmental Science & Technology, 2010, 45(3): 1055-1060.

[60] Pandey P, Shinde V N, Deopurkar R L, et al. Recent advances in the use of different substrates in microbial fuel cells toward wastewater treatment and simultaneous energy recovery[J]. Applied Energy, 2016, 168: 706-723.

[61] Huang L, Cheng S, Chen G. Bioelectrochemical systems for efficient recalcitrant wastes treatment[J]. Journal of Chemical Technology & Biotechnology, 2011, 86(4):481-491.

[62] Zeng X, Borole A P, Pavlostathis S G. Biotransformation of furanic and phenolic compounds with hydrogen gas production in a microbial electrolysis cell[J]. Environmental Science & Technology, 2015, 49(22):13667-13675.

[63] Ren Z Y M, Ward T E, Regan J M. Electricity production from cellulose in a microbial fuel cell using a defined binary culture[J]. Environmental Science & Technology, 2007, 41:4781-4786.

[64] Yu Y, Ndayisenga F, Yu Z, et al. Co-substrate strategy for improved power production and chlorophenol degradation in a microbial fuel cell[J]. International Journal of Hydrogen Energy, 2019, 44(36): 20312-20322.

[65] Muyzer G, Waal E C, Uitterlinden A G. Profiling of complex microbial

populations by dematuring gradient gel electrophoresis analysis of polymerase chain reaction amplified genes encoding for 165 rRNA[J]. Applied and Environmental Microbiology，1993，59(8)：695-700.

[66] Liu H，Cheng S，Logan B E. Production of electricity from acetate or butyrate using a single-chamber microbial fuel cell[J]. Environmental Science & Technology，2005，39(2)：658-662.

[67] Mark H F，Bikales N M，Overberger C G，et al. Encyclopaedia of polymer science and engineering，vol 1[M]. New York：Wiley，1985.

[68] Caulfield M J，Qiao G G，Solomon D H. Some aspects of the properties and degradation of polyacrylamides [J]. Chemical Reviews，2002，102：3067-3083.

[69] Hua T，Li S，Li F，et al. Microbial electrolysis cell as an emerging versatile technology：a review on its potential application，advance and challenge[J]. Journal of Chemical Technology & Biotechnology，2019，94(6)：1697-1711.

[70] Lu L，Ren Z J. Microbial electrolysis cells for waste biorefinery：a state of the art review[J]. Bioresource Technology，2016，215：254-264.

[71] Rozendal R A，Hamelers H V M，Euverink G J W，et al. Principle and perspectives of hydrogen production through biocatalyzed electrolysis[J]. International Journal of Hydrogen Energy，2006，31：1632-1640.

[72] Cheng S，Logan B E. Sustainable and efficient biohydrogen production via electrohydrogenesis[J]. Proceedings of the National Academy of Sciences of the USA，2007，104：18871-18873.

[73] Call D，Logan B E. Hydrogen production in a single chamber microbial electrolysis cell lacking a membrane[J]. Environmental Science & Technology，2008，42：3401-3406.

[74] Hu H Q，Fan Y Z，Liu H. Hydrogen production using single-chamber membrane-free microbial electrolysis cells [J]. Water Research，2008，42：4172-4178.

第 —— **2** —— 章

硫基常温空气
阴极燃料电池

石化、印染、造纸、制药、制革等工业生产过程中排放出大量含高浓度硫化物废水，每升废水中的硫离子含量可高达几千毫克。硫化物具有较强的毒性和腐蚀性，直接排放会对环境造成极大的污染，排至污水管道也会影响废水构筑物的正常运转。由于涉及行业广、排放量大、污染负荷高、毒性大，含硫废水的治理尤为必要。对于废水中的硫化物，最有效的处理方法是将其中的硫元素予以回收而彻底解决其污染问题。研究高效率、低投入、清洁的硫化物脱除技术与工艺，同时将其中的硫元素回收利用，对于合理有效地利用资源，促进环境保护具有重要意义。

对于水相中的硫化物，首先在酸性条件下吹脱使其转化成硫化氢气体，然后采用氧化剂氧化、热分解、电化学分解等方法可以得到单质硫；也可以直接向水相中通入氧气或投加臭氧、过氧化氢、高锰酸钾等氧化剂，将硫化物氧化成为单质硫。采用以上方法回收单质硫的过程中，需要添加化学药品和催化剂或者采取加热措施，因而成本较高；投加化学药品会引起二次污染，对于反应末端产物也需要做进一步处理。利用硫氧化细菌的生物氧化方法可实现由硫化物向单质硫的转化，该方法的优点在于其安全环保。硫氧化细菌，如厌氧的光合硫细菌以及好氧的无色硫细菌，均能够将硫化物氧化成单质硫以及高价态硫氧化合物。为了使硫化物的氧化停留在单质硫阶段，需要采用特定的纯种硫氧化细菌以及严格控制细菌生长条件。当采用硫氧化细菌混合菌群处理实际废水时，得到的产物一般是单质硫和硫氧化合物的混合物。另外，在复杂的菌群体系中，单质硫如果不及时分离有可能被微生物进一步氧化或重新还原。微生物代谢生成的硫单质多以颗粒形式存在于细胞内部或黏附在细胞表面，也增加了单质硫的回收难度。

硫化物中的硫元素具有活泼的还原特性，在电化学反应器中通过微生物催化或控制电势的方法处理废水中的硫化物，可对主要氧化产物单质硫进行回收。与生物氧化方法相比，电化学氧化方法的优势在于获得的单质硫相对易于回收，不存在与微生物的分离问题。尤其是在空气阴极燃料电池的阳极，硫化物在常温常压下即可自发进行电化学氧化，不需要另外能源消耗，通过其氧化还可以回收部分电能。利用空气阴极燃料电池技术将硫化物的化学能转化为电能并联产单质硫，在脱硫的同时实现了能源资源化利用[1-3]，该方法具有广泛的应用前景。

2.1

硫基常温空气阴极燃料电池的基本工作原理

硫基空气阴极燃料电池的工作原理是基于硫化物在常温常压下可被氧气氧化的热力学可行性。硫化物中硫离子非常活泼,其在燃料电池阳极的电化学氧化产生的电子通过电路转移到阴极,从而供阴极的氧气还原反应使用。理想情况下,为了从硫化物中回收单质硫,在阳极应发生如下反应:

$$HS^- \longrightarrow S_0 + H^+ + 2e^- \tag{2.1}$$

$$S^{2-} \longrightarrow S_0 + 2e^- \tag{2.2}$$

硫元素具有独特的化学性质,它的化学活泼性仅次于氧。零价硫可以获得2个电子形成硫离子 S^{2-},同时其价电子也可借共价键形成 +2、+4 或 +6 价的化合物。因此,硫可以以多种化合物的形式存在,它和其他硫原子结合形成多硫化物,也可以和氧原子结合形成硫酸盐、亚硫酸盐或硫代硫酸盐。如图 2.1 所示,各含硫化合物之间标准电势相差较小。一般地,硫化物可以自发氧化成多硫化物和单质硫(S_0),然后根据环境电势可以进一步氧化成其他化合物。由于硫的价态以及化合物的多样性,加上各含硫化合物之间相互转化的不确定性,硫化物的氧化是一个复杂而多变的过程。

反应式(2.3)～式(2.7)列出了硫基空气阴极燃料电池中可能发生的反应及其标准氧化还原电位[4],这些反应从热力学角度分析是可以在空气阴极燃料电池的阳极发生的,因为其氧化还原电位均低于空气阴极的实际氧化还原电位(+0.51 V vs. SHE)。鉴于硫元素具有许多可能的氧化态,空气阴极燃料电池中硫化物的电化学氧化可以产生包含硫单质、多硫化物、硫代硫酸盐和硫酸盐等一系列产物,而最终产物的分布在很大程度上取决于电极的类型以及电解条件[5-6]。

$$HS^- \longrightarrow S + H^+ + 2e^- \quad E = -0.065 \text{ V vs. SHE} \tag{2.3}$$

$$2HS^- \longrightarrow S_2^{2-} + 2H^+ + 2e^- \quad E = +0.298 \text{ V vs. SHE} \tag{2.4}$$

$$S_2^{2-} \longrightarrow 2S + 2e^- \quad E = -0.310 \text{ V vs. SHE} \tag{2.5}$$

$$2S + 3H_2O \longrightarrow S_2O_3^{2-} + 6H^+ + 4e^- \quad E = +0.165 \text{ V vs. SHE} \tag{2.6}$$

$$HS^- + 4H_2O \longrightarrow SO_4^{2-} + 9H^+ + 8e^- \quad E = +0.252 \text{ V vs. SHE} \tag{2.7}$$

污染控制理论与应用前沿丛书
常温空气阴极燃料电池在废水处理中的应用

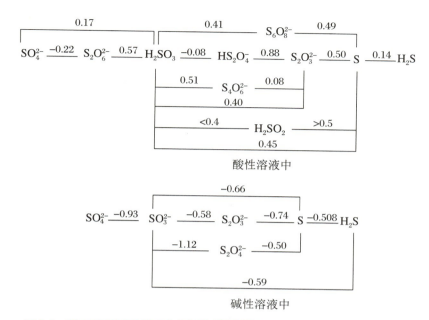

图 2.1　硫元素各物种的氧化还原电势图(单位:V)

2.2

pH 对硫化物资源化效率的影响分析

在水溶液中,硫化氢存在三种形式,分别是 $H_2S(aq)$、硫氢根离子(HS^-)和硫离子(S^{2-}),这些物质受到溶液 pH 的影响。当 pH 小于 7.0 时,溶液中主要物质为 $H_2S(aq)$;当 pH 大于 7.0 时,$H_2S(aq)$解离成硫氢根离子,因此溶液中的主要物质是硫氢根离子。由于比 $H_2S(aq)$更容易被氧化,所以溶液 pH 是影响氧化速率的关键因素。此外,pH 对硫化物的氧化反应动力学和产物分布具有显著影响,通过对空气阴极燃料电池 pH 的适当控制,可提高单质硫的回收率。

2.2.1

硫化物的电化学氧化过程

通过构筑硫基空气阴极燃料电池可以研究硫化物的电化学氧化过程,反应器如图 2.2 所示。阳极电极为 $4 \times 2.5\ cm^2$ 亲水碳纸,阴极为 $1.5 \times 1.5\ cm^2$ 载铂疏水碳纸,其一侧涂有 $0.05\ mg \cdot cm^{-2}$ 铂催化剂涂层,阴、阳极之间的电路上连接 $100\ \Omega$ 电阻。阳极室中加入 $0.2\ mol \cdot L^{-1}$ NaCl 作为电解质,为了防止硫离子发生氧化,首先应除去溶解氧,然后加入硫化钠使其最终浓度为 $10\ mmol \cdot L^{-1}$。为了研究溶液 pH 对硫化物电化学氧化的影响,可配制缓冲体系使溶液处于一定的 pH,或者整个反应过程中监测溶液体系 pH 变化,并及时采用盐酸和氢氧化钠进行调节。

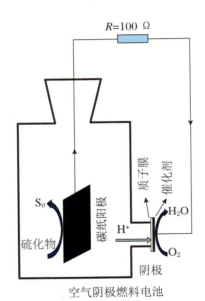

图 2.2 空气阴极燃料电池氧化硫化物示意图

图 2.3(a)展示了硫化物在空气阴极燃料电池阳极不同 pH 溶液中的浓度变化。从图中可以看出,溶液 pH 对硫化物氧化有着很大的影响。在 pH = 3.0 溶液中,45 h 内硫化物的浓度从 $10\ mmol \cdot L^{-1}$ 迅速降为 0,但是当溶液 pH 升为 9.0 时,硫化物完全氧化需要 150 h。硫化物氧化的产物常见的有单质硫(S_0)、硫代硫酸盐、亚硫酸盐、硫酸盐。硫化物在电化学氧化过程中会看到有白色沉淀在容器底部,X 射线光电子能谱(图 2.4)结果显示,在 163.2 eV 和 164.9 eV 处

分别出现了 S $2p_{3/2}$ 和 S $2p_{1/2}$ 两个特征峰,表明电池底部的白色沉淀为单质硫。整个硫化物电化学氧化过程中没有检测到亚硫酸盐和硫酸盐,在 pH = 8.0 和 9.0 条件下的氧化产物中发现有硫代硫酸盐的存在(图 2.3(b))。分析以上数据可知,空气阴极燃料电池中硫化物的电化学氧化更倾向于产生单质硫(S_0)和硫代硫酸盐,产物分布取决于溶液的 pH。当溶液 pH 高于 7.0 时,硫化物氧化无法完全限制在单质硫阶段而开始产生硫代硫酸盐。

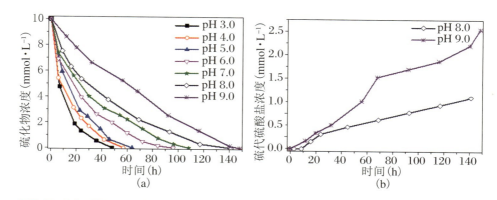

图 2.3 (a) 不同 pH 下硫化物浓度变化;(b) pH = 8.0 和 9.0 时溶液中硫代硫酸盐浓度变化

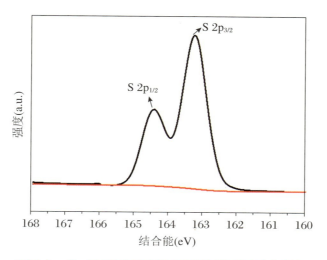

图 2.4 pH = 7.0 条件下燃料电池所回收单质硫中 S 2p 的 X 射线光电子能谱

化学方程式(2.8)~式(2.12)列出了硫化物电化学氧化过程中发生的主要反应。硫化物在水溶液中会分解为硫氢根离子,硫氢根离子再进一步被氧化为单质硫,然后单质硫再和硫氢根离子结合生成多硫离子(S_x^{2-}),硫氢根离子和多硫离子可以进一步被氧化成硫代硫酸根和单质硫。由于多硫离子比硫氢根离子更易于被氧化,因此氧化生成硫代硫酸盐的主要来源是多硫离子。在较高的溶液 pH 下 $H_2S(aq)$ 易于转化成多硫化物,从而提高硫代硫酸盐的产率。硫代硫酸钠的生成减少了硫化物转化为单质硫的量,所以硫化物的电化学氧化最好在酸性或中性条件下,这样可以提高单质硫的选择率。

$$H_2S(aq) + OH^- \longrightarrow HS^- + H_2O \tag{2.8}$$

$$HS^- \longrightarrow S_0 + H^+ + 2e^- \tag{2.9}$$

$$HS^- + (x-1)S_0 \longrightarrow S_x^{2-} + H^+ \tag{2.10}$$

$$2S_x^{2-} + 6OH^- \longrightarrow S_2O_3^{2-} + 2(x-1)S_0 + 3H_2O + 8e^- \tag{2.11}$$

$$2HS^- + 8OH^- \longrightarrow S_2O_3^{2-} + 5H_2O + 8e^- \tag{2.12}$$

如图 2.5 所示,硫基空气阴极燃料电池的阳极溶液电势随着溶液 pH 的升高而降低。当溶液 pH 从 3.0 提高到 9.0 时,溶液的电势从 -0.02 V 降到 -0.19 V,然而阳极电极电势却保持在 0.2 V。因此,阳极电极与电解质溶液之间的电势差随着 pH 的升高而增大,从而促进了电子从溶液向电极的转移而有利于溶液中硫化物的氧化。如图 2.6 的循环伏安图所示,氧化峰 1 归因于硫化物向单质硫的电化学氧化。当溶液的 pH 从 3.0 升到 9.0 时,峰值电流明显增强,并且峰位置向低电势方向偏移,表明硫化物的氧化能力随着 pH 的升高而增强。在 pH=8.0 和 9.0 的溶液中,获得的循环伏安图上出现了氧化峰 2,表明在碱性条件下硫化物的电化学氧化途径比酸性和中性 pH 条件下更为复杂和深入,因此形成了具有更高硫元素价态的硫代硫酸盐。

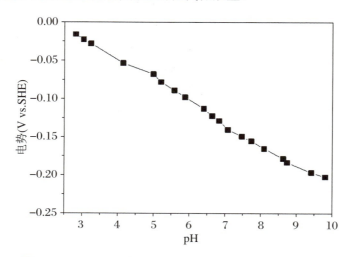

图 2.5　不同 pH 下硫化钠电化学氧化的溶液电势

由图 2.3 可知,硫化物的电化学氧化速率随 pH 的升高而减慢,这是由于在碱性条件下,电极表面沉积了较多的单质硫而导致了电极钝化,从而阻碍了硫化物的电化学氧化。如图 2.7 所示,通过扫描电镜照片可以发现碳纸表面有白色沉淀,经元素分析确定该沉淀为单质硫。图 2.8 展示了不同 pH 下阳极电极表

再生控制理论与应用前沿丛书
常温空气阴极燃料电池在废水处理中的应用

面单质硫的百分含量。在 pH＝3 的溶液中进行硫化物的电化学氧化，电极上仅沉积 2.62 wt%[①]的单质硫；当溶液 pH 升至 9 时，电极上单质硫含量显著增加 3 倍至 7.80 wt%。

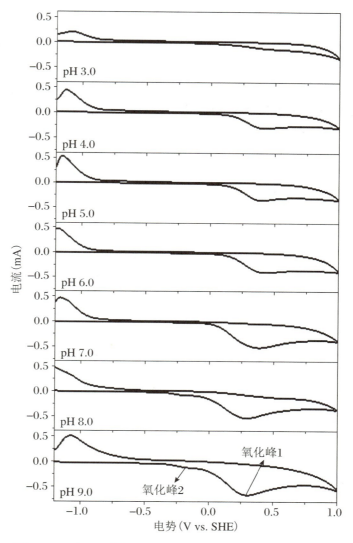

图 2.6　不同 pH 硫化钠(10 mmol·L⁻¹)溶液中碳纸电极的循环伏安扫描图

　　因此，增加溶液的 pH 会导致更多的单质硫(S₀)沉积在碳电极上，从而使电极钝化加剧。在酸性条件下，所形成的结晶良好的单质硫可以形成大的聚集体而在溶液中沉淀。与之相比，在碱性条件下，溶液中形成的超微无定形单质硫由

---

① wt%本书表示质量百分数。

于不容易与溶液分离而更容易吸附在电极上[7]。

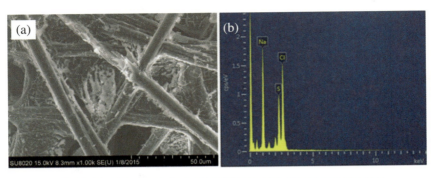

图 2.7　单质硫沉积在碳纸电极上的扫描电镜照片(a)和元素分析图(b)

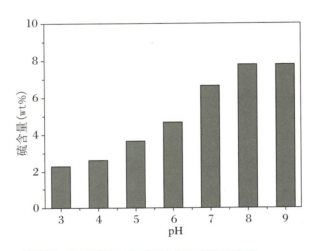

图 2.8　不同溶液 pH 下碳纸电极上硫的含量

2.2.2

硫化物的资源化效率分析

溶液 pH 通过影响硫化物的电化学氧化进程而影响硫基空气阴极燃料电池对单质硫的回收效率和产电效率。燃料电池中,单质硫和硫代硫酸盐是主要的氧化产物。如图 2.9(a)所示,pH 从 3 到 7 时,氧化产物主要为单质硫而不产生硫代硫酸盐;而当 pH 为 8 和 9 时,单质硫和硫代硫酸盐均可产生,并且硫代硫酸盐的生成量随着 pH 的上升而增加。尽管在较低 pH 的条件下可以缓解单质硫对电极的钝化,以及避免硫化物氧化成为硫代硫酸盐,但随着 pH 的降低,硫化氢气体的挥发会造成硫元素的损失,因而硫基空气阴极燃料电池在中性条件

106

下可以得到最大的单质硫回收率。随着 pH 从 7 降至 3,单质硫的回收率有着显著的下降,从 71.3% 下降到 45%。如图 2.9(b)所示,随着溶液 pH 的升高,空气阴极燃料电池的库仑效率逐渐升高。在酸性条件下,电池的库仑效率普遍低于 45%;而在碱性条件下,由于产生硫代硫酸根导致有更多的电子流入电路,因此提高了电池的库仑效率。总体而言,空气阴极燃料电池中硫化物的电化学氧化最好在中性溶液中进行,这样可以得到较高的单质硫回收效率和产电效率。

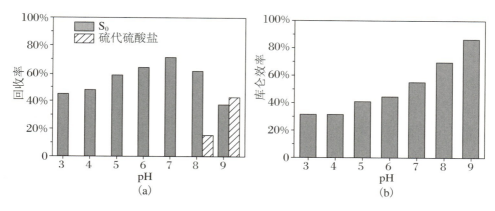

图 2.9　不同 pH 下空气阴极燃料电池的单质硫回收率(a)和库仑效率(b)

2.3

碳载锰氧化物对硫化物电化学氧化的催化增强

过渡金属锰作为元素周期表中第ⅦB族的元素,其价电子层为 $3d^5 4s^2$。所以锰有很多价态,最高价为 +7 价,相当于 d^0 的结构,锰的氧化价态还有 +6、+5、+4、+3、+2。尤其是 Mn(Ⅱ),Mn(Ⅲ)和 Mn(Ⅳ)之间的相互转化赋予了锰氧化物出色的催化活性。硫化氢还原溶解 Mn(Ⅳ)氧化物的研究表明[8],Mn(Ⅳ)可被还原成为 Mn(Ⅱ),硫化氢的氧化产物主要是单质硫、硫酸盐和少量硫代硫酸盐。产物的分布随着溶液 pH 的变化而变化,低 pH 时硫酸盐是主要产物,而单质硫则是中性 pH 溶液中的主要产物,反应速率常数随着 pH 的增加而降低。沈寒晰等制备了一种铁锰复合催化剂,并将其用于催化废碱液中硫化物的常压空气催化氧化。在催化剂的作用下,废碱液中的硫离子的转化率高达 99.5%,主要氧化产物是硫代硫酸盐和硫酸盐[9]。

自然界各种锰氧化物(包括水钠锰矿、钡镁锰矿和钙锰矿等)对水溶硫化物的氧化发挥着重要的催化作用。作为表生环境中分布广泛的氧化锰矿物,水钠锰矿可参与水溶性硫化物的氧化反应,影响其迁移和转化[10]。据报道[11],当钙锰矿(todorokite)和硫化物在封闭系统中发生氧化还原反应时,溶解的硫化物和钙锰矿的氧化还原过程中形成硫单质、硫酸盐、硫代硫酸盐和硫酸盐,其中约90%的硫化物被氧化成为单质硫,同时钙锰矿被粉碎并还原成氢氧化锰。当该系统中存在氧气时,单质硫将被进一步氧化成为硫代硫酸盐。值得注意的是,在没有钙锰矿的催化下采用氧气氧化可溶性硫化物,硫化物的转化率显著降低,由此证实了钙锰矿不仅可以与硫化物发生氧化还原反应,而且可以催化其被氧气氧化。锰氧化物的晶体结构、结晶度、比表面积和化学组成均可影响硫化物的氧化途径和动力学。锰氧化物除了对可溶性硫化物有催化作用外,对硫化矿物也有一定的催化作用[12-14]。黄铁矿(FeS_2)在暴露于空气的水溶液中自然缓慢氧化,而水钠锰矿的参与明显加速其氧化速率。在缺氧的海洋沉积物中,硫化亚铁可以被锰氧化物氧化,并且所产生的电子促进了 Fe(Ⅱ)/Fe(Ⅲ) 之间的转化。低 pH 可以促进锰氧化物的溶解和硫化亚铁的氧化。当硫化亚铁悬浮液被空气中的氧气氧化时,钙锰矿通过快速吸附和氧化 Fe(Ⅱ) 降低了新形成的铁(氢)氧化物的结晶度,并且加速了多硫化物向单质硫和硫酸盐的转化。Fe(Ⅱ)/Fe(Ⅲ) 氧化还原对的形成促进了电子转移并导致硫化亚铁的氧化速率增加。

接下来,将讨论采用碳载锰氧化物(MnO_x/GF)复合材料,作为硫基常温空气阴极燃料电池的阳极对硫化物进行催化氧化。在溶剂热体系中,通过调控乙醇和水(E/W)的不同比例和溶剂热温度,可获得不同锰氧化物的组成结构。锰氧化物的组成结构影响着硫化物的电化学氧化过程,从而导致硫化物脱硫效率、单质硫回收和能量回收效率发生变化。

2.3.1

碳载锰氧化物的制备与结构表征

图 2.10 为溶剂热体系中制备碳载锰氧化物复合材料的典型流程。首先将石墨毡置于丙酮中超声处理 30 min,再用乙醇和去离子水清洗,之后放入真空干燥箱中于 50 ℃ 干燥 12 h。将干燥后的石墨毡置于 100 ℃ 的混合酸溶液(硝酸:硫酸＝1:1,体积比)中预处理 1 h,然后浸入含有 0.4 g 高锰酸钾的 40 mL 乙醇水溶液中。乙醇水溶液中的 E/W 体积比分别为 0/10、3/7、6/4、9/1 和 10/0。溶剂热反应在内衬为聚四氟乙烯的不锈钢高压釜中进行,反应温度为 120 ℃,反应时间为 24 h。反应后,高压釜冷却至室温。用过量的水洗涤并干燥载有锰化合物的石墨毡,最后将其在 350 ℃ 下热处理 2 h,以获得碳载锰氧化物复合材料。E/W 体积比分别为 0/10、3/7、6/4、9/1 和 10/0 条件下所得到的材料,分别用 E-W0、E-W30、E-W60、E-W90 和 E-W100 表示。

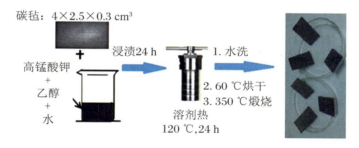

图 2.10 碳载锰氧化物复合材料的溶剂热法合成流程图

图 2.11(a)显示了不同 E/W 体积比条件下制备的碳载锰氧化物复合材料的 X 射线衍射图。在 2θ 值为 25.3° 处观察到的宽峰归属于载体的石墨碳(002)晶面。E-W0 样品中的锰氧化物被鉴定为二氧化锰(MnO_2)晶体,其在 28.6°、37.3°、42.7°、56.6° 和 59.3° 处的峰分别归因于二氧化锰的(101)、(011)、(200)、(121)和(220)晶面,与标准图谱 JCPDS 24-0735 相吻合。在其他较高 E/W 体积比条件制备的复合材料中的锰氧化物为四氧化三锰(Mn_3O_4)晶体,其典型峰出现在 18°、28°、32°、36°、38°、44°、51°、59°、61° 和 65° 处,与标准图谱 JCPDS 24-0734 相吻合。在溶剂热体系中,乙醇作为有机溶剂和还原剂。没有乙醇的情况下高锰酸钾分解产物仅为二氧化锰,而乙醇则可以将二氧化锰还原成四氧化三锰。如图2.11(b)的热重分析所示,无乙醇体系中制备的复合材料中锰氧化物的质量含量高达35.7%。当 E/W 体积比增加到 3/7 时,这个值急剧下降到 15.4%。无水体系

中得到的复合材料中锰氧化物的负载量最低,仅为 7.8%。由于高锰酸钾在乙醇中的溶解度低,E/W 体积比的增加会造成石墨毡上吸附的高锰酸钾减少,因此导致复合材料中锰氧化物的负载量减少。

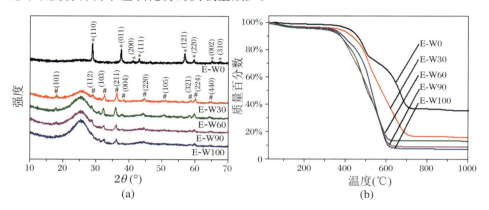

图 2.11　采用溶剂热法在不同乙醇体积比条件下制备的碳载锰氧化物的 X 射线衍射图 (a)和热重分析图(b)

图 2.12 给出了不同 E/W 体积比条件下制备的 MnO_x/GF 复合材料的 Mn 2pX 射线光电子能谱图,据此可以确定所制备锰氧化物的化学组成。对无乙醇体系中制备的样品,其位于 642.0 eV 和 653.6 eV 处的特征峰分别对应于 Mn $2p_{3/2}$ 和 Mn $2p_{1/2}$。随着乙醇水溶液中 E/W 体积比的升高,Mn $2p_{3/2}$ 峰的结合能从 642.0 eV 移动到 641.0 eV,Mn $2p_{1/2}$ 峰的结合能从 653.6 eV 移动到 652.9 eV,即 Mn $2p_{3/2}$ 峰和 Mn $2p_{1/2}$ 峰都向较低的结合能方向移动,这对应于所制备的复合材料中锰氧化物从 MnO_2 到 Mn_3O_4 的变化。如前所述,乙醇存在于溶剂热体系中时,其可以作为还原剂而使锰氧化物中的锰元素处于更低的价态。

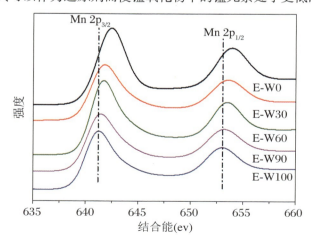

图 2.12　不同乙醇浓度的水溶液中制备的 MnO_x/GF 复合材料的 Mn 2p X 射线光电子能谱图

如图 2.13(a)所示,无乙醇体系中所制备的复合材料中二氧化锰是直径为 10~100 nm、长度为 1~3 μm 的长纳米棒负载在石墨毡纤维表面。这些纳米棒彼此相互连接在载体表面形成致密的多孔结构。而当 E/W 体积比为 3/7 时,所制备的四氧化三锰主要以纳米棒团簇的形式出现,另外还能观察到边长为 200~1000 nm 的八面体粒子(图 2.13(b))。元素分析结果表明,纳米棒和八面体均是由元素锰和氧组成的(图 2.13(f))。随着 E/W 体积比的进一步增加,所制备四氧化三锰完全以八面体粒子的形式存在(图 2.13(c~e))。此外,随着 E/W 体积比的增加,由于锰氧化物负载量的降低导致载体上锰氧化物粒子明显变少。

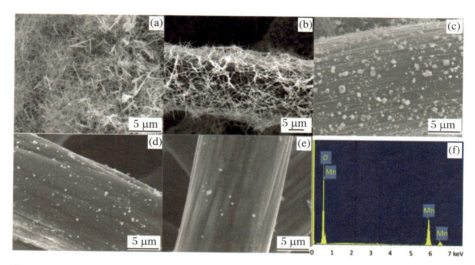

图 2.13 E-W0(a)、E-W30(b)、E-W60(c)、E-W90(d)、E-W100(e)材料的扫描电镜照片和 E-W30(f)材料的元素分析图

2.3.2

碳载锰氧化物催化下硫化物的资源化效率

将碳载锰氧化物复合材料作为硫基常温空气阴极燃料电池的阳极,在 pH 为 7.0 的中性溶液中运行电池。通过硫化物去除率、硫回收率和库仑效率,可以较为全面地评估锰氧化物催化下空气阴极燃料电池中硫化物的资源化潜力。锰氧化物对硫化物的催化氧化机理如图 2.14 所示。在空气阴极燃料电池的阳极上,硫化物被锰氧化物氧化成单质硫,锰氧化物中的 Mn(Ⅳ)/Mn(Ⅲ)被还原成 Mn(Ⅱ)(反应式(2.13)~式(2.14))。Mn(Ⅱ)将电子传递给电极而再次被氧化成 Mn(Ⅳ)/Mn(Ⅲ)(反应式(2.15)~式(2.16))。Mn(Ⅱ)和 Mn(Ⅳ)/Mn(Ⅲ)

之间形成的电子循环加速了硫化物在燃料电池阳极表面的电化学氧化。

$$2Mn(\text{Ⅲ}) + S^{2-} \longrightarrow 2Mn(\text{Ⅱ}) + S_0 \qquad (2.13)$$

$$Mn(\text{Ⅳ}) + S^{2-} \longrightarrow Mn(\text{Ⅱ}) + S_0 \qquad (2.14)$$

$$Mn(\text{Ⅱ}) \longrightarrow Mn(\text{Ⅲ}) + e^- \qquad (2.15)$$

$$Mn(\text{Ⅱ}) \longrightarrow Mn(\text{Ⅳ}) + 2e^- \qquad (2.16)$$

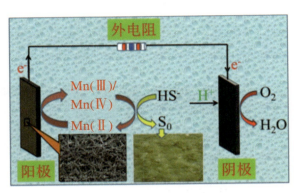

图 2.14　MnO_x/GF 复合材料在空气阴极燃料电池中的应用示意图

如图 2.15(a)所示,锰氧化物在石墨碳载体上的负载明显加速了硫化物的电化学氧化速率。以空白石墨毡为燃料电池阳极,硫化物发生完全电化学氧化所需的时间长达 120 h。当在石墨毡上负载锰氧化物催化剂时,反应时间缩短到 78 h 以内。尤其是以二氧化锰作为催化剂(E-W0)时,燃料电池的硫化物完全氧化只需要 48 h。在产物中没有发现亚硫酸盐、硫酸盐和硫代硫酸盐,因此锰氧化物催化下的硫化物电化学氧化具有较高的产物选择性,使得电池的单质硫回收效率得到提高。如图 2.15(b)所示,仅以石墨毡作为阳极的燃料电池时,单质硫回收效率仅为 50.4%,而在锰氧化物催化下单质硫的回收效率在 64.6%～81% 之间波动。虽然在无乙醇体系中制备得到的二氧化锰催化剂,其催化硫化物氧化成为单质硫的产率最高,但体系的库仑效率非常低,仅为 18.4%。四氧化三锰催化下硫化物的氧化可以回收更多的电能。综合考虑燃料电池中单质硫和电能回收效率,四氧化三锰催化剂要比二氧化锰催化剂更为优越。尤其在 E/W 体积比为 3/7 条件下获得的催化剂,将其用于硫基空气阴极燃料电池,可获得 78.4% 的单质硫回收效率和 71.5% 的库仑效率。按此效率计算,每回收 0.25 mg单质硫可同步产生 1380 C 的电量。

有关锰氧化物对硫化物氧化的催化强弱可采用循环伏安技术进行比较。图 2.16 显示了中性 pH 下不同碳载锰氧化物电极在硫化物溶液中的循环伏安曲线。仅在 0.2 V vs. SEC 处观察到一个氧化峰,其代表了溶液中硫化物电化学氧化成为单质硫的反应。该氧化峰的强度大小表现出的顺序为：E-W0（碳载二氧化锰）＞E-W30（碳载四氧化三锰）＞GF（石墨毡载体）。其与相应催化剂催化下硫化物的氧化速率相对应。

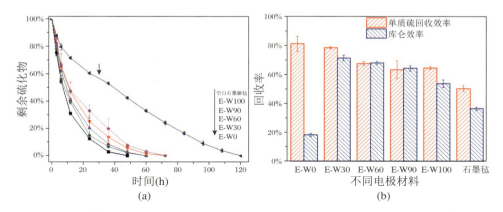

图 2.15 不同碳载锰氧化物复合材料作为阳极的空气阴极燃料电池中硫化物浓度变化（a）和单质硫回收效率及库仑效率（b）

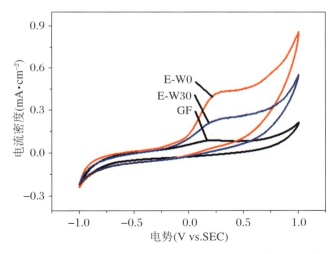

图 2.16 不同阳极复合材料在含 10 mmol · L⁻¹ 硫化物的电解质溶液中的循环伏安曲线

2.3.3

燃料电池运行稳定性分析

在硫基空气阴极燃料电池中，由硫化物氧化形成的单质硫会沉积在电极表面,并通过使电极钝化来阻碍硫化物的电化学氧化。对于在 E/W 体积比为 3/7 条件下获得的碳载四氧化三锰复合材料,接下来评估单质硫沉积对催化剂稳定性的影响。在五个连续间歇周期内考察硫化物的电化学氧化速率,结果如图 2.17(a)所示。由于单质硫沉积造成的电极钝化,硫化物完全氧化所需的时间从第一个间歇周期的 60 h 延长到第三个间歇周期的 84 h。如果在每个周期结束时用二硫化碳将电极表面的单质硫沉积进行萃取,则三个间歇周期后硫化物氧化时间会稳定在 72 h。因此证实单质硫在电极表面的沉积会减慢硫化物的电化学氧化速率。如图 2.17(b)所示,虽然大部分产物单质硫是悬浮在阳极溶液中或沉积在溶液底部的,但沉积在电极上的硫化物的量也较为可观。单质硫沉积抑制了溶液和电极之间的电子转移,从而严重阻碍了硫化物氧化,这不仅降低了单质硫回收效率,还减少了电池电能输出。如图 2.17(c)所示,在五个间歇循环周期过程中,如果不对电极上沉积的单质硫进行萃取,则第二到第五个间歇周期单质硫的回收效率在 58.7%~66.2% 之间波动。与之对比,二硫化碳萃取操作可使单质硫回收效率提高到 65.7%~78.4%(图 2.17(b))。单质硫沉积还导致电池的库仑效率从第一个间歇周期的 71.5% 下降到后续四个周期的 52.6%~55.3%。当电极钝化通过二硫化碳萃取单质硫而使沉积得到缓解后,电池的库仑效率可以稳定在 63% 以上(图 2.17(d))。因此,为了降低电极钝化对硫基空气阴极燃料电池造成的性能衰减,需要对沉积在电极上的单质硫进行及时处理。

石墨毡载体上锰氧化物的不稳定负载是造成其催化性能衰减的另一个重要因素。经实验结果证实,石墨毡载四氧化三锰电极在经过五个间歇循环周期后,石墨毡载体上四氧化三锰晶体转化为无定形,并且其负载量由 16.1% 降至 12.8%。接下来,通过交流阻抗技术分析四氧化三锰形态和负载量变化对硫化物电化学氧化造成的影响。图 2.18 展示了新电极和经过五个间歇循环周期的电极在硫化物溶液中的 Nyquist 图。等效电路中 R_s 代表反应过程中的欧姆电阻,新电极的 R_s 值仅为 7.52 Ω,一个间歇周期之后电极的 R_s 值增加到了 10.57 Ω。随后的间歇循环操作对 R_s 的影响较小,五个周期后 R_s 值为 10.73 Ω。等效电路中 R_{ct} 表示电极上发生电化学反应的极化电阻。对新电极来说,R_{ct} 值为 11.21 Ω,表明电极上硫化物进行电化学氧化只需克服较小的反应阻力。电极在经历了 1 个和 5 个间歇周期后,R_{ct} 值分别增加到 28.01 Ω 和 41.48 Ω。这意味着电极上的硫化物的电化学氧化反应阻力显著上升。因此,采取有效措施使锰氧化物稳定负载在载体上是该催化剂真正用于硫基空气阴极燃料电池所要解决的关键问题。

污染控制理论与应用前沿丛书
常温空气阴极燃料电池在废水处理中的应用

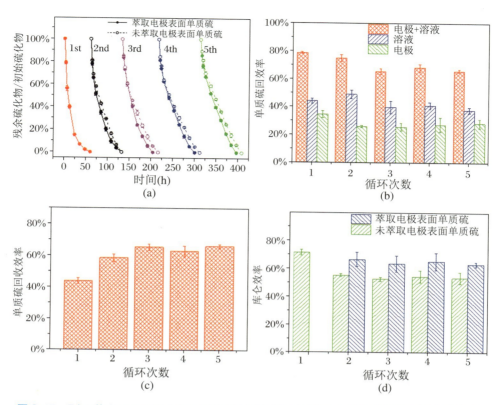

图 2.17　E/W 体积比为 3/7 条件下制备的载四氧化三锰阳极上五个间歇循环周期内硫化物去除效率(a)、单质硫回收效率(b、c)和库仑效率(d)
(c)中每个间歇周期结束后电极上的单质硫采用二硫化碳进行萃取

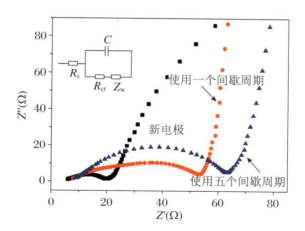

图 2.18　E/W 体积比为 3/7 条件下制备的石墨毡载四氧化三锰阳极使用前、后的 Nyquist 图(每个间歇周期结束后电极上的单质硫采用二硫化碳进行萃取)

2.4

硫化物电化学氧化过程中微生物的催化作用

近年来,有关硫化物在微生物燃料电池(MFC)阳极的电化学氧化已经被广泛地研究[15-17]。研究已经证实,海底沉积物 MFC 的阳极反应包括单质硫向硫酸盐的生物氧化[18],并且在阳极也发现了可以利用阳极作为电子受体氧化单质硫至硫酸盐的细菌[19]。对硫基空气阴极燃料电池而言,微生物的参与可以改变硫化物的电化学氧化途径,使产物分布发生明显变化。在自养反硝化 *Pseudomonas* sp. C27 的催化下,硫化物首先被氧化成为硫代硫酸盐,然后进一步形成单质硫[20];而在混合微生物菌群的催化下,硫酸盐是其氧化最终产物[21]。一个成功运行的燃料电池必须以稳定的电流输出作为前提。对于以硫化物作为基质的空气阴极燃料电池,需要明确其中硫的氧化过程与相应的电流产生之间的关系,从而能够采取有效的调控手段以得到稳定的电流。本小节将探讨硫化物在 MFC 中的氧化途径,同时对电化学机制以及生物催化机制予以区分。通过对硫化物氧化产物的分析以及功能微生物菌群的鉴定,微生物在硫化物的氧化以及相应的电流产生中的催化作用得以明确。另外,对于电极上和沉积物中的微生物菌群构建 16S rRNA 基因克隆文库,通过分析和比较其细菌群落结构的组成情况,MFC 阳极微生物的多样性以及阳极反应的复杂性得到进一步的揭示。

2.4.1

微生物催化下燃料电池的强化能量输出

构建硫基空气阴极燃料电池,其中阳极微生物培养基组成为 pH = 7.0 磷酸盐缓冲液,50 mmol·L^{-1};碳酸钠,750 mg·L^{-1};氯化铵,310 mg·L^{-1};氯化钾,130 mg·L^{-1};氯化钙,50 mg·L^{-1};六水合氯化镁,100 mg·L^{-1};氯化钠,10 mg·L^{-1};氯化亚铁,25 mg·L^{-1};二水合氯化钴,5 mg·L^{-1};四水合氯化锰,

$5 \text{ mg} \cdot \text{L}^{-1}$；氯化铝，$2.5 \text{ mg} \cdot \text{L}^{-1}$；钼酸铵，$15 \text{ mg} \cdot \text{L}^{-1}$；硼酸，$5 \text{ mg} \cdot \text{L}^{-1}$；六水合氯化镍，$0.5 \text{ mg} \cdot \text{L}^{-1}$；二水合氯化铜，$3.5 \text{ mg} \cdot \text{L}^{-1}$；氯化锌，$5 \text{ mg} \cdot \text{L}^{-1}$。在阳极室加入 350 mL 培养基后，采用氮气曝气方式去除溶液中的溶解氧，然后加入 $4.2 \text{ mmol} \cdot \text{L}^{-1}$ 的硫化钠作为能量来源。阳极所用接种污泥取自处理柠檬酸废水的厌氧反应器。由于在柠檬酸废水中检测到大量的硫酸盐以及硫化物，因此该污泥中含有丰富的硫酸盐还原细菌以及硫氧化细菌。阳极接种微生物的电池称为生物电池（biotic reactor）。该反应器在进行间歇实验前，首先采用 $2 \text{ mmol} \cdot \text{L}^{-1}$ 的硫化钠驯化 3 个月。另外运行一个化学电池（abiotic reactor），该电池的阳极保持无菌状态。两个电池均在 25 ℃ 下运行。

生物电池在启动过程中采用间歇加料方式运行。如图 2.19（a）所示，硫化钠基质加入电池后即有瞬时阳极电流产生。在第一个间歇周期内，电流密度首先迅速升至 $75 \text{ mA} \cdot \text{m}^{-2}$，然后快速下降至 0，第一个周期持续时间为 25 h。在接下来的三个周期内，电流密度降至 $17 \text{ mA} \cdot \text{m}^{-2}$ 后不再继续下降，而且可以保持一段时间。在第五、第六周期内，最大电流密度接近 $78 \text{ mA} \cdot \text{m}^{-2}$，而其下降速度明显减慢，100 h 后，电流密度仍能维持在 $20 \text{ mA} \cdot \text{m}^{-2}$ 的水平。第一个周期内产生的总电量约为 12.29 C，而在第六个周期内，总电量提高了 4 倍，达到 58.85 C。以上结果表明，经过对微生物的富集驯化，生物电池的电流输出得到提高，而且其持续时间明显变长。图 2.19（b）是该电池的极化曲线以及功率-电流曲线，当电流密度为 $96 \text{ mA} \cdot \text{m}^{-2}$ 时，得到最大功率密度为 $13 \text{ mW} \cdot \text{m}^{-2}$。

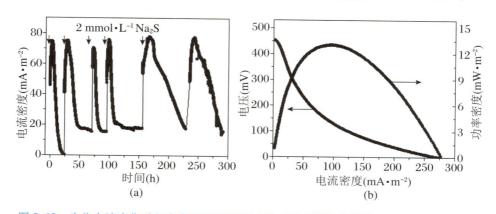

图 2.19　生物电池富集过程中电流密度变化（a）和启动后的极化曲线（b）

对于生物电池，启动后将硫化钠浓度升至 $4.2 \text{ mmol} \cdot \text{L}^{-1}$，并稳定运行 3 个月。图 2.20 是一个完整的间歇周期内生物电池和化学电池的电流密度变化过程。在底物硫化钠刚加入的最初 8 h 内，以上两个电池的电流密度按照相同的趋势变化，即硫化钠加入电池后就可以观察到瞬时最大电流密度，该电流密度达到峰值后迅速下降。化学电池达到的最大电流密度为 $112 \text{ mA} \cdot \text{m}^{-2}$，而生物电池得到稍高的峰值电流密度（115 mA·m^{-2}）。在随后的时间内，以上两个电池的电流密度变化趋势开始不同，而且生物电池得到的电流密度明显高于化学电池。对化学电池而言，在前 60 h 内电流密度保持在 70 mA·m^{-2} 左右，然后开始缓慢下降，100 h 后电流密度下降速度变快，144 h 后该电池的电流密度仅有 6 mA·m^{-2}。而对生物电池而言，电流密度会有一个小的反弹，在 30 h 时电流密度超过 90 mA·m^{-2}，然后一直保持在 75 mA·m^{-2} 以上，而电流密度的迅速下降发生在第 175 h，电池运行 240 h 后，电流密度依然高于 13 mA·m^{-2}。

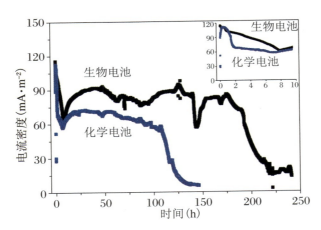

图 2.20　生物电池和化学电池一个间歇周期内的电流密度变化趋势图

对上述间歇周期内化学电池和生物电池中的电流密度的比较表明，在空气阴极燃料电池阳极硫化物的氧化经历了一个复杂的反应过程。在最初的 8 h 内，生物电池中的电流密度稍高于化学电池的，但是其变化趋势相同。该阶段电池的电流主要由硫化物的自发电化学氧化产生，而微生物的催化作用不明显。在接下来的时间内，微生物在硫的氧化及相应的电流产生方面开始发挥着重要作用。生物电池的电流密度明显高于化学电池的电流密度，而且电流持续时间更长。在电流衰减之前，化学电池仅维持了 100 h，而生物电池则维持了 170 h 之久。在 8～100 h 的时间段内，生物电池的电流密度要比化学电池的高 20 mA·m^{-2} 以上。

2.4.2

硫化物氧化产物分布和相互转化

1. 价态分析

X射线光电子能谱是重要的元素分析技术,它已经被广泛应用于硫在化合物中的化学状态以及结合方式的分析。如图2.21所示,电池阳极沉淀和溶液的混合样品的S 2p谱图上有两个特征峰。$159\sim166$ eV处的宽峰可通过分峰分成一个双峰和一个单峰,在161.5 eV和162.6 eV处的S $2p_{3/2-1/2}$双峰属于S($-\mathrm{II}$),而在163.6 eV处的S $2p_{3/2}$单峰被归于S(0)。168.5 eV处的S $2p_{3/2}$宽峰则是S($+\mathrm{VI}$)的特征峰。S 2p谱图上,S($+\mathrm{VI}$):S(0):S($-\mathrm{II}$)各峰的相对峰面积比列于图2.21中。两个电池中,S($+\mathrm{VI}$):[S(0)+S($-\mathrm{II}$)]的相对峰面积比均随着反应时间而逐渐增加。对于化学电池,运行48 h后,该比值为$1.00:1.39$;而在144 h后,该比值升至$1.00:0.82$。对于生物电池,该比例也由48 h的$1.00:0.83$,升至144 h的$1.00:0.40$。以上结果表明,硫化物在空气阴极燃料电池中的氧化同时涉及自发电化学过程以及生物催化过程。由于在化学电池中同时检测到了S($-\mathrm{II}$),S(0)和S($+\mathrm{VI}$),因此推测由S($-\mathrm{II}$)氧化至S(0)以及S($+\mathrm{VI}$)的过程可通过自发的电化学反应完成。在两个电池中,S($+\mathrm{VI}$)的相对峰面积均随着反应时间而增大,这说明无论是否有微生物催化作用,硫都有由低价态向高价态的转化趋势。在相同的反应时间内,生物电池中的S($+\mathrm{VI}$)的相对含量明显高于化学电池中的,说明生物电池阳极的微生物可以有效加速硫向高价态的转化。通过对硫的价态分析,可推测硫酸盐(SO_4^{2-})、硫代硫酸盐($S_2O_3^{2-}$)、连多硫酸盐、单质硫(S_0)、多硫化物(S_x^{2-})和硫化物($H_2S/HS^-/S^{2-}$)是阳极硫可能的存在形式。同时也排除了亚硫酸盐(SO_3^{2-})存在的可能性,因为在166.5 eV处没有发现S($+\mathrm{IV}$)的特征峰。

2. 含硫化合物的定性分析及其转化规律

金汞齐电极在含硫化合物的定性及定量分析方面具有无可比拟的优越性。它可以实现化合物的原位分析而不需要任何的前处理操作。因此,可在金汞齐电极上采用循环伏安测试技术区分燃料电池运行过程中阳极存在的不同形式的含硫化合物。检测中以金汞齐电极作为工作电极，铂电极作为对电极，饱和甘汞电极（Hg_2Cl_2/Hg）作为参比电极。金汞齐电极采用电化学沉积法制备，将直径为 2 mm 的金电极（美国辰华）置于 0.1 mol·L^{-1}硝酸汞和 0.03 mol·L^{-1}硝酸电解液中，在电势为 -1.0 V（vs. Hg_2Cl_2/Hg）的条件下电镀 200 s，利用光学显微镜可观察到金圆盘上有一层汞膜（图 2.22）。采用循环伏安技术以 100 mV·s^{-1}的扫描速率在 -1.6~0.0 V 的电势范围内扫描，通过产生的各氧化还原峰来判断溶液中存在的各含硫化合物。以硫化钠和硫代硫酸钠作为标准品，用来帮助确定循环伏安图上的各个峰的归属。表 2.1 列出了检测到的含硫化合物及扫描过程中其在金汞电极上发生的相应电极反应。

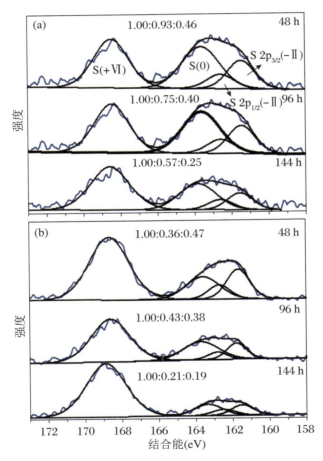

图 2.21　化学电池（a）和生物电池（b）在间歇周期不同时间段的 X 射线光电子能谱图

图中同时给出了 S 2$p_{3/2}$（+Ⅵ）∶S 2$p_{3/2}$（0）∶S 2$p_{3/2}$（-Ⅱ）的比值

南开控制理论与应用前沿丛书
常温空气阴极燃料电池在废水处理中的应用

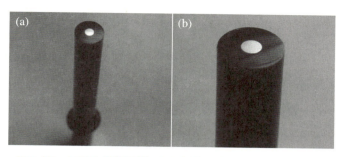

图 2.22　金汞齐电极照片：(a) 未镀汞膜的金电极；(b) 金电极上镀的汞膜

表 2.1　金汞齐电极检测到的含硫化合物及发生的电极反应

化合物	电极反应	E_p vs. Hg_2Cl_2/Hg (V)
$S_2O_3^{2-}$	$2S_2O_3^{2-} + Hg \longrightarrow [Hg(S_2O_3)_2]^{2-} + 2e^-$	$-0.05 \sim -0.1$
	$Hg(S_2O_3)_2^{2-} + 2e^- \longrightarrow 2S_2O_3^{2-} + Hg$	$-0.2 \sim -0.25$
$S_4O_6^{2-}$	$S_4O_6^{2-} + 2e^- \longrightarrow 2S_2O_3^{2-}$	~ -0.75
硫化物 ($H_2S/HS^-/S^{2-}$)	$HS^- + Hg \longrightarrow HgS + H^+ + 2e^-$	$-0.4 \sim -0.6$
	$HgS + H^+ + 2e^- \longrightarrow HS^- + Hg$	$-1.0 \sim -1.4$
S_x^{2-}	$Hg + S_x^{2-} \longrightarrow HgS_x + 2e^-$	$-0.4 \sim -0.6$
	$HgS_x + 2e^- \longrightarrow Hg + S_x^{2-}$	$-1.0 \sim -1.4$
	$S_x^{2-} + xH^+ + (2x-2)e^- \longrightarrow xHS^-$	$-1.0 \sim -1.4$

　　在电池运行过程中，阳极检测到硫化物（$H_2S/HS^-/S^{2-}$）、多硫化物（S_x^{2-}）、连四硫酸盐（$S_4O_6^{2-}$）和硫代硫酸盐（$S_2O_3^{2-}$）。其中硫化物和多硫化物的峰发生重合，其峰位置在 $E_p = -1.0 \sim -1.4$ V/$-0.4 \sim -0.6$ V。在高电势处，硫化物和 S_x^{2-} 吸附在金汞电极上，并且和汞发生反应生成多硫化汞（HgS_x）和硫化汞（HgS）；当向负电势方向扫描时，多硫化汞和硫化汞在 $E_p = -1.0 \sim -1.4$ V 处被还原成汞单质和硫化物。同样，在低电势处，多硫化物被还原为硫化物；当向正电势方向扫描时，在 $E_p = -1.0 \sim -1.4$ V 处硫化物与汞结合又形成硫化汞，该反应的峰被称为 S_{AVS}。硫代硫酸根在电势扫描过程中与汞可逆地形成复合离子 $[Hg(S_2O_3)_2]^{2-}$，该反应的峰位置在 $-0.2 \sim -0.25$ V/$-0.05 \sim -0.1$ V 处。当向负电势方向扫描时，连四硫酸根在 $E_p = -0.75$ V 处被还原成硫代硫酸根，该反应不可逆。

　　图 2.23 是一个间歇反应周期内不同时间下阳极溶液的金汞齐电极的循环伏安图。对化学电池而言，反应 48 h 后（图 2.23(a)），谱图上出现三种化合物：硫化物和多硫化物的特征峰发生重合形成 $E_p = -1.4$ V 处的宽峰，以及 $E_p = -0.75$ V 处的弱峰，属于连四硫酸盐特征峰。96 h 后（图 2.23(b)），在 $-0.2 \sim$

－0.25 V 处出现了一个新的峰,该峰的出现说明溶液中存在硫代硫酸盐,而同时连四硫酸盐特征峰强有所增加。另外,硫化物的峰消失,而多硫化物的峰强也大大减弱。144 h后(图 2.23(c)),多硫化物几乎消失,而且连四硫酸盐特征峰强也有明显的减弱,硫代硫酸盐特征峰的峰形和图 2.23(b)中的相似。在生物电池中,与图 2.23(a)相比,图 2.23(d)上的多硫化物特征峰较弱而连四硫酸盐特征峰较强。另外,图 2.23(d)上还出现了硫代硫酸盐的峰。图 2.23(e)和图 2.23(f)的循环伏安图比较接近,图上存在的两种主要化合物是连四硫酸盐和硫代硫酸盐,而多硫化物的峰则几乎完全消失。图 2.23(f)上硫代硫酸盐的峰强明显高于图 2.23(e)的。

在一个间歇周期结束后,发现在两个电池的阳极底部以及器壁上有单质硫的白色沉淀物。由图 2.24(a)～(c)的 SEM 照片可以看出,在两个不同电池的阳极表面也发现有白色固体,EDX 表明该固体中有较高含量的硫元素存在(图 2.24(d))。以上结果说明,单质硫在两个电池中都作为主要产物存在。采用金汞齐电极对 MFC 阳极溶液中含硫化合物的原位分析发现多硫化物、硫代硫酸盐和连四硫酸盐这几种硫化物的氧化产物。由于以上化合物在化学电池中同样存在,因此认为它们是硫化物自发电化学氧化的产物。在阳极检测到的单质硫被认为是硫自氧化过程中的重要产物。在中性 pH 下,硫化物可以非常容易地被氧化成单质硫,而多硫化物则是单质硫与硫化物相结合形成的产物。作为一种活泼的中间产物,多硫化物最先出现在溶液中,紧接着又很快转化为其他形式的含硫化合物。通过观察图 2.23(a)和(b)以及图 2.23(d)和(e),发现多硫化物特征峰强的降低对应硫代硫酸盐和连四硫酸盐特征峰强的升高,推测硫代硫酸盐和连四硫酸盐可能是由多硫化物转化而来的。在化学电池中,当多硫化物被反应消耗完时,电流也随之迅速下降,而硫代硫酸盐、连四硫酸盐和单质硫依然存在于电池中。这意味着化学电池中的电流来自硫化物和多硫化物中的 $S(-II)$ 的氧化,硫代硫酸盐、连四硫酸盐和单质硫则很难被进一步利用以产生更多的电流。对各含硫化合物的比较,证实生物电池中硫的氧化速度快于化学电池中的。反应 48 h 后,生物电池的阳极溶液中已经检测不到硫化物,而在化学电池中依然有硫化物存在,而且多硫化物在生物电池中的含量明显偏低,这表明某些微生物可能参与由硫化物向单质硫的转化。在相同的反应时间内,硫代硫酸盐在生物电池中的含量高于化学电池的,这说明在微生物的催化下硫代硫酸盐的形成速度加快。

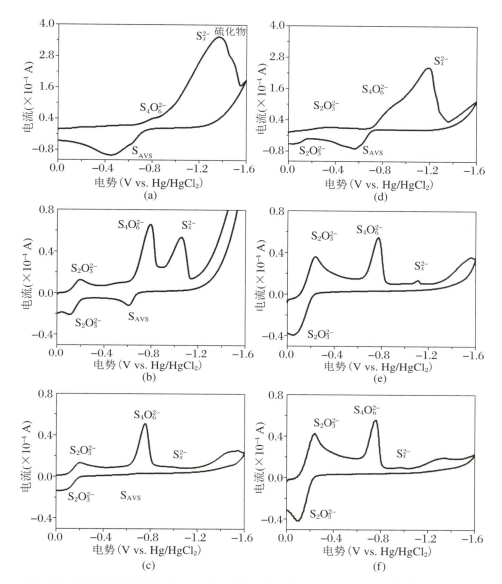

图 2.23　化学电池阳极室溶液中金汞电极在 48 h(a)、96 h(b)、144 h(c)的循环伏安图以及生物电池阳极室溶液在 48 h(d)、96 h(e)、144 h(f)的循环伏安图

　　除了上述含硫化合物，通过离子色谱还检测到电池中有硫酸盐（SO_4^{2-}）的存在。表 2.2 列出了在不同时间两个反应器中硫酸根离子的浓度。在化学电池中仅检测到极其微量的硫酸根离子。而在生物电池中硫酸根离子的浓度则高得多，且随着反应的进行逐渐增高。在 241 h 时，生物电池中硫酸根离子的浓度达到 45.1 mg·L^{-1}。硫酸盐是区别化学氧化和生物催化的重要产物。依靠自发化学氧化难以将硫化物氧化成硫酸盐，但是在微生物催化下该过程则容易被实现。注意到 96 h 以后，硫化物和多硫化物在生物反应器中几乎完全消失，连四硫酸盐的浓度则基本不变。然而，硫代硫酸盐和硫酸盐的含量却随着反应时间

逐渐增加。造成以上结果的唯一合理解释是硫代硫酸盐和硫酸盐是单质硫的生物催化氧化产物，在单质硫的氧化过程中，电子被传递给阳极电极以产生电流。在96 h之前，微生物也有可能直接催化氧化硫化物或多硫化物成为硫代硫酸盐和硫酸盐。

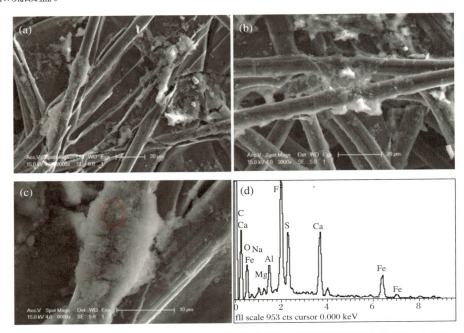

图2.24　化学电池(a)与生物电池(b、c)阳极上单质硫沉淀的扫描电镜照片，(d)电极上白色沉淀的元素分析

表2.2　间歇周期内阳极溶液中硫酸根离子的浓度($mg \cdot L^{-1}$)

反应时间(h)	化学电池	生物电池
48	2.6	12.6
96	1.3	21.1
144	1.6	32.0
241	—	45.1

结合化学电池和生物电池中硫的物种演化规律，可以得出空气阴极燃料电池中硫的氧化途径和产电机制(图2.25)。首先，硫化物加入燃料电池阳极室后，立即在阳极表面自发氧化成单质硫，同时单质硫和硫化物结合成多硫化物。以上反应主要通过电化学机制完成，并且以很快的速度进行，由此产生了图2.25中最初8 h的较高电流。由硫化物向单质硫的氧化速率可被生物催化有效地提高，从而导致生物电池具有较高的电流密度。紧接着，多硫化物会进一步自发氧化成硫代硫酸盐和连四硫酸盐。仅依靠电化学反应，单质硫很难被进一步氧化；而在微生物的催化下，单质硫可以被进一步氧化成硫代硫酸盐和硫酸盐。由单

质硫向硫代硫酸盐和硫酸盐的生物氧化是生物电池保持持续电流的主要原因。在间歇反应初期,微生物也可能利用硫化物或多硫化物作为基质生成硫代硫酸盐和硫酸盐。在 8~144 h 的时间段内,微生物催化产生过量硫代硫酸盐以及形成硫酸盐,从而使得生物电池保持较高的电流密度。以上结果表明,仅靠单纯的电化学氧化,硫化物主要形成单质硫等低价态产物。这样一方面能量利用率较低,另一方面难溶解的单质硫固体在反应器内的累积容易造成反应器的堵塞,而且沉积在电池上的单质硫也会成为电子传递的障碍,使得电极反应的效率下降,因此化学电池适用于以单质硫回收为主要目标的场合。微生物催化的重要意义在于促进单质硫向更高价态的化合物如硫酸盐的转化,这样不仅有更多的电量产生,而且可以有效缓解反应器堵塞及电极钝化的问题,因此较适用于以能源回收作为主要目标的场合。

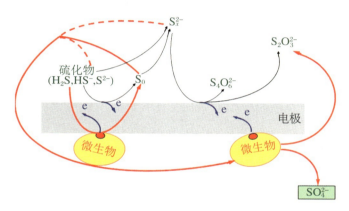

图 2.25　空气阴极燃料电池中硫化物的氧化途径

2.4.3

生物阳极的种群组成和生态分布规律

1. 功能微生物菌群分析

对混合菌群而言,分析与硫转化相关的功能微生物有助于了解微生物在硫化物氧化过程中的催化作用。从生物电池的阳极共挑取 404 个克隆序列用来测序,得到 175 个可用的基因序列。在阳极同时发现了硫氧化细菌和硫酸盐还原细菌。如表 2.3 所示,*Clostridium* sp. 和 *Desulforhabdus* sp. 是硫酸盐还原菌的代表种属,其在所有克隆中有 14% 的丰度,而 *Pseudomonas* sp. 和 *Rhodobacter* sp. 则是硫氧化细菌的代表种属,其占有所有克隆的 21% 的丰度。值得注意的是,*Acinetobacter* sp. 和 *Comamonas* sp. 是阳极丰度最高的种属,其在整个克隆文库的比例高达 49%。

在全球硫循环过程中,由硫化物向硫酸盐的生物转化是其中一个极其重要的过程,其中硫酸盐还原细菌在硫酸盐的形成中担负着催化作用。当硫化物的浓度较低时,*Desulfobulbus*/*Desulfocapsa* 可以将单质硫歧化成硫化物和硫酸盐[22-23]。Holmes 等证实 *Desulfobulbus propionicus* 可以利用电极作为电子受体将单质硫氧化成硫酸盐[24]。Ryckelynck 等也发现在海洋底泥 MFC 中生物阳极上硫酸盐浓度有增加的趋势,并认为微生物在由单质硫向硫酸盐的转化过程中起到了催化作用[25]。此处在生物电池的阳极发现的两种硫酸盐还原细菌 *Clostridium* sp. 和 *Desulforhabdus* sp. 可能在硫酸盐的形成以及电流的产生方面起到了相类似的催化作用。

表 2.3 生物电池阳极功能微生物分析

克隆	丰度	Genbank 登录号	相似菌株 (Genbank 登录号)	同源性	归属
E1	31%	FJ347713	*Acinetobacter* sp. (AB208676)	99%	优势菌
E7	18%	FJ347719	*Comamonas* sp. (EU107758)	98%	优势菌
E2	18%	FJ347714	*Pseudomonas* sp. (AB365065)	99%	硫氧化细菌
E6	11%	FJ347718	*Clostridium* sp. (AY554416)	98%	硫酸盐还原细菌
CK14F	3%	FJ624397	*Rhodobacter* sp. (AY914074)	96%	硫氧化细菌
S26F	3%	FJ624398	*Desulforhabdus* sp. (X83274)	98%	硫酸盐还原细菌

硫氧化细菌是另外一类负责还原硫生物氧化的细菌,此类细菌是自然界硫元素循环中不可缺少的一环。硫氧化细菌按其获得能量的途径可分为光能营养菌和化能营养菌两种。光能营养菌产生叶绿素和类胡萝卜素,呈粉红、紫红、橙、褐、绿等颜色,都是厌氧光能自养型细菌。这类细菌在厌氧条件下,利用光合色素进行不产氧的光合作用过程中,硫化氢被氧化成硫酸,并能在细胞内或细胞外形成硫颗粒。化能营养菌都是不产色素的好氧菌,能将还原性硫化物氧化成硫酸。此类细菌分为严格化能自养型和兼性自养型。有的菌能氧化硫化物生成硫酸,但在体内不积累单质硫颗粒;而有的菌能在体内积累硫颗粒,当环境中缺少

硫化物时,体内硫颗粒进一步氧化成硫酸。表 2.3 中列出的 *Pseudomonas* sp. 是好氧化能硫氧化细菌的存在种属之一,*Rodobacter* sp. 则是厌氧光能硫氧化细菌的代表种属。以上两种细菌可能在生物电池中硫的物种形成方面扮演着重要角色。值得注意的是,生物电池中的优势菌属是 *Acinetobacter* sp. 和 *Comamonas* sp. ,它们也是以碳水化合物为基质的 MFC 中的常见细菌[26-29]。因此推测此类细菌和硫氧化细菌之间存在协同作用,共同完成硫化物的氧化和产电过程。

2. 电极和沉积物中的种群组成

分别对电极和沉积物中的微生物群落构建了基因文库,并对微生物种群组成进行了分析,可以更加深入了解生物电池阳极微生物的多样性及相互作用规律。如图 2.26 所示,电极和沉积物中微生物菌群的变性梯度凝胶电泳主要谱带的位置基本相同。DGGE 上显示了 10 种以上的谱带,其中 B1、B2、B3、B4、B6 和 B7 在电极和沉积物中均作为优势菌群存在。B5 谱带在沉积物的电泳图上有较强的显示,而在电极的电泳图上则较微弱。以上结果表明,电极和沉积物中的主要微生物菌群基本相似,但是在种类和含量上存在差异。

对于电极附着物,共挑取 202 个克隆体测序,得到 78 个克隆的有效基因序列。与 Genbank 数据库中的序列相似性达 91%～99%,其中大部分相似性在 98% 以上。表 2.4 是生物电池阳极附着物 16S rRNA 基因克隆文库菌群的分析,图 2.27 则是对应的微生物系统进化树。这 78 个克隆大部分属于变形细菌门(*Proteobacteria*),所占克隆文库的比例为 92.4%,其中 *γ-Proteobacteria*,

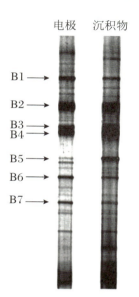

电极　　沉积物

图 2.26 电极上和沉积物中微生物菌群的变性梯度凝胶电泳条带的比较

β-proteobacteria,*α-proteobacteria* 所占比例分别为 73.4%、7.6%、11.4%。78 个克隆分属于 16 个菌属,*γ-Proteobacteria* 在整个文库中丰度最高,包括 58 个克隆和 6 个属,其次是 *α-proteobacteria* 和 *β-proteobacteria*,各包括 9 个克隆和 4 个属以及 7 个克隆和 4 个属。另外,发现 5 个克隆属于硬壁菌门(*Firmicutes*)。优势菌属是假单胞菌(*Pseudomonas* sp.)和不动杆菌(*Acinetobacter* sp.),在文库中的丰度分别是 38.0% 和 31.6%。

表 2.4 生物电池阴极电极附着物 16S rRNA 基因克隆文库的分析

克隆序列	相似菌株（Genbank 登陆号）	同源性	相似克隆数	丰度	门
E1	*Acinetobacter* sp. AB208676	99%	25	32.1%	*γ-proteobacteria*
E2	*Pseudomonas* sp. AB365065	99%	17	21.8%	*γ-proteobacteria*
E3	*Pseudomonas putida* AY918067	99%	8	10.3%	*γ-proteobacteria*
E4	*Pseudomonas fluorescens* AF094731	99%	5	6.4%	*γ-proteobacteria*
E5	*Stenotrophomonas* sp. DQ537219	98%	1	1.3%	*γ-proteobacteria*
E7	*Comamonas* sp. EU107758	98%	3	3.8%	*β-proteobacteria*
CK13F	*Comamonas terrigena* AM184229	98%	2	2.6%	*β-proteobacteria*
CK69F	*Rhodobacter* sp. AY914074	96%	5	6.4%	*α-proteobacteria*
CK58F	*Sphingopyxis* sp. AB244735	99%	2	2.6%	*α-proteobacteria*
CK643F	*Marinobacter bacchus* DQ282120	98%	1	1.3%	*γ-proteobacteria*
CK81F	*Acidovorax wohlfahrtii* AJ400840	98%	1	1.3%	*β-proteobacteria*
CK25F	*Agrobacterium tumefaciens* EU221354	99%	1	1.3%	*α-proteobacteria*
CK102F	*Comamonas testosterone* AY653219	98%	1	1.3%	*β-proteobacteria*
CK30F	*Ochrobactrum tritici* AJ865000	99%	1	1.3%	*α-proteobacteria*
E6	*Clostridium* sp. AY554416	98%	4	5.1%	*Firmicutes*
CK6F	*Tissierella praeacuta* X80841	91%	1	1.3%	*Firmicutes*
总计			78		

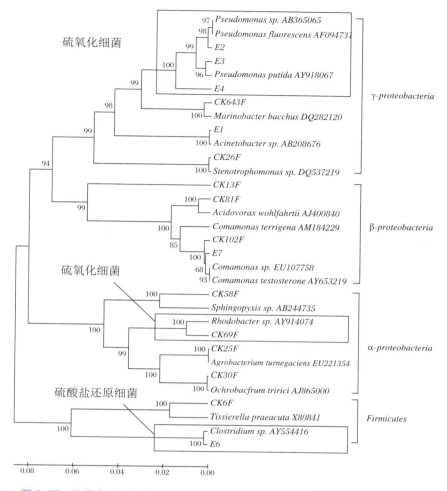

图 2.27　生物电池阳极电极上微生物菌群的系统进化树

沉积物中的微生物群落比较丰富,得到的 97 个克隆序列分属于 19 个菌属。表 2.5 和图 2.28 分别是沉积物 16S rRNA 基因克隆文库菌群的分析和微生物菌群的系统进化树。沉积物中 76.3% 的克隆序列属于变形细菌门,17.5% 的克隆序列属于硬壁菌门,另外检测到 4 个克隆序列属于芽单胞菌门(*Gemmatimo-nadetes*),2 个克隆序列属于放线菌门(*Actinobacteria*)。文库中 34.0% 和 29.9% 的克隆序列属于 *γ-proteobacteria* 和 *β-proteobacteria*。*γ-proteobacteria* 包括 3 个菌属,而 *β-proteobacteria* 则包括 4 个菌属;Firmicutes 包含 17 个克隆,分属于 3 个菌属。以上是沉积物中丰度最高的三个门。沉积物中的优势菌属是不动杆菌(*Acinetobacter* sp.)和丛毛单胞菌(*Comamonas* sp.),在文库中的丰度分别是 29.9% 和 27.8%。在 97 个克隆序列中,S94(*Sphingomonas* sp.)和 S52(*Thermoleophilum album*)与 Genbank 数据库中的序列相似性低于 90%,它们可能是代表新属和种的序列。

表 2.5　生物电池沉积物 16S rRNA 基因克隆文库的分析

克隆序列	相似菌株（Genbank 登录号）	同源性	相似克隆数	丰度	门
S23	Acinetobacter sp. AB208676	98%	29	29.9%	γ-proteobacteria
S41	Comamonas sp. EF426441	97%	20	20.6%	β-proteobacteria
S38	Comamonas terrigena AM184229	98%	7	7.2%	β-proteobacteria
S29	Stenotrophomonas sp. DQ537219	98%	3	3.1%	γ-proteobacteria
S14	Thauera sp. EF205256	98%	1	1.0%	β-proteobacteria
S61	Ochrobactrum sp. DQ133574	98%	3	3.1%	α-proteobacteria
S103	Sphingomonas xenophaga AY611716	99%	2	2.1%	α-proteobacteria
S96	Sphingobium yanoikuyae U37524	98%	1	1.0%	α-proteobacteria
S26	Desulforhabdus amnigena X83274	98%	5	5.2%	δ-proteobacteria
S8	Pseudomonas stutzeri EU652047	98%	1	1.0%	γ-proteobacteria
S74	Acidovorax sp. Y18617	96%	1	1.0%	β-proteobacteria
S94	Sphingomonas sp. EU252507	90%	1	1.0%	α-proteobacteria
S7	Clostridium sp. X75909	94%	15	15.5%	Firmicutes
S100	Fusibacter sp. AF491333	97%	1	1.0%	Firmicutes
S15	Soehngenia saccharolytica AY353956	93%	1	1.0%	Firmicutes
S52	Thermoleophilum album AJ458463	84%	1	1.0%	Actinobacteria
S5	Cellulomonas sp. EF451662	96%	1	1.0%	Actinobacteria
S69	Gemmatimonas aurantiaca AB072735	94%	4	4.1%	Gemmatimonadetes
			97		

污染控制理论与应用前沿丛书　常温空气阴极燃料电池在废水处理中的应用

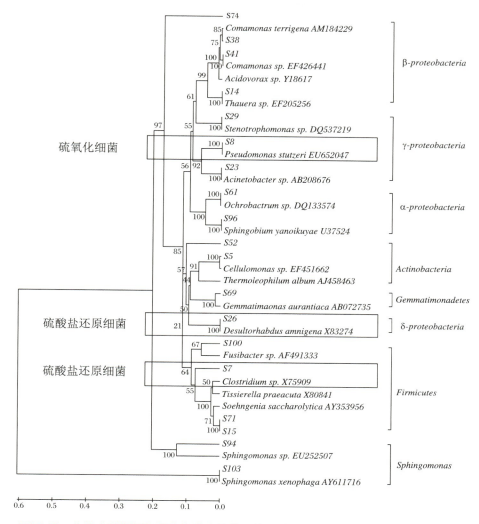

图 2.28　生物电池阳极沉积物中微生物菌群的系统进化树

3. 生物阳极中微生物的生态分布规律

图 2.29 对整个生物电池阳极中的微生物菌群分布进行了分析。其中，*γ-proteobacteria* 占有绝对的优势，它们组成了总菌群的 51.9%；*β-proteobacteria* 和 *Firmicutes* 在沉积物中的丰度较高，而在电极上则属于非优势菌；*δ-proteobacteria*、*Gemmatimonadetes* 和 *Actinobacteria* 仅在沉积物中被检测到，在电极则未发现它们的存在。

通过比较功能微生物菌群在电极和沉积物中的分布，发现硫氧化细菌 *Rhodobacter* sp. 和 *Pseudomonas* sp. 主要分布在电极表面，而硫酸盐还原细菌

Clostridium sp. 和 *Desulforhabdus* sp. 主要分布在沉积物中。由此推测,硫氧化细菌和硫酸盐还原细菌在阳极硫化物氧化中的催化作用和机制存在区别。其次,沉积物中的微生物菌群比电极上要丰富很多。一方面是因为具有较强电极亲和性的微生物才能附着在电极上生长。例如,比较容易形成生物膜的 *Pseudomonas* sp. 在电极上的丰度很高。另一方面,较多种类的微生物在沉积物中参与阳极的相关反应,而在电极上参与反应的微生物则较少,这预示着电极以外的阳极腔室中发生的反应比电极上发生的反应要复杂。再次,电极上和沉积物中的大部分优势微生物属于相同的菌属,如 *Acinetobacter* sp.、*Comamonas* sp. 等,但是很多微生物是电极或沉积物中独有的。如 *Rhodobacter* sp. 和 *Marinobacter bacchus* 只存在电极上,而 *Desulforhabdus amnigena* 和 *Thauera* sp. 仅在沉积物中被发现,这说明电极上和沉积物中的微生物参与的反应存在很大的差异。

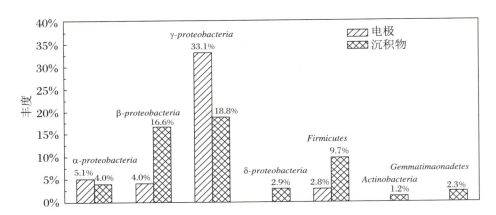

图 2.29　生物电池阳极微生物种群的分布示意图

以有机物为基质的 MFC 中的微生物菌群的分析结果表明,阳极生物膜中的微生物具有高度的多样性。在以葡萄糖和谷氨酸为基质的 MFC 中,*Acinetobacter* sp. 之类的 *γ-proteobacteria* 是丰度最高的一类微生物,占据整个文库的 36.5%[30];同样的基质,在另一个电池中所有克隆均属于 *γ-proteobacteria*,而其中的优势菌属是 *Aeromonas hydrophila*[31]。在以半胱氨酸为基质的 MFC 中,超过 97% 的序列属于 *γ-proteobacteria group*,其中的优势菌属是 *Shewanella* sp.[32]。在一些 MFC 中,即使 *γ-proteobacteria* 不是丰度最高的微生物,其在文库中也占有很大的比例[33-34]。在以硫化物为基质的生物电池中也发现 *γ-Proteobacteria* 是电池中的主要微生物,尤其是 *Acinetobacter* sp. 在电极和沉积物中均发现很多。

假单胞菌属(*Pseudomonas* sp.)、梭菌属(*Clostridium* sp.)和苍白杆菌属

（*Ochrobactrum* sp.）在电极和沉积物中均有分布。以上三个菌属的细菌普遍存在于以有机化合物为基质的 MFC 中。Lee 等在以乙酸为基质的 MFC 中发现了 *Ochrobactrum* sp. 和 *Clostridium* sp.[33]；同样是以乙酸作为基质，在另一个电池中则鉴别出 *Pseudomonas* sp. 和 *Clostridium* sp.[34]。人们已经在 MFC 中分离出的电活性微生物纯种也包括以上菌属中的细菌。专性厌氧细菌丁酸梭菌 *Clostridium butyricum* EG3 可以发酵葡萄糖，同时以电极或不溶的 Fe（Ⅲ）作为电子受体[35]。从以葡萄糖为基质的 MFC 中分离的铜绿假单胞菌 *Pseudomonas aeruginosa* 能够产生胞外绿脓菌素起到电子传递媒介的作用[36]。无色杆菌 *Ochrobactrum anthropi* YZ-1 以乙酸为基质时可以产生 89 mW·m^{-2} 的功率密度，但是该细菌不能以 Fe（Ⅲ）作为电子受体呼吸[37]。对于硫基空气阴极燃料电池，阳极丰度最高的 *Acinetobacter* sp.、*Pseudomonas* sp.、*Clostridium* sp. 和 *Ochrobactrum* sp.，可能与硫氧化细菌和硫酸盐还原细菌协同完成还原硫在 MFC 阳极的氧化以及相应的电子传递。

参考文献

［1］ Lee D J，Liu X，Weng H L. Sulfate and organic carbon removal by microbial fuel cell with sulfate-reducing bacteria and sulfide-oxidising bacteria anodic biofilm［J］. Bioresource Technology，2014，156：14-19.

［2］ Lee D J，Lee C Y，Chang J S. Treatment and electricity harvesting from sulfate/sulfide-containing wastewaters using microbial fuel cell with enriched sulfate-reducing mixed culture［J］. Journal Hazardous Materials，2012，243：67-72.

［3］ Zhai L F，Wang B，Sun M. Solution pH manipulates sulfur and electricity recovery from aqueous sulfide in an air-cathode fuel cell［J］. Clean Soil Air Water，2016，44（9）：1140-1145.

［4］ Sun M，Zhai L F，Mu Y，et al. Bioelectrochemical element conversion reactions towards generation of energy and value-added chemicals［J］. Progress in Energy and Combustion Science，2020，77：100814.

［5］ Zhai L F，Wang R，Duan M F，et al. Electrochemical oxide sulfide in an air-cathode fuel cell with manganese oxide/graphite felt composite as anode ［J］. Separation and Purification Technology，2018,197:47-53.

［6］ Liu J，Feng Y，He W，et al. A novel boost circuit design and in situ electricity application for elemental sulfur recovery[J]. Journal of Power Sources，2014，248(4)：317-322.

[7] Steudel R. Mechanism for the formation of elemental sulfur from aqueous sulfide in chemical and microbiological desulfurization processes[J]. Industrial & Engineering Chemistry Research. 1996，35：1417-1423.

[8] And J H，Afonso M D S. Mechanism of hydrogen sulfide oxidation by manganese(Ⅳ) oxide in aqueous solutions[J]. Langmuir，2016，19(23)：9684-9692.

[9] 沈寒晰，张金峰，吴素芳，等. 废碱液催化氧化脱硫工艺研究[J]. 应用化工，2017，46(9)：1717-1719.

[10] Luo Y，Ding J Y，Shen Y G，et al. Interaction mechanism and kinetics of ferrous sulfide and manganese oxides in aqueous system[J]. Journal of Soils and Sediments，2018，18(2)：564-575.

[11] Gao T，Shi Y，Liu F，et al. Oxidation process of dissolvable sulfide by synthesized todorokite in aqueous systems[J]. Journal of Hazardous Materials，2015，290：106-116.

[12] Robert C A，Peter D R. Complete oxidation of solid phase sulfides by manganese and bacteria in anoxic marine sediments[J]. Geochimica et Cosmochimica Acta，1988，52：751-765.

[13] Schippers A，Jrgensen B B. Oxidation of pyrite and iron sulfide by manganese dioxide in marine sediments[J]. Geochimica et Cosmochimica Acta，2001，65(6)：915-922.

[14] Qiu G H，Luo Y，Chen C，et al. Influence factors for the oxidation of pyrite by oxygen and birnessite in aqueous systems[J]. Journal of Environmental Sciences，2016，45：164-176.

[15] Daghio M，Vaiopoulou E，Patil S A，et al. Anodes stimulated anaerobic toluene degradation via sulfur cycling in marine sediments[J]. Applied and Environmental Microbiology，2016，82(1)：297-307.

[16] Pokorna D，Zabranska J. Sulfur-oxidizing bacteria in environmental technology[J]. Biotechnology Advances，2015，33(6)：1246-1259.

[17] Sun J，Dai X，Liu Y，et al. Sulfide removal and sulfur production in a membrane aerated biofilm reactor：model evaluation[J]. Chemical Engineering Journal，2017，309：454-462.

[18] Tender L M，Reimers C E，Stecher H A，et al. Harnessing microbially gen-

erated power on the seafloor[J]. Nature Biotechnology，2002，20（8）：821-825.

[19] Ryckelynck N，Stecher H A，Reimers C E. Understanding the anodic mechanism of a seafloor fuel cell：interactions between geochemistry and microbial activity[J]. Biogeochemistry，2005，76：113-139.

[20] Lee C Y，Ho K L，Lee D J，et al. Electricity harvest from nitrate/sulfide-containing wastewaters using microbial fuel cell with autotrophic denitrifier，*Pseudomonas* sp. C27[J]. International Journal of Hydrogen Energy，2012，37（20）：15827-15832.

[21] Rakoczy J，Feisthauer S，Wasmund K，et al. Benzene and sulfide removal from groundwater treated in a microbial fuel cell[J]. Biotechnology and Bioengineering，2013，110：3104-3113.

[22] Lovley D R，Phillips E J P. Novel processes for anaerobic sulfate production from elemental sulfur by sulfate reducing bacteria[J]. Applied and Environmental Microbiology，2008，60：2394-2399.

[23] Finster K，Liesack W，Thamdrup B. Elemental sulfur and thiosulfate disproportionation by *Desulfocapsa sulfoexigens* sp. nov. ，a new anaerobic bacterium isolated from marine surface sediment[J]. Applied and Environmental Microbiology，1998，64：119-125.

[24] Holmes D E，Bond D R，Lovley D R. Electron transfer by *Desulfobulbus propionicus* to Fe(Ⅲ) and graphite electrodes[J]. Applied and Environmental Microbiology，2004，70：1234-1237.

[25] Ryckelynck N，Stecher H A，Reimers C E. Understanding the anodic mechanism of a seafloor fuel cell：interactions between geochemistry and microbial activity[J]. Biogeochemistry，2005，76：113-139.

[26] Hassan H，Jin B，Donner E，et al. Microbial community and bioelectrochemical activities in MFC for degrading phenol and producing electricity：microbial consortia could make differences[J]. Chemical Engineering Journal，2018，332：647-657.

[27] Yu J，Park Y，Kim B，et al. Power densities and microbial communities of brewery wastewater-fed microbial fuel cells according to the initial substrates [J]. Bioprocess and Biosystems Engineering，2015，38：85-92.

[28] You J，Chen H，Xu L，et al. Anodic-potential-tuned bioanode for efficient gaseous toluene removal in an MFC[J]. Electrochimica Acta，2021，

375：137992.

[29] Gao C，Liu L，Yang F. Development of a novel proton exchange membrane-free integrated MFC system with electric membrane bioreactor and air contact oxidation bed for efficient and energy-saving wastewater treatment[J]. Bioresource Technology，2017，238：472-483.

[30] Choo Y F，Lee J，Chang I S，et al. Bacterial communities in microbial fuel cells enriched with high concentrations of glucose and glutamate[J]. Journal of Microbiology and Biotechnology，2006，16：1481-1484.

[31] Park H I，Sanchez D，Cho S K，et al. Bacterial communities on electron-beam Pt-deposited electrodes in a mediator-less microbial fuel cell[J]. Environmental Science & Technology，2008，42：6243-6249.

[32] Logan B E，Murano C，Scott K，et al. Electricity generation from cysteine in a microbial fuel cell[J]. Water Research，2005，39：942-952.

[33] Lee J，Phung N T，Chang I S，et al. Use of acetate for enrichment of electrochemically active microorganisms and their 16S rDNA analyses[J]. FEMS Microbiology Letters，2003，223：185-191.

[34] Back J H，Kim M S，Cho H，et al. Construction of bacterial artificial chromosome library from electrochemical microorganisms[J]. FEMS Microbiology Letters，2004，238：65-70.

[35] Park H S，Kim B H，Kim H S，et al. A novel electrochemically active and Fe(Ⅲ)-reducing bacterium phylogenetically related to clostridium butyricum isolated from a microbial fuel cell[J]. Anaerobe，2001，7：297-306.

[36] Rabaey K，Boon N，Siciliano S D，et al. Biofuel cells select for microbial consortia that self-mediate electron transfer[J]. Applied and Environmental Microbiology，2004，70(9)：5373-5382.

[37] Zuo Y，Xing D F，Regan J M，et al. Isolation of the exoelectrogenic bacterium *Ochrobactrum anthropi* YZ-1 by using a U-tube microbial fuel cell[J]. Applied and Environmental Microbiology，2008，74：3130-3137.

第 —— **3** —— 章

铁基常温空气阴极燃料电池

在对金属矿山和煤矿进行采矿、选矿、冶炼等过程中会产生 pH 小于 5.0 的酸性矿山废水，该类废水中含有大量的重金属离子。作为酸性矿山废水中最常见的溶解态重金属离子，亚铁（Fe（Ⅱ））离子具有浓度高、分布广的特点，其在酸性矿山废水中的含量每升可高达几百克[1]。这些 Fe（Ⅱ）离子如果直接排入环境不仅会导致大面积的水体污染，而且会造成铁资源的巨大浪费。因此，采取有效的手段对酸性矿山废水中的铁资源予以回收并加以利用具有环境与经济上的双重效益。目前，人们通常采用碱中和与空气氧化联用的方法将酸性矿山废水中的 Fe（Ⅱ）转化成铁氧化物沉淀而将其回收。然而，采用该方法仅能得到由三氧化二铁（Fe_2O_3）、四氧化三铁（Fe_3O_4）、羟基氧化铁（FeOOH）等多种铁氧化物组成的具有较大粒径的混合物粒子[2]，而且过程中同时也形成其他重金属化合物沉淀，因此所得到的产品必须经过多重分离后才能获得高纯度的铁氧化物。利用亚铁氧化细菌，能够在较低 pH 条件下将 Fe（Ⅱ）氧化并同时形成较为纯净的铁氧化物沉淀[3-4]，但该方法在推广应用之前尚需解决微生物生长缓慢、培养条件苛刻等诸多问题。

基于 Fe（Ⅱ）活泼的电化学还原性，美国宾州大学的 Logan 教授研究组提出可在常温空气阴极燃料电池中选择性地氧化酸性矿山废水中的 Fe（Ⅱ）并同步产电[5-6]。他们由此构建了铁基空气阴极燃料电池系统，在阳极 Fe（Ⅱ）自发地被氧化成三价铁（Fe（Ⅲ））化合物，阴极则在催化剂催化下发生氧气还原生成水的反应。该过程所形成的 Fe（Ⅲ）沉淀后可形成纳米 FeOOH 单一粒子，系统则是以接近 100% 的库仑效率将 Fe（Ⅱ）氧化所产生的电子回收成为电能，由此实现了由酸性矿山废水回收纳米 FeOOH 并同步产电的目标。铁基常温空气阴极燃料电池技术为酸性矿山废水的资源化处理提供了一条全新的途径。

此外，常温空气阴极燃料电池的应用也为络合铁湿式脱硫技术中 Fe（Ⅲ）的再生提供了一条全新的途径。在络合铁湿式脱硫技术中，硫离子首先被活性氧化剂定向地氧化成单质硫，同时氧化剂被还原；而后氧化剂通过再生重新转化为活性形态。湿式氧化技术中采用的活性氧化还原电对主要包括铁基电对 Fe（Ⅲ）/Fe（Ⅱ）、钒基电对 V（Ⅴ）/V（Ⅳ）、砷基电对 As（Ⅴ）/As（Ⅲ）和钴基电对 Co（Ⅲ）/Co（Ⅱ）等[7-9]。其中，Fe（Ⅲ）/Fe（Ⅱ）铁基电对由于其对硫化物氧化的高选择性且环保无毒而得到特别重视[10-11]。在铁基氧化还原技术中，Fe（Ⅲ）的再生是影响系统脱硫效率的关键。通常采用向溶液中曝气的方式，利用空气中的氧气直接将 Fe（Ⅱ）氧化成 Fe（Ⅲ），由于氧气在溶液中的溶解度极小，Fe（Ⅲ）的再生受气液传质速率制约而无法以较快的速度进行。对络合铁工艺而言，再生过程中还存在配位体的降解问题，这主要是由氧气氧化或电解时配位体受到

氧化剂如 O_2，H_2O_2，·OH 的攻击引起的。也有人采用电解的方法再生Fe(Ⅲ)，同时副产氢气[11]，而如何有效地控制电解过程中副反应的发生，以及提高电能利用效率、降低运行成本是该技术推广之前必须要解决的问题。与上述两种工艺相比，铁基常温空气阴极燃料电池中 Fe(Ⅱ) 通过自发电化学反应使Fe(Ⅲ)获得再生，同时产生电流，不仅不需要消耗能源，而且可以通过 Fe(Ⅲ) 的再生回收高品位的电能。由于 Fe(Ⅱ) 的氧化与氧气的还原分别在两个电极上进行，而非Fe(Ⅱ)与氧气接触反应过程，因此反应速率不再受气液传质速率限制。更为有利的是，Fe(Ⅱ) 在阳极的氧化系自发电化学反应，而不与氧气直接接触，所以当采用络合铁工艺时配位体的降解问题可望得到有效控制。因此，将络合铁湿式脱硫技术与常温空气阴极燃料电池技术相集成，形成燃料电池辅助间接氧化脱硫系统，则有望实现高效率地由硫化物同步回收单质硫和电能的目标。

3.1

铁基空气阴极燃料电池的基本工作原理

　　铁基空气阴极燃料电池主要是以 Fe(Ⅱ) 为燃料，在常温、常压环境下利用其在电池阳极发生自发电化学氧化成 Fe(Ⅲ)，并同时将其储存的化学能转化为电能(图 3.1)。铁基空气阴极燃料电池由阳极室和空气阴极室组成，阳极与阴极主要通过阳离子交换膜隔开。采用碳材作为阳极材料，碳载贵金属铂作为阴极催化剂，Fe(Ⅱ)在电池阳极自发氧化失去电子生成 Fe(Ⅲ)，失去的电子经导电介质传递到阴极，与电子受体(O_2)接触；在阴极，氧气可以与通过质子交换膜传递到阴极的质子和电子结合，发生还原反应生成水。相关反应方程式如下：

$$阳极：Fe(Ⅱ) \longrightarrow Fe(Ⅲ) + e^- \qquad (3.1)$$

$$阴极：O_2 + 4e^- + 4H^+ \longrightarrow 2H_2O \qquad (3.2)$$

$$总反应：4Fe(Ⅱ) + O_2 + 4H^+ \longrightarrow 2H_2O + 4 Fe(Ⅲ) \qquad (3.3)$$

　　整个过程中阳极的 Fe(Ⅱ) 不断发生氧化反应，直至其浓度降低至零；与此同时，电池持续输出电能，直至电池反应停止。

与架控制理论与应用前沿丛书
常温空气阴极燃料电池在废水处理中的应用

铁基空气阴极燃料电池作为一种新型的能源技术,有着独特的优势:① 空气阴极燃料电池本身是一个"变废为宝"的能量转化工厂,能把 Fe(Ⅱ)中蕴含的能量转化为电能,为人类提供能源。② 铁基空气阴极燃料电池是在常温、常压环境中工作的,电池组装简单可行,运行条件简便、易操作、安全性强。③ 燃料电池污染物排放量为零,电池运行过程中唯一的产物为水。

图 3.1　铁基空气阴极燃料电池实物图

铁基空气阴极燃料电池相关性能参数主要包括库仑效率、平均电流密度、功率密度和 Fe(Ⅱ)转化效率。燃料电池的库仑效率指的是实际产生电量与燃料完全转化产生的理论电量的比值。库仑效率可以用来判断电池对电能利用效率的高低。电池实际产生的电量可通过电流对时间积分来获得;理论产电电量为参加反应的 Fe(Ⅱ)转化为 Fe(Ⅲ)所产生的电量。

实际产生的库仑电量为

$$Q_{实际} = \int I \mathrm{d}t \tag{3.4}$$

其中,I 为燃料电池运行期间的电路电流(A);t 为燃料电池的运行时间(s)。

理论产生的库仑电量为

$$Q_{理论} = nzF \tag{3.5}$$

其中,n 代表参加氧化还原反应的 Fe(Ⅱ)的物质的量(mol);z 代表 1 mol Fe(Ⅱ)发生氧化所传递的电子的物质的量(1 mol mol-Fe(Ⅱ)$^{-1}$);F 为法拉第常数(98485 C·mol^{-1})。

库仑效率(CE)可用下面等式表示:

$$CE = \frac{Q_{实际}}{Q_{理论}} \tag{3.6}$$

电流密度可以用单位时间内通过某一面积的电流表示:

$$I_{\mathrm{d}} = \frac{I}{A} \tag{3.7}$$

其中，I_d 为电流密度（$mA \cdot m^{-2}$）；I 是燃料电池的运行电流（mA）；A 为电极面积（m^2）。

功率密度指的是按照燃料电池单位电极面积或者单位体积计算的电池输出功率。对铁基空气阴极燃料电池而言，$Fe(II)$ 在阳极发生氧化反应的效率是决定其输出功率的重要因素，因此其功率密度以阳极碳面积为基准。计算公式如下：

$$P = \frac{UI}{A} \tag{3.8}$$

其中，P 代表电池的功率密度（$mW \cdot m^{-2}$）；I 是燃料电池的运行电流（mA）；U 是外加电阻两端的电压（V）；A 为阳极电极的面积（m^2）。

$Fe(II)$ 转化效率可用于表征铁基空气阴极燃料电池中 $Fe(II)$ 离子的氧化效率，该数值随 pH 及其他外界条件的改变而有所不同。计算公式如下：

$$\eta_{Fe} = \frac{[Fe]_0 - [Fe]_1}{[Fe]_0} \times 100\% \tag{3.9}$$

其中，η_{Fe} 为 $Fe(II)$ 转化效率；$[Fe]_0$ 代表 $Fe(II)$ 的初始浓度；$[Fe]_1$ 为反应终止后 $Fe(II)$ 的浓度。

3.2

Fe(II)电化学氧化动力学

过渡金属铁主要以 $Fe(II)$，$Fe(III)$ 两种常见的价态存在于天然水体和工业水体中。大部分天然水体中含有微量的 $Fe(II)$，另外酸性矿山废水和诸多工业废水中也含有大量 $Fe(II)$。$Fe(II)$ 在有氧环境中热力学状态不稳定，容易发生价态迁移[12]，并快速氧化成 $Fe(III)$[13]。$Fe(II)$ 向 $Fe(III)$ 的氧化过程在环境物质循环中扮演着重要角色。Stum 等[14]于 1961 年就开始研究 $Fe(II)$ 与氧气之间的反应过程。其后，Millero 等[15]对海水中 $Fe(II)$ 氧化的动力学过程进行了详细分析。张莉和杨桂朋等[16]研究了海洋中铁元素的光化学氧化，并解析了其中的反应机理。这些研究结果表明，$Fe(II)$ 在水体中由于存在水解、络合等反应可形成多种 $Fe(II)$ 物种；由于溶液环境的不同，$Fe(II)$ 在被 O_2 或 H_2O_2 等氧化性物质氧化的过程中参与反应的主要物种也有所不同；$Fe(II)$ 氧化的整体表

污染控制理论与应用前沿丛书
常温空气阴极燃料电池在废水处理中的应用

观速率常数由各单一物种的氧化速率常数累加所得[17]。由于不同 Fe(Ⅱ)物种参与氧化反应的动力学速率不同,导致 Fe(Ⅱ)在不同水环境中的反应速率存在很大区别。获得各 Fe(Ⅱ)物种的氧化反应速率常数等信息对研究 Fe(Ⅱ)氧化动力学是十分必要的。大量研究表明,当 Fe(Ⅱ)浓度为微摩尔($\mu mol \cdot L^{-1}$)级时,其氧化符合伪一级动力学特征[17]。由于天然水体中 Fe(Ⅱ)的含量很少,因此,水体中 O_2 对 Fe(Ⅱ)的氧化反应可以看作一级动力学过程,这样使得研究单一 Fe(Ⅱ)物种对 Fe(Ⅱ)氧化的影响变得简单[18]。

近年来,人们对溶氧体系中 Fe(Ⅱ)氧化动力学研究甚多,但有关 Fe(Ⅱ)在电化学氧化体系中的动力学过程研究却很少。人工构建的电化学体系中广泛涉及 Fe(Ⅱ)的氧化动力学过程。尤其在铁基常温空气阴极燃料电池中,Fe(Ⅱ)在阳极的电化学氧化是决定其由酸性矿山废水回收铁元素和电能效率的关键。另外,在铁基空气阴极燃料电池和络合铁脱硫耦合体系中,Fe(Ⅱ)的电化学氧化也是影响从含硫废水回收单质硫和电能效率的重要因素。在海洋沉积物中广泛分布着 Fe(Ⅱ),这些 Fe(Ⅱ)沉积物在微生物燃料电池阳极上的氧化同样也扮演着重要角色[19-20]。

Fe(Ⅱ)的电化学氧化动力学为铁基空气阴极燃料电池的研究提供了良好的理论基础。天然的河床[21]、酸性矿山废水和硫化矿尾矿砂中[4,22]含有大量的碳酸盐,碳酸盐可与水体中的 Fe(Ⅱ)和 Fe(Ⅲ)形成各种配体,在一些碳酸盐富集的水体中,碳酸盐对铁的氧化还原性质具有重要影响。在明晰碳酸盐溶液中各 Fe(Ⅱ)物种的形成、转化和分布的基础上[23],研究 Fe(Ⅱ)电化学氧化体系动力学的具体过程和特征对调控铁基空气阴极燃料电池具有深远的意义。

3.2.1

Fe(Ⅱ)电化学氧化控速步骤和电势控制

Fe(Ⅱ)在铁基空气阴极燃料电池阳极的电化学氧化研究,一般是在三电极体系中完成的,以玻碳电极(直径为 3 mm)为工作电极,饱和甘汞电极(SCE)为参比电极,铂丝电极(直径为 1 mm)为对电极。其中,玻碳电极在使用前必须保证玻碳表面洁净。如果镜面污浊,在使用前必须分别使用粒径为 1 μm 和 0.05 μm 的 Al_2O_3 粉进行打磨抛光处理。氯化钠作为电解质溶液,硫酸亚铁作为 Fe(Ⅱ)源,分别向溶液中加入不同浓度的碳酸盐缓冲溶液,同时对溶液的 pH 进行调节,在室温下使 Fe(Ⅱ)在不同条件下发生氧化反应。其中,Fe(Ⅱ)初始浓度为 12.5 $\mu mol \cdot L^{-1}$，碳酸氢钠浓度为 5～40 $mmol \cdot L^{-1}$，氯化钠浓度为 0.8～5 $mol \cdot L^{-1}$。磁力搅拌器的搅拌速率为 500～1250 $r \cdot min^{-1}$。在氧化的不同时间段，实时监测 Fe(Ⅱ) 及 Fe(Ⅲ) 的浓度变化，对 Fe(Ⅱ) 氧化的相关速率数据进行拟合。同时采用 MINEQL＋4.6 软件对溶液中络合铁离子的分布进行分析，并结合络合铁离子的形成与转化规律，获得各活性络合铁离子的动力学数据。为排除氧气氧化对 Fe(Ⅱ) 电化学氧化的干扰，须在电池运行前不断向电解质溶液中鼓入 CO_2 气体，以确保电解质体系中溶解的氧被充分去除。

为了阐明该反应体系中扩散对宏观电化学反应速率的影响，可将 Fe(Ⅱ) 浓度设定在 3.5 $mmol \cdot L^{-1}$，在不同磁力搅拌速率下测定 Fe(Ⅱ) 电化学氧化过程中电势与电流之间的关系，从而获得该反应的流体力学伏安曲线。如图 3.2(a) 所示，Fe(Ⅱ) 的电化学氧化过程主要由扩散传质过程和电荷传递本征动力学过程控制。当电极电势大于 0.1 V(vs. SHE) 时，电流密度随搅拌速率的增大而增加。此时，Fe(Ⅱ) 氧化反应本征动力学速率远高于其传质速率，该过程反应速率主要受传质影响。提高搅拌速率强化了 Fe(Ⅱ) 向电极表面的传质过程，增加了其表面反应的机会，从而产生更大的电流密度。随着电极电势的降低，搅拌速率对 Fe(Ⅱ) 电化学反应的影响相对减弱。在外加电压为 $-0.3～-0.2$ V(vs. SHE) 时，电流密度不再随搅拌速率的增大而发生改变，此时 Fe(Ⅱ) 电化学氧化主要由本征动力学控制。搅拌速率在 1250 $r \cdot min^{-1}$ 时电流密度波动较大，这主要是因为搅拌速率过大带来的扰动导致溶液传质过程的不稳定。

在稳态扩散条件下，即反应物反应消耗的速度与由体相扩散到表面的速率一致时，传质和电荷传递情况可结合对流-扩散方程以及法拉第定律来定量描述。根据实验确定的边界条件，可解出在任意反应时刻，扩散层内反应物和产物的浓度分布，并由此求得完全由扩散传质控制条件下的 Levich 方程：

$$I_L = 0.62 nFAD^{2/3} v^{-1/6} \omega^{1/2} c^b \tag{3.10}$$

其中，参数 I_L 为反应的极限扩散电流；n 为转移的电子；F 为法拉第常数；v 为溶液黏度；ω 为圆盘电极的转速；D 为反应物的扩散系数；c^b 为溶液本体的浓度。图 3.2(b) 为 Levich 曲线图，如图所示，电流密度与搅拌速率 $\omega^{1/2}$ 呈线性关系，符合 Levich 方程。在低电压、高搅拌速率下，电流密度几乎保持恒定。根据 Levich 方程，对于不可逆电极反应，在传质与动力学混合区，总反应电流满足 Koutecky-Levich 方程，如下面等式所示：

$$1/i_{recorded} = 1/i_{limiting} + 1/i_{kinetic} \tag{3.11}$$

其中，$i_{recorded}$，$i_{limiting}$，$i_{kinetic}$ 分别代表实验中获得的电流、扩散电流和本征反应动力学电流。当动力学电流远低于扩散电流时，可以忽略传质限制，把动力学电流近似看成实验中获得的电流。一方面,电极电势降低导致 Fe(Ⅱ)氧化动力学电流降低;另一方面,扩散电流随搅拌速率的增加而增大。因此在较低电极电势和较高搅拌速率下,电化学氧化过程主要受动力学控制,溶液搅拌速率与实验中获得的电流密度无关。图 3.2(c)是 Koutecky-Levich 曲线图,电压范围为 0.1~0.3 V(vs. SHE),磁力搅拌器搅拌速率为 200~1250 r·min^{-1}。在此条件下,氧化反应速率的大小由扩散控制,由图可知电流密度的倒数与 $\omega^{-1/2}$ 呈线性关系,搅拌速率增大,电流密度增大。图 3.2(d)是塔菲尔曲线,扫描电压为 -0.26~-0.20 V(vs. SHE),磁力搅拌器搅拌速率为 1250 r·min^{-1}。在此低电压区内,Fe(Ⅲ)/Fe(Ⅱ)物种的转变速率由动力学过程控制,其中曲线斜率为 0.32 V·dec^{-1},$R^2 = 0.996$。

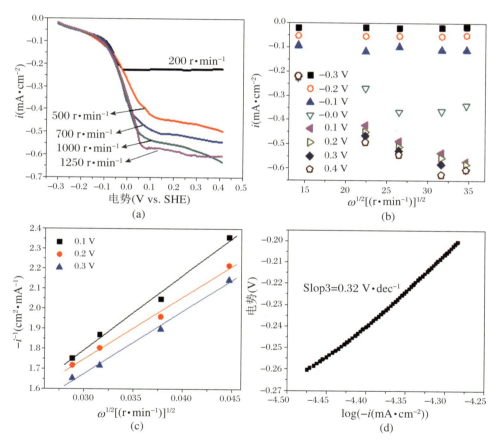

图 3.2　Fe(Ⅱ)电化学氧化的流体力学伏安图(a)、Levich 曲线图(b)、Koutecky-Levich 曲线图(c)以及塔菲尔曲线(d)

如图 3.2 所示,当电极电势为 0(vs. SHE),磁力搅拌器搅拌速率为 1250 r·min^{-1} 时,Fe(Ⅱ)电化学氧化过程中扩散速率明显高于 Fe(Ⅱ)在玻碳电极表面的动力学氧化速率。因此,Fe(Ⅱ)电化学氧化速率主要由本征动力学过程控制,实验中所得的电流密度($i_{record} = 0.342$ mA·cm^{-2})可以简单地看成动力学电流密度($i_{kinetics}$)。根据 Koutecky-Levich 方程,动力学电流密度 $i_{kinetics}$ 符合下面公式[24]:

$$I_{kinetics} = nFAk_{app}\Gamma[Fe(II)]_T \quad (3.12)$$

$$i_{kinetics} = \frac{I_{kinetics}}{A} = nFk_{app}\Gamma[Fe(II)]_T \quad (3.13)$$

其中,I 代表电路电流;n 是电子转移数;F 是法拉第常数(96485 C·mol^{-1});A 是玻碳电极表面积(7.07 mm^{-2});$[Fe(II)]_T$ 代表 Fe(II) 摩尔浓度(3.5 mmol·L^{-1}),Γ 是玻碳电极表面覆盖率。假设玻碳电极活性厚度为 1 μm,碳的原子体积为 4.5 cm^3·mol^{-1},则计算得到 Γ 为 2.18×10^{-5} mol·cm^{-2}[25]。由公式(3.13)计算 $k_{app}\Gamma = 1.01\times10^{-3}$ cm·s^{-1},表观速率常数 $k_{app} = 4.63\times10^{-2}$ L·mol^{-1}·s^{-1},与有氧体系的 0.295 L·mol^{-1}·s^{-1} 相比[18],电化学氧化速率常数明显较低。

接下来,对于流体力学伏安电流密度与实验获得的 Fe(II) 电化学氧化电流密度的大小关系进行了比较。当溶液体积为 250 mL,溶液中含有 10 mmol·L^{-1} NaHCO$_3$、0.7 mol·L^{-1} NaCl 和 12.5 μmol·L^{-1} Fe(II),pH 为 6.58 时,实验获得的 Fe(II) 电化学氧化速率常数为 4×10^{-9} mol·min^{-1},由公式(3.13)计算可得 Fe(II) 电化学氧化本征动力学电流密度为 0.0227 mA·cm^{-2}。该值远小于利用流体力学伏安实验中 3.5 mmol·L^{-1} 的 Fe(II) 发生电化学氧化所获得的动力学电流密度(0.342 mA·cm^{-2})。以上结果说明,该实验条件下玻碳电极可为 12.5 μmol·L^{-1} 的 Fe(II) 发生电化学氧化提供足够的反应表面,即电极表面积不会成为 Fe(II) 电化学氧化的动力学限制因素。因此,Fe(II) 的电化学氧化速率主要由其物种分布决定。

3.2.2

Fe(II)电化学氧化的关键控速物种

当每升溶液中 Fe(II) 浓度在微摩尔(μmol·L^{-1})级别时,在不同 pH 条件下,Fe(II) 电化学氧化符合以下等式:

$$d[Fe(II)]_T/dt = -k_{app}[Fe(II)]_T[oxidant] \quad (3.14)$$

其中,$[Fe(II)]_T$ 为反应时间 T 时溶液中 Fe(II) 的浓度;k_{app} 代表 Fe(II) 氧化的表观速率常数。

在固定电极电势下,$k_{app}[oxidant]$ 为定值,则 Fe(II) 电化学氧化符合伪一

污染控制理论与应用前沿丛书
常温空气阴极燃料电池在废水处理中的应用

级反应动力学公式：

$$d[Fe(Ⅱ)]_T/dt = -k'[Fe(Ⅱ)]_T \qquad (3.15)$$

其中，k' 是伪一级反应动力学常数，其大小主要取决于电极性能和溶液性质。例如，电极材料、电极面积、电极电势和溶液组成等都会影响动力学常数的大小。公式(3.15)也可以化简为

$$[Fe(Ⅱ)]_{T,t} = [Fe(Ⅱ)]_{T,0}\exp(-k't) \qquad (3.16)$$

则以 $\ln\{[Fe(Ⅱ)]_{T,t}/[Fe(Ⅱ)]_{T,0}\}$ 对 $(-t)$ 作图可得一条直线，其斜率为 k'。不同二价铁物种的氧化构成了平行反应，这几个平行反应体现了 Fe(Ⅱ) 的实际氧化情况。k' 由单个物种的反应速率常数相加所得：

$$k' = \sum k_{Fe(Ⅱ)i} \cdot \alpha_{Fe(Ⅱ)_i} \qquad (3.17)$$

其中，$k_{Fe(Ⅱ)i}$ 代表物种 Fe(Ⅱ)i 的伪一级反应速率常数；$\alpha_{Fe(Ⅱ)i}$ 代表物种 Fe(Ⅱ)i 在总 Fe(Ⅱ) 中所占的摩尔分数，其值可利用 MINEQL+4.6 软件计算模拟。在亚铁离子、氢氧根离子、氯离子、碳酸根和碳酸氢根共存的溶液体系中，各物种在水溶液中的反应平衡常数见表3.1。Fe(Ⅱ) 的电化学氧化在较低浓度下进行，固体 Fe(Ⅱ) 物种的含量较低，对反应影响不大，可以忽略不计。式(3.17)可以具体化为

$$\begin{aligned}
k' = &\ k_{Fe^{2+}}\alpha_{Fe^{2+}} + k_{FeOH^+}\alpha_{FeOH^+} + k_{Fe(OH)_2^0}\alpha_{Fe(OH)_2^0} \\
&+ k_{FeHCO_3^0}\alpha_{FeHCO_3^+} + k_{FeCO_3^0}\alpha_{FeCO_3^0} + k_{Fe(CO_3)_2^{2-}}\alpha_{Fe(CO_3)_2^{2-}} \\
&+ k_{Fe(OH)CO_3^-}\alpha_{Fe(OH)CO_3^-} + k_{FeCl^+}\alpha_{FeCl^+} + k_{FeSO_4^0}\alpha_{FeSO_4^0} \qquad (3.18)
\end{aligned}$$

由物种形成模型获得 $\alpha_{Fe(Ⅱ)i}$，然后根据实验结果通过式(3.16)获得表观速率常数 k'，最后可以根据式(3.18)通过多元线性回归计算得到 $k'_{Fe(Ⅱ)i}$。

表 3.1　Fe(Ⅱ)电化学氧化体系中相关物种的反应平衡常数(室温 25 ℃，离子强度＝0)

序号	物种	$\log k$	参考文献
1	$H^+ + OH^- = H_2O$	14.0	Millero et al.[26]
2	$H^+ + CO_3^{2-} = HCO_3^-$	10.3	Millero et al.[26]
3	$2H^+ + CO_3^{2-} = H_2CO_3$	16.7	Millero et al.[26]
4	$H^+ + SO_4^{2-} = HSO_4^-$	1.99	Morel and Hering[27]
5	$Fe^{2+} + H_2O = FeOH^+ + H^+$	−9.51	Morel and Hering[27]
6	$Fe^{2+} + 2H_2O = Fe(OH)_2 + 2H^+$	−20.6	Morel and Hering[27]
7	$Fe^{2+} + CO_3^{2-} = FeCO_3$	5.69	King[23]
8	$Fe^{2+} + H^+ + CO_3^{2-} = FeHCO_3^+$	11.8	Millero and Hawke[28]
9	$Fe^{2+} + 2CO_3^{2-} = Fe(CO_3)_2^{2-}$	7.45	King[23]
10	$Fe^{2+} + H_2O + CO_3^{2-} = Fe(OH)CO_3^- + H^+$	−4.03	King[23]

序号	物种	log k	参考文献
11	$Fe^{2+} + Cl^- = FeCl^+$	0.30	King[23]
12	$Fe^{2+} + SO_4^{2-} = FeSO_4$	2.42	King[23]
13	$Na^+ + CO_3^{2-} = NaCO_3^-$	1.27	King[23]
14	$Na^+ + H^+ + CO_3^{2-} = NaHCO_3$	10.1	King[23]
15	$Na^+ + SO_4^{2-} = NaSO_4^-$	1.06	King[23]

将电极电势设定为 0 V(vs. SHE),溶液搅拌速率为 1250 r·min^{-1},此条件下Fe(Ⅱ)的电化学氧化主要受电极反应动力学过程控制。图 3.3 是在此条件下不同溶液环境中 Fe(Ⅱ)电化学氧化的浓度变化趋势图以及拟合的伪一级动力学曲线。如图所示,在较广的碳酸盐和氯化钠浓度范围内,pH 对 Fe(Ⅱ)电化学氧化动力学速率的影响非常显著。随着 pH 的增加,Fe(Ⅱ)的电化学氧化速率快速增大。Fe(Ⅱ)浓度随时间的变化在反应初期呈现理想的线性关系。但随着反应的进行,由于电极表面被不同的铁物种钝化,Fe(Ⅱ)电化学氧化速率相对于一级反应动力学直线有所偏移。这种现象在较高 pH 条件下尤为明显。

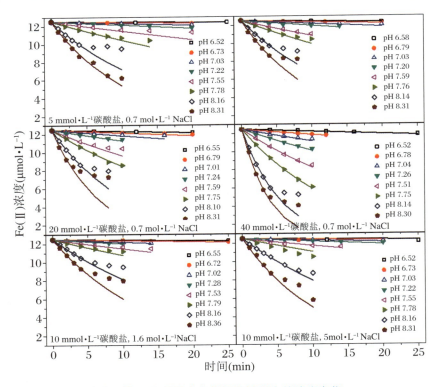

图 3.3　不同溶液环境下 Fe(Ⅱ)电化学氧化过程中的浓度变化

根据 Fe(Ⅱ)浓度随时间的变化关系,可以计算得到 Fe(Ⅱ)电化学氧化伪一级动力学速率常数。如图 3.4 所示,Fe(Ⅱ)电化学氧化速率在低 pH 条件下较

污染控制理论与应用前沿丛书
常温空气阴极燃料电池在废水处理中的应用

慢,在 pH = 6.5 时,反应半衰期($t_{1/2} = 0.693/k'$)长达 5 h 以上。随着 pH 值的升高,反应速率增加,反应半衰期不断缩短。当溶液 pH = 8.3 时,反应半衰期不到 10 min。同时,反应速率也随碳酸盐浓度的增加而增大。pH = 8.3,氯化钠浓度为 $0.7\ mol \cdot L^{-1}$,当碳酸盐浓度由 $5\ mmol \cdot L^{-1}$ 升高到 $40\ mmol \cdot L^{-1}$ 时,反应速率常数由 $0.072\ min^{-1}$ 增加到 $0.238\ min^{-1}$。盐度也是影响 Fe(Ⅱ)电化学氧化动力学速率的一个关键因素。当氯化钠浓度从 $0.7\ mol \cdot L^{-1}$ 增加到 $1.6\ mol \cdot L^{-1}$ 时,反应速率常数有所降低;当氯化钠浓度从 $1.6\ mol \cdot L^{-1}$ 增加到 $5\ mol \cdot L^{-1}$ 时,反应速率常数又重新上升。

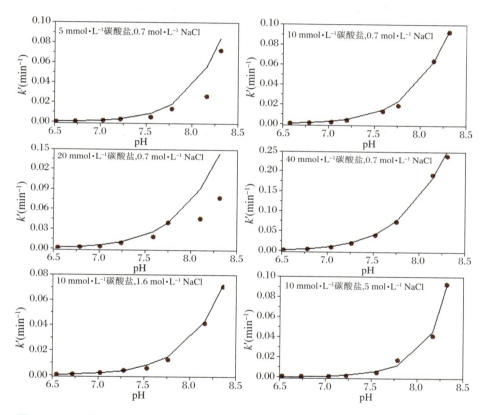

图 3.4　不同溶液环境下 Fe(Ⅱ)电化学氧化伪一级动力学常数实验数据与模型拟合关系图(点:实验数据;线:拟合结果)

Fe(Ⅱ)电化学氧化过程涉及 9 种 Fe(Ⅱ)物种,在不同条件下的溶液中,它们的浓度显著不同。如图 3.5 所示,当 pH 从 6.0 增加到 9.0 时,除了 $FeHCO_3^+$ 外,其他碳酸盐物种和氢氧化物物种的浓度都有所增加。当 pH 较高时,溶液中的主要物种是 $FeCO_3$;当 pH 较低时,溶液中的主要离子是 Fe^{2+} 和 $FeCl^+$。当碳酸盐浓度较高时,碳酸盐物种所占总物种的比例较高,因此对氧化反应的主导作用增强。由图 3.5 可知,增加溶液盐度,碳酸盐物种的浓度明显减少。

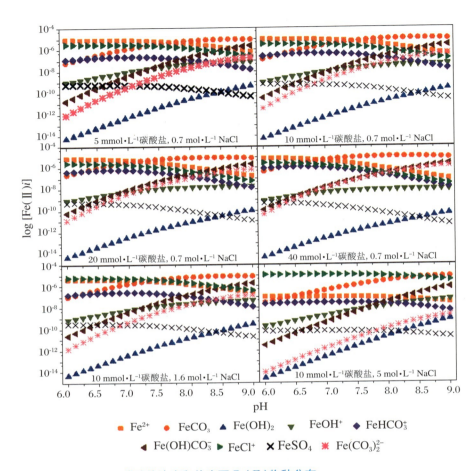

图 3.5　不同 pH、碳酸盐浓度和盐度下 Fe(Ⅱ)物种分布

在 Fe(Ⅱ)电化学氧化中,各 Fe(Ⅱ)物种的反应活性直接影响着 Fe(Ⅱ)的总反应速率。从表3.2中可以看出,在 9 个 Fe(Ⅱ)物种中,Fe(OH)$_2$ 呈现最高的反应活性,反应速率常数可高达 10^4 min^{-1}。第二个活跃的物种是 Fe(CO$_3$)$_2^{2-}$,反应速率常数变化范围为 6.000～8.000 min^{-1}。FeCO$_3$、FeOH$^+$ 具有中等动力学活性,速率常数变化范围分别为 0.008～0.027 min^{-1} 和 0.200～0.250 min^{-1}。Fe(OH)CO$_3^-$、FeCl$^+$、FeHCO$_3^+$、FeSO$_4$ 和 Fe^{2+} 为动力学惰性物种,反应速率常数很低,一般不会超过 10^{-5} min^{-1}。当氯化钠浓度从 0.7 mol·L^{-1} 增加到 1.6 mol·L^{-1}时,物种速率常数基本保持不变;继续增加氯化钠的浓度到 5 mol·L^{-1},Fe(OH)$_2$ 动力学反应速率常数显著增大,其他惰性物种的速率常数仍然很小。

污染控制理论与应用前沿丛书
常温空气阴极燃料电池在废水处理中的应用

表 3.2　Fe(Ⅱ)物种的电化学氧化反应速率常数(室温 25 ℃,阳极电势 0 V(vs. SHE))

Fe(Ⅱ)物种	伪一级动力学常数(min^{-1})		
	0.7 mol·L^{-1} NaCl	1.6 mol·L^{-1} NaCl	5 mol·L^{-1} NaCl
Fe^{2+}	10^{-5}	10^{-5}	10^{-5}
$FeOH^+$	0.200	0.200	0.250
$Fe(OH)_2$	10^4	10^4	13650
$FeHCO_3^+$	$<10^{-5}$	$<10^{-5}$	$<10^{-5}$
$FeCO_3$	0.008	0.008	0.027
$Fe(CO_3)_2^{2-}$	6.000	6.000	8.000
$Fe(OH)CO_3^-$	$<10^{-5}$	$<10^{-5}$	$<10^{-5}$
$FeCl^+$	$<10^{-5}$	$<10^{-5}$	10^{-5}
$FeSO_4$	$<10^{-5}$	$<10^{-5}$	$<10^{-5}$

　　根据所获得的动力学模型,图 3.6 定量比较了不同 Fe(Ⅱ)物种对其电化学氧化速率的贡献。由模拟的图形可知,在不同 pH、不同碳酸盐浓度和氯化钠浓度条件下,各物种对反应速率的贡献率有所不用。反应初始,Fe(Ⅱ)电化学氧化速率大小主要是和 $FeCO_3$ 有关,因此,$FeCO_3$ 对氧化反应的贡献最大。当溶液 pH 低于 7.0 时,$FeCO_3$ 对电化学氧化的贡献率甚至超过了 50%。随着溶液 pH 的增加,$FeCO_3$ 对氧化反应的贡献降低,$Fe(CO_3)_2^{2-}$ 和 $Fe(OH)_2$ 对反应的贡献增大。$Fe(OH)_2$ 具有较高的动力学活性,尤其是在碱性条件下,$Fe(OH)_2$ 可以大量存在。即使在 Fe(Ⅱ)浓度较低的情况下,$Fe(OH)_2$ 在动力学氧化过程中也具有较高的速率贡献率。

　　碳酸盐浓度和溶液盐度也影响着不同物种对氧化反应的贡献。$Fe(CO_3)_2^{2-}$ 和 $Fe(OH)_2$ 在 Fe(Ⅱ)电化学氧化过程中有着不可替代的作用。增加碳酸盐的浓度,$Fe(CO_3)_2^{2-}$ 对 Fe(Ⅱ)氧化速率的贡献率增加;增加盐度,$Fe(OH)_2$ 对 Fe(Ⅱ)氧化速率贡献率也增大。在溶液 pH = 8.3、氯化钠浓度为 0.7 mol·L^{-1} 的条件下,当碳酸盐浓度从 5 mmol·L^{-1} 升高到 40 mmol·L^{-1} 时,$Fe(CO_3)_2^{2-}$ 对 Fe(Ⅱ)氧化速率的贡献率从 28.7% 增加到 93.9%;此时 $Fe(OH)_2$ 对反应速率的贡献却从 63.8% 降到 3.3%。在溶液 pH = 8.3、碳酸盐浓度为 10 mmol·L^{-1} 的条件下,当氯化钠浓度从 0.7 mol·L^{-1} 升高到 5 mol·L^{-1} 时,$Fe(CO_3)_2^{2-}$ 对氧化速率的贡献从 59.5% 降到几乎为 0,而此时 $Fe(OH)_2$ 对氧化速率贡献率从 33.3% 提高到 87.5%。

　　一般情况下,溶液中都会存在 Fe^{2+} 和 $FeCl^+$,但它们的氧化活性较低。在碳酸盐浓度为 5 mmol·L^{-1}、氯化钠浓度为 0.7 mol·L^{-1} 时,Fe^{2+} 在溶液中的浓度相对较大,对 Fe(Ⅱ)氧化速率有一定的贡献。当氯化钠浓度增加到 5 mol·L⁻¹时,Fe²⁺ 浓度降低两个数量级,此时 Fe²⁺ 对氧化反应的贡献可忽略不计。在较高盐度下,FeCl⁺ 对氧化反应的贡献有所增大,但是整体贡献率仍然很小,因此可以忽略不计。除上述离子物种外,Fe(OH)CO₃⁻、FeSO₄ 对 Fe(Ⅱ)氧化反应速率的贡献也可忽略不计。

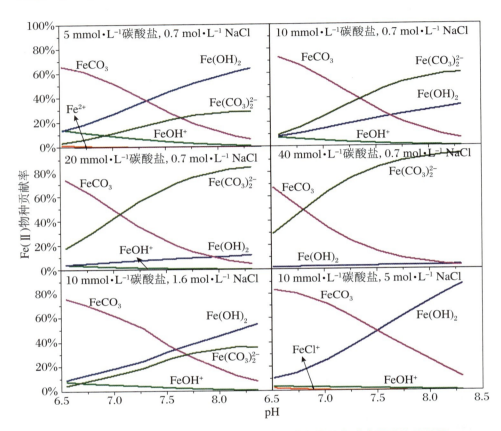

图 3.6　不同溶液条件下主要 Fe(Ⅱ)物种对其电化学氧化总体反应速率的贡献率

在铁基空气阴极燃料电池中,碳酸盐在 Fe(Ⅱ)电化学氧化过程中起着重要作用。"碳酸盐方法"已经被应用到酸性矿山处理中,用来提高燃料电池的性能[5-6]。然而,迄今为止,它所涉及的机理仍然不是很明确。动力学模型的引入为解释空气阴极燃料电池中 Fe(Ⅱ)电化学氧化与碳酸盐浓度的关系提供了理论基础,此动力学模型能够有效分析出在酸性和碱性条件下,Fe(CO₃)₂²⁻、FeCO₃等不同物种对 Fe(Ⅱ)电化学氧化的影响。与有氧体系相似,增加碳酸盐的浓度,Fe(Ⅱ)电化学氧化速率明显提高。如图 3.6 所示,在 20 mmol·L⁻¹碳酸盐溶液中,上述两个物种在较宽 pH 条件下对 Fe(Ⅱ)电化学氧化贡献率超过 88%,在碳酸盐浓度为 40 mmol·L⁻¹时,贡献率甚至超过 96%。随碳酸盐浓度的增加,这两个物种的浓度有所增加,Fe(Ⅱ)电化学氧化动力学速率也明显提高。

如图 3.4 所示,模型预测的 Fe(Ⅱ)反应速率和实验所得数据能够较好地吻合。通过动力学模型可知,在较高的 pH 条件下,Fe(Ⅱ)的电化学氧化速率较快。随着 pH 的上升,Fe(Ⅱ)氧化速率大幅提高,因此可以通过提高 pH 来增加反应速率。如表 3.3 所示,Fe(Ⅱ)的氧化速率与 OH^- 浓度几乎呈线性关系,且其线性斜率超过 1.0。这表明,每提高一个 pH 单位,Fe(Ⅱ)的氧化速率可提高 10 倍以上。该显著影响源于 $Fe(CO_3)_2^{2-}$、$FeCO_3$ 和 $Fe(OH)_2$,其是 Fe(Ⅱ)氧化速率的主要贡献者,以上物种在水体中的浓度强烈依赖于氢氧根离子浓度。根据物种分布模型,$Fe(OH)_2$ 和 $Fe(CO_3)_2^{2-}$ 的浓度与氢氧根离子的浓度之间呈二级数量关系[18],而 $FeCO_3$ 的浓度与氢氧根离子的浓度呈一级数量关系[23]。

表 3.3　Fe(Ⅱ)的电化学氧化伪一级反应速率常数与 pH 之间的线性关系

溶液条件	$\log k'$ 与 pH 的线性关系式
NaCl 0.7 mol・L^{-1},碳酸盐 5 mmol・L^{-1}	$\log k' = -11.316 + 1.209$ pH,$R^2 = 0.984$
NaCl 0.7 mol・L^{-1},碳酸盐 10 mmol・L^{-1}	$\log k' = -11.302 + 1.236$ pH,$R^2 = 0.996$
NaCl 0.7 mol・L^{-1},碳酸盐 20 mmol・L^{-1}	$\log k' = -9.944 + 1.073$ pH,$R^2 = 0.967$
NaCl 0.7 mol・L^{-1},碳酸盐 40 mmol・L^{-1}	$\log k' = -10.349 + 1.182$ pH,$R^2 = 0.994$
NaCl 1.6 mol・L^{-1},碳酸盐 10 mmol・L^{-1}	$\log k' = -10.511 + 1.115$ pH,$R^2 = 0.994$
NaCl 5.0 mol・L^{-1},碳酸盐 10 mmol・L^{-1}	$\log k' = -10.542 + 1.120$ pH,$R^2 = 0.905$

一般来说,盐度主要是通过影响动力学过程中 Fe(Ⅱ)物种的种类及增加溶液离子强度来影响 Fe(Ⅱ)的氧化速率[29-30]。随着盐度增强,溶液离子强度增加。根据 Debye-Huckel 公式可知,速率常数与离子强度平方根呈负相关[31]。从这方面来看,增加溶液的盐度会阻碍 Fe(Ⅱ)氧化,这和有氧体系的结果是一样的[29-30]。但对电化学氧化体系而言,当溶液中氯化钠浓度从 1.6 mol・L^{-1} 提高到 5 mol・L^{-1} 时,Fe(Ⅱ)物种氧化速率常数反而增大。这主要是因为增加氯化钠浓度增强了溶液的离子传导能力,而这一因素又是影响电化学氧化动力学过程的关键。因此,在分析盐度对 Fe(Ⅱ)的电化学氧化的影响时,应该将Fe(Ⅱ)物种、离子强度和溶液离子传导性等因素都考虑其中。

电极电势是影响 Fe(Ⅱ)电化学氧化速率的关键因素。如图 3.7 所示,氧化速率随着外电压和 pH 的升高而升高。在 pH 为 6.27 和外电压为 0.0 V(vs. SHE)下,伪一级动力学常数仅为 0.0008 min^{-1};而在 pH 为 8.17 和外电压为 0.6 V(vs. SHE)下,该动力学常数提升了数百倍至 0.1467 min^{-1}。

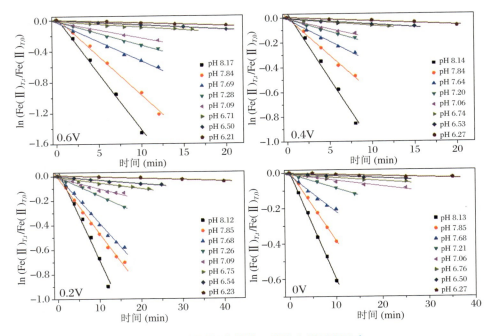

图 3.7　不同外电压和 pH 下 Fe(Ⅱ)氧化的伪一级动力学过程拟合

表 3.4 列出了不同电极电势下各 Fe(Ⅱ)物种的电化学氧化动力学常数。根据动力学模型,各含铁物种在不同电极电势下对 Fe(Ⅱ)氧化动力学的贡献如图 3.8 所示。燃料电池中,Fe(Ⅱ)的电化学氧化速率主要由 $FeCO_3^0$、$FeOH^+$、$Fe(CO_3)_2^{2-}$ 和 $Fe(OH)_2^0$ 这几个物种决定。其中,$FeCO_3^0$ 和 $FeOH^+$ 是控制酸性溶液中 Fe(Ⅱ)氧化的主要物种,而 $Fe(CO_3)_2^{2-}$ 和 $Fe(OH)_2^0$ 是控制碱性溶液中 Fe(Ⅱ)氧化的主要物种。随着外电压的升高,$FeCO_3^0$ 在 Fe(Ⅱ)氧化中的作用更加显著,而 $Fe(OH)_2^0$ 对 Fe(Ⅱ)氧化的贡献则被削弱。

表 3.4　不同电极电势(vs. SHE)下各 Fe(Ⅱ)物种的电化学氧化动力学常数

Fe(Ⅱ)	伪一级动力学常数(min^{-1})			
	0.6 V	0.4 V	0.2 V	0 V
Fe^{2+}	10^{-5}	10^{-5}	10^{-5}	10^{-5}
$FeOH^+$	2.000	1.706	1.200	0.242
$Fe(OH)_2^0$	10^4	10^4	10^4	10^4
$FeHCO_3^+$	$<10^{-5}$	$<10^{-5}$	$<10^{-5}$	$<10^{-5}$
$FeCO_3^0$	0.058	0.031	0.018	0.008
$Fe(CO_3)_2^{2-}$	11.213	10.000	7.000	6.000
$Fe(OH)CO_3^-$	$<10^{-5}$	$<10^{-5}$	$<10^{-5}$	$<10^{-5}$
$FeCl^+$	$<10^{-5}$	$<10^{-5}$	$<10^{-5}$	$<10^{-5}$
$FeSO_4^0$	$<10^{-5}$	$<10^{-5}$	$<10^{-5}$	$<10^{-5}$

污染控制理论与应用前沿丛书
常温空气阴极燃料电池在废水处理中的应用

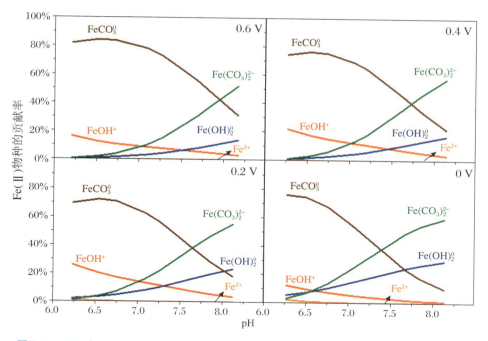

图 3.8　不同电极电势下主要 Fe(Ⅱ)物种对其电化学氧化总体反应速率的贡献率

与 O_2 和 H_2O_2 氧化体系相比,Fe(Ⅱ)在电化学体系中的氧化速率明显偏低[18,32-33]。这主要是由不同体系中 Fe(Ⅱ)氧化机理不同造成的。在有氧体系中,存在大量的活性氧物种,例如超氧根和 H_2O_2,这些活性氧物种较高的反应活性使得 Fe(Ⅱ)能够被快速氧化[34]。然而,在空气阴极燃料电池环境中,阳极处于厌氧环境,并且电极电势远远达不到水的电解电势,因此很难产生活性氧物种。因此,铁基空气阴极电池中的 Fe(Ⅱ)电化学氧化速率低于有氧体系的氧化速率。

在 Fe(Ⅱ)电化学氧化体系中,$Fe(CO_3)_2^{2-}$ 和 $Fe(OH)_2$ 为动力学活性物种,Fe^{2+}、$FeHCO_3^+$、$FeCl^+$ 和 $FeSO_4$ 为动力学惰性物种,这与有氧体系类似[23,32]。$Fe(OH)CO_3^-$ 在有氧体系中表现出中等活性,对 Fe(Ⅱ)氧化速率的贡献率为 40%[18,32],然而在电化学氧化体系中,$Fe(OH)CO_3^-$ 的氧化活性较弱,对 Fe(Ⅱ)氧化的整体速率贡献不大。$FeCO_3$ 在有氧体系中为动力学惰性物种[18,32],然而在电化学氧化体系中活性较大,对整个反应的贡献率可高达 80%。在有氧体系中电子受体是 O_2,在电化学氧化体系中电子受体则为电极。Fe(Ⅱ)物种的动力学活性与电子受体有直接密切的关系,不同的电子受体与 Fe(Ⅱ)物种的亲和力截然不同。

综上所述,基于 Fe(Ⅱ)物种分布构建的动力学模型,能够准确地描述 Fe(Ⅱ)电化学氧化速率与 pH、碳酸盐浓度和盐度的关系。单一 Fe(Ⅱ)物种在

Fe(Ⅱ)电化学氧化中的作用通过物种的动力学活性和物种贡献率来评估。$FeCO_3$、$Fe(CO_3)_2^{2-}$ 和 $Fe(OH)_2$ 在 Fe(Ⅱ)电化学氧化动力学过程中的作用尤为重要。当 pH 低于 7.0 时，Fe(Ⅱ)的氧化速率中 $FeCO_3$ 起到主导作用；然而当 pH 高于 7.5 时，$Fe(CO_3)_2^{2-}$ 和 $Fe(OH)_2$ 是控制 Fe(Ⅱ)氧化速率的主要物种；Fe^{2+}、$FeHCO_3^+$、$FeCl^+$ 和 $FeSO_4$ 对 Fe(Ⅱ)的电化学氧化速率贡献较小。空气阴极燃料电池中，Fe(Ⅱ)的电化学氧化速率跟溶液的 pH、碳酸盐浓度和溶液盐度有关。增加 pH，会使 $Fe(CO_3)_2^{2-}$ 和 $Fe(OH)_2$ 的浓度增加，从而加速 Fe(Ⅱ)的电化学氧化。增加碳酸盐浓度，则是通过增加 $Fe(CO_3)_2^{2-}$ 和 $FeCO_3$ 浓度物种的浓度来促进 Fe(Ⅱ)的电化学氧化速率。盐度则是通过改变 Fe(Ⅱ)物种、离子强度和溶液传导性来影响 Fe(Ⅱ)的电化学氧化速率。

总之，将基于 Fe(Ⅱ)物种分布构建的动力学模型应用于空气阴极燃料电池，无论是在酸性矿山废水处理领域，还是在燃料电池耦合络合铁脱硫领域都有广泛的指导意义。这些体系涉及 Fe(Ⅱ)的电化学氧化，分析了解氧化过程中涉及的机理问题对提高空气阴极燃料电池的效率具有重要的作用。动力学模型介绍了 Fe(Ⅱ)电化学氧化过程中各种物种的参数，从而为这些燃料电池体系的运行操作提供有价值的信息。

3.3

铁基常温空气阴极燃料的产电效率

3.3.1

电池性能衰减机理分析

尽管空气阴极燃料电池技术在环境废弃物处理和资源回收方面存在众多优势，但是也面临由于性能衰退导致的耐久性和可靠性降低的问题。事实上，许多燃料电池体系，如质子交换膜燃料电池、微生物燃料电池和固体氧化物电池，都面临性能衰减的问题。一般来说，导致电池性能衰减的因素有很多。其中，最重要的原因是杂质的污染。其污染可导致：① 电极催化剂中毒，使得动力学过程受阻。② 降低膜组件、电解液和电极的导电性和传导性。③ 破坏电极结构，阻碍传质过程[35]。准确了解污染物的特性、来源及其对燃料电池性能和使用寿命的影响，掌握电池污染过程中涉及的反应机理，可为制定解决污染问题策略提供思路和依据。

　　铁基常温空气阴极燃料电池的阳极电解液中存在铁元素，其在特定溶液条件下一旦形成固体化合物，则可能会污染电极和膜组件，降低电极反应活性，阻碍电荷和物质传递。有研究表明，Fe(Ⅱ)或者 Fe(Ⅲ)会破坏膜的结构，降低质子交换膜燃料电池的输出功率[36]。在铁基空气阴极燃料电池中，阳离子交换膜将阴、阳极分开，含铁溶液直接与阳极电极和阳离子交换膜接触，其在反应过程中形成的固体便会造成铁污染，它是造成燃料电池性能衰减的主要因素。膜组件和电极的污染如图3.9所示。为了能够更好地控制铁基空气阴极燃料电池长期、有效、稳定地运行，最大限度地降低成本投入，同时最大限度地回收能量与含铁化合物，对于铁污染导致的铁基空气阴极燃料电池性能衰减的本质机理需要进行深入理解。

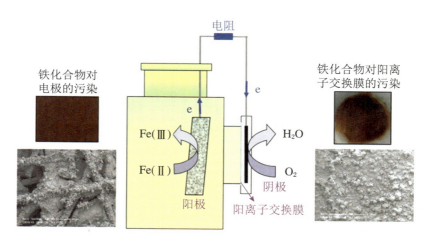

图 3.9　铁基空气阴极燃料电池中膜和电极污染示意图

　　为了探讨铁基空气阴极燃料电池中铁污染对电池性能的具体影响，首先组装单室空气阴极燃料电池系统。如图3.9所示，电池由碳阳极、载铂催化剂阴极、阳离子交换膜等关键组件组成。将 Fe(Ⅱ)浓度恒定为 3.5 mmol·L^{-1}，连续流操作下获得的铁基空气阴极燃料电池的电流密度-时间曲线如图 3.10 所示。电流密度在初始 1 h 内随时间降低较快，在接下来的几个小时内降低较为平缓。在电路接通瞬间获得最大电流密度为 578 mA·m^{-2}，1.5 h 后电流密度降低到 240 mA·m^{-2}。在接下来 20 h 的电池运行中，电流密度逐渐降低到

$170\ mA \cdot m^{-2}$。由此可见,在长期电池运行过程中,阳极室燃料浓度逐渐降低,输出能量逐渐减小,即燃料电池存在明显的性能衰减。

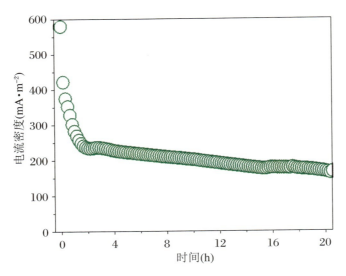

图 3.10　连续流实验中电流密度-时间关系图

图 3.11 展示了三次循环间歇操作系统中不同电极和阳离子交换膜存在下燃料电池的产电情况。其中燃料电池 A 在三次间歇循环过程中不更换阳极电极和阳离子交换膜,第一个运行周期电池回收的电量为 28.49 C,第二个运行周期回收的电量降低到 15.23 C,回收率降低了 47%。到第三个运行周期时,回收的电量只有 12.07 C。这些结果进一步表明铁基空气阴极燃料电池在间歇运行过程中性能会衰减,并且衰减严重。对于燃料电池 B,当每次循环更换新膜而不更换阳极电极时,其电流密度在循环过程中也存在一定的衰减。三个循环回收的电量分别为 26.95 C、24.03 C 和 20.02 C,与第一个运行周期相比,燃料电池 B 在第二个运行周期回收得到的电量降低了 11%,到第三个运行周期电量已经降低了 26%。对于燃料电池 C,即每次循环只更换新阳极电极而不更换阳离子交换膜,其电流密度在循环过程中衰减也比较显著。三个循环回收电量分别为 27.75 C、18.86 C 和 15.76 C,与第一个运行周期相比,燃料电池 C 在第二个和第三个运行周期的回收电量分别降低了 32% 和 43%。燃料电池 A 的性能衰减相对于燃料电池 B 和 C 来说更为严重,显然,电极和膜的污染都会影响电池对电量的回收。燃料电池性能衰减主要是由电极和膜污染引起的,膜性能的降低对电池性能衰减影响更为显著。

图 3.12 展示了三次循环中膜和电极外观形貌照片。砖红色污染层主要是铁的化合物。从图中可以看出,从第一次到第三次循环,电极和膜的污染程度逐渐加重。取经过三次循环后的电极和膜进行扫描电镜分析。如图 3.13 可以看

出,经过三次循环后,电极和膜表面覆盖着一层厚厚的污染物,污染物颗粒尺寸为纳米级。

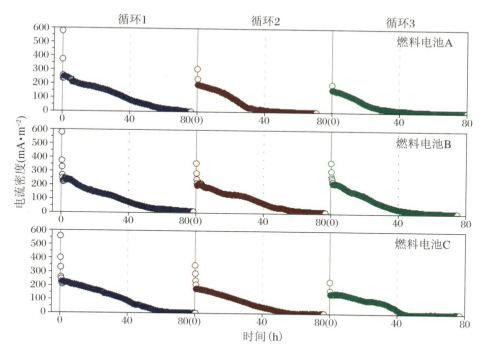

图 3.11　三次循环间歇过程中不同空气阴极燃料电池的电流密度-时间图
循环过程中燃料电池 A 中阳极电极和阳离子交换膜保持不更换,燃料电池 B 中每次循环更换新膜,燃料电池 C 中每次循环更换新阳极电极

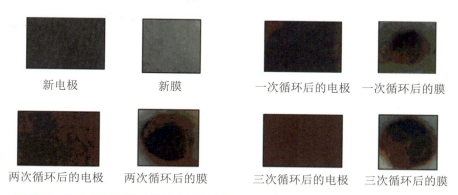

图 3.12　三个循环过程中阳极电极和阳离子交换膜的外观形貌照片

图 3.14 为间歇循环运行过程中获得的电极和膜的 X 射线衍射图谱。新的阳极电极材料在 26.4° 和 54.4° 有尖锐的衍射峰,对应标准卡片 JCPDS 29-071341-1487,可知为碳的(002)和(004)晶面特征峰。对于使用后的电极材料,其图谱上在 21.3°、33.2°、34.7° 和 36.7° 出现特征峰,由此判断该物质为斜方晶相的 α-FeO(OH)[37],其对应的晶胞常数为 $a = 4.608 \times 10^{-10}$ m,$b = 9.956 \times$

10^{-10} m，$c = 3.022 \times 10^{-10}$ m。使用后的膜材料上也出现了 α-FeO(OH)的特征吸收峰,这说明电极和膜上的污染物主要都为 α-FeO(OH)。随循环次数的增加,电极和膜上 α-FeO(OH)的吸收衍射峰强度逐渐增加,这表明其在电极和膜上的累积量越来越大。因此,随着循环次数的增多,电极和膜的污染也在逐渐加重。

图 3.13 三次循环后阳极电极和阳离子交换膜的扫描电镜图

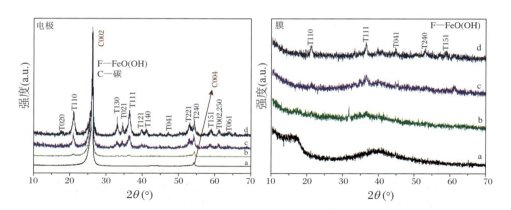

图 3.14 阳极电极和阳离子交换膜的 X 射线衍射图：(a) 未使用；(b) 使用一个周期；(c) 使用两个周期；(d) 使用三个周期

图 3.15 给出了铁基空气阴极燃料电池的极化曲线和能量密度曲线。用干净的阳离子交换膜和电极组装的铁基空气阴极燃料电池,测得的最大能量输出密度为 165 mV・m^{-2}；燃料电池间歇操作下完成一个运行周期后,电池的输出能量变为 64 mV・m^{-2}；第二个运行周期结束后,能量输出密度降低到 3.6 mV・m^{-2}；经过三个运行周期后,能量输出密度为 0.4 mV・m^{-2}。能量密度急剧降低,说明燃料电池性能衰减严重。

污染控制理论与应用前沿丛书
常温空气阴极燃料电池在废水处理中的应用

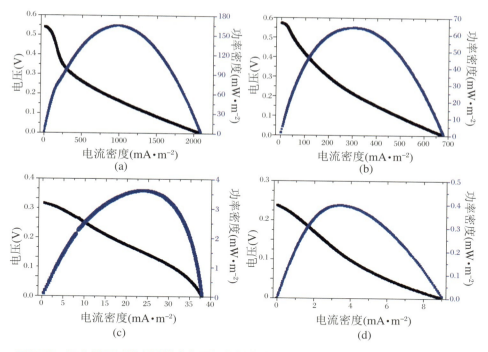

图 3.15　三个循环过程中铁基空气阴极燃料电池的极化曲线和能量密度曲线：(a) 新燃料电池；(b) 运行一个周期后的燃料电池；(c) 运行两个周期后的燃料电池；(d) 运行三个周期后的燃料电池

　　电化学交流阻抗谱为分析燃料电池动力学过程、质量传递和电极与膜的电阻大小提供强有力的依据。在三电极体系下进行交流阻抗测试。研究阳极电极的阻抗特性时，以阳极电极为工作电极，铂网为对电极，饱和甘汞电极为参比电极（SCE）。研究阳离子交换膜的阻抗特性时，以金电极（直径为 3 mm）为工作电极，铂网为对电极，饱和甘汞电极为参比电极（SCE）。将待测的膜压在 2×2 cm^2 铂网上，制备膜电极。扫描频率设置为 0.01 Hz～100 kHz，振幅为 5 mV。图 3.16 和图 3.17 分别反映了铁基空气阴极燃料电池中阳极电极和膜污染程度的交流阻抗图谱。通过拟合数据获得等效电路，其中电路元件 C 代表电极电容，Z_w 代表扩散阻抗[38]。如图 3.16 所示，在高频区，圆弧在实轴的截距为欧姆电阻 R_s，主要由电解质溶液中离子扩散电阻和电极电阻构成[39]。当溶液电阻相同时，R_s 可用来判断不同体系中阳极电极电阻的大小。对于新的阳极电极组成的燃料电池系统，R_s 值仅为 2.90 Ω，但是经过三个运行周期后该电阻值增大到 4.06 Ω。这表明电极表面覆盖的铁污染物导致了其电阻增大，影响燃料电池阳极电子的传递，从而降低燃料电池性能。R_{ct} 为圆弧半圆直径，通常代表电极表面和电解质溶液的界面传递电阻，即电化学反应电阻。对于新的阳极电极组成的燃料电池系统，R_{ct} 值为 2.04 Ω，表明了相对较快的 Fe(Ⅱ) 电化学氧化动力学过程。但经过三个运行周期后该电阻变成 15.84 Ω,此时 Fe(Ⅱ)电化学氧化反应速率严重降低,反应受阻。对于碳电极材料,其表面丰富的羧酸基团、醇类和醌类基团在电化学反应中具有优异的催化能力,当电极表面覆盖 α-FeO(OH)固体时,会严重阻碍碳材表面基团发挥催化作用,降低阳极电极活性表面。并且,固体污染物还会阻塞电极内部孔道,阻碍电极表面的传质和电子传递,从而增大了反应阻力。

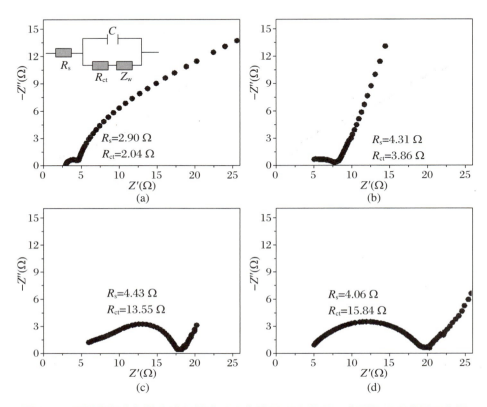

图 3.16　不同阳极电极的交流阻抗谱:(a) 未使用;(b) 使用一个周期;(c) 使用两个周期;(d) 使用三个周期

图 3.17 为不同污染程度阳离子交换膜的交流阻抗图谱。通过 R_s 的大小可比较膜在燃料电池运行中对体系欧姆电阻的贡献[40]。当使用新膜时,R_s 电阻为 1.49 Ω,经过三个运行周期后膜电阻为 96.88 Ω。此时膜被沉积的铁化合物污染,阳离子通过膜的传导电阻增大。R_{ct} 代表电荷传递电阻,通过 R_{ct} 的大小可以判断膜污染对电极反应的影响。经过三次循环后,R_{ct} 从 229 Ω 增加到 35980 Ω,此时膜的污染已经导致燃料电池动力学反应严重滞后。对铁基空气阴极燃料电池而言,铁化合物沉积污染造成燃料电池电荷转移电阻和扩散电阻的增大。电荷转移电阻的增加会引起动力学反应的滞后,增加扩散传递的阻力,降低膜和电极的导电性。其中,电池内电阻主要来自阳离子交换膜对于离子传递

污染控制理论与应用前沿丛书
常温空气阴极燃料电池在废水处理中的应用

的阻碍,电极污染所导致的电阻增加远远小于膜污染所导致的电阻增加。值得注意的是,在单室燃料电池中,阳离子交换膜与空气接触一侧空气的扩散导致部分 Fe(Ⅱ)被氧化,但是此直接空气氧化过程不会产生电能[41]。电极污染会使 Fe(Ⅱ)的电化学氧化过程受阻,从而更多的 Fe(Ⅱ)被通过膜扩散进入阳极腔室的空气氧化,导致燃料电池输出能量降低。

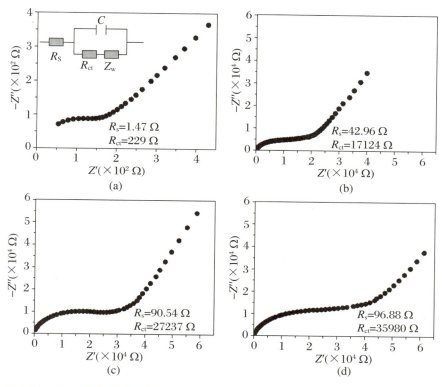

图 3.17　不同污染程度阳离子交换膜的交流阻抗谱:(a) 未使用;(b) 使用一个周期;(c) 使用两个周期;(d) 使用三个周期

　　为了更加深入地理解铁对燃料电池的电极和质子交换膜的污染所涉及的反应机理,可首先对电极和膜进行清洗,然后考察其在电池中的性能。首先,将使用过的电极和膜用 $0.1\ \mathrm{mol \cdot L^{-1}}$ 的盐酸处理 12 h,溶解去除其表面的 α-FeO(OH),然后用去离子水反复清洗电极和膜。接下来,构造燃料电池Ⅰ和燃料电池Ⅱ,燃料电池Ⅰ中的膜为未经使用的新膜,电极为经过 HCl 处理后的已使用电极;燃料电池Ⅱ中电极为未经使用新电极,膜为经过 HCl 处理后的已使用膜。如图 3.18 所示,燃料电池Ⅰ的输出电流密度与使用新电极新膜的燃料电池 A 相差不大。这说明,经过 HCl 处理后,电极表面的铁污染层可被有效去除,其性能可获得有效恢复,即污染物对电极的污染是可逆的。但是燃料电池Ⅱ的输出能量却明显低于使用新电极和新膜的燃料电池。由此可知,仅仅依靠

HCl 表面处理无法有效恢复被污染膜的性能。

如图 3.19(a)和(b)所示。与新膜相比,用 HCl 处理后的膜横断面出现明显的粗孔,元素分析发现用 HCl 处理后的阳离子交换膜中仍然存在铁元素。而 X 射线衍射图谱也显示阳离子交换膜被 α-FeO(OH)污染后,可迁移到膜内部,即使采用 HCl 处理也无法将其完全去除。显然,这部分 α-FeO(OH)将会破坏膜的内部结构。

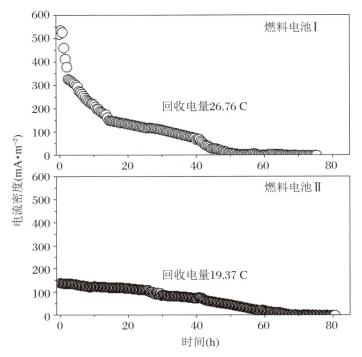

图 3.18　燃料电池电流密度-时间图
燃料电池 I 为电极经过 HCl 处理后的电池;燃料电池 II 为阳离子交换膜经过 HCl 处理后的电池

图 3.19　阳离子交换膜横断面的扫描电镜图:(a) 新膜;(b) 用 HCl 处理后的膜横断面;(c) 用 H_2SO_4 处理后的膜横断面

将用 HCl 处理后的膜浸泡在 $1 \ mol \cdot L^{-1}$ 的 H_2SO_4 溶液中,在 80 ℃水浴条件下浸泡 2 h,确保质子交换膜的 H^+ 被完全置换[42]。然后通过测定膜的含水量

污染控制理论与应用前沿丛书
常温空气阴极燃料电池在废水处理中的应用

来评估膜的吸水能力[43]。首先,将膜在室温条件下放入去离子水中浸泡 12 h,称重为 W_{wet};然后将膜在 110 ℃ 条件下烘干 2 h,称重为 W_{dry}。膜的吸水量计算公式如下:

$$吸水量 = (W_{wet} - W_{dry})/W_{dry} \times 100\% \qquad (3.19)$$

通过滴定方法测定膜的离子交换容量(IEC)(mmol·g^{-1})[47]。先将膜在室温下浸泡于 2.5 mmol·L^{-1} 的 NaCl 溶液中 10 h,确保阳离子被钠离子完全取代。取出膜后,以酚酞为指示剂,用 0.05 mol·L^{-1} 的 NaOH 滴定浸泡后的溶液。IEC 计算公式如下:

$$IEC = a \times b/W_{dry} \qquad (3.20)$$

其中,a,b 分别为 NaOH 溶液的体积(mL)和浓度(mmol·mL^{-1});W_{dry} 为干膜的质量(g)。如图 3.19(c)所示,经过 H_2SO_4 处理后的膜的横断面结构并未恢复,这也说明 α-FeO(OH)对膜的污染是不可逆的。经过测试,用 H_2SO_4 处理后的膜含水量为(26.83%±2.31%)wt%,较新膜的(30.28%±2.21%)wt%降低 11%;膜的 IEC 由原来的(1.17±0.05)mmol·g^{-1}降低到(0.99±0.08)mmol·g^{-1}。含水量和 IEC 的降低表明膜离子交换能力和通透性均有减弱。由此可见,阳离子交换膜结构的破坏影响了膜的基本离子交换性能。

综上所述,铁基空气阴极燃料电池运行过程中产生的 α-FeO(OH)类固体污染物会严重阻碍 Fe(Ⅱ)的电化学氧化,并降低电池能量输出。α-FeO(OH)覆盖在阳极电极表面,导致有效反应面积减小。电极污染物可通过 HCl 处理去除,从而使电极性能获得恢复。而附着在阳离子交换膜表面的 α-FeO(OH)不仅会阻碍传质与电子的传递,还会迁移到膜的内部破坏膜的基本结构,导致膜的离子交换量与通透性降低,造成膜性能的不可逆下降。

3.3.2

阴离子配体对电池产电性能的影响

向铁基空气阴极燃料电池中加入阴离子配体,减少铁基空气阴极燃料电池运行过程中 α-FeO(OH)沉淀的形成,是提高电池运行稳定性、降低电池性能衰减的有效途径。此外,水体中的阴离子可显著影响有氧体系中 Fe(Ⅱ)的氧化动力学过程。碳酸根离子可与 Fe(Ⅱ)形成动力学活性物种 $Fe(CO_3)_2^{2-}$ 而使 Fe(Ⅱ)的氧化得到提速,水杨酸和乙二胺四乙酸(EDTA)可与 Fe(Ⅲ)形成稳定的配合物而加速 Fe(Ⅱ)的氧化,邻苯二甲酸和乙二醇双(2-氨基乙基醚)四乙酸则与 Fe(Ⅱ)形成惰性络合物而减低其氧化速率$^{[32-33,44]}$。与之相比,有关阴离子配体存在下 Fe(Ⅱ)的电化学氧化过程的研究刚刚起步。下面介绍碳酸、EDTA、柠檬酸、磷酸和硼酸等阴离子配体对铁基空气阴极燃料电池运行性能的影响规律。通过电流密度、功率密度、Fe(Ⅱ)的转化率、系统的库仑效率和络合剂的缓冲能力等指标,可全面反映络合剂对电池运行的影响。图 3.20 展示了不同阴离子配体存在下电池输出电能与溶液 pH 的关系。如图 3.20 所示,随着电池的运行,Fe(Ⅱ)浓度逐渐降低,而电极和膜污染逐渐加重,因此电流密度逐渐降低。络合剂可以显著影响铁基燃料电池的电流强度和电流持续时间。引入络合阴离子配体不仅可以提高 Fe(Ⅱ)和 Fe(Ⅲ)的溶解度,而且可以改变 Fe(Ⅱ)的氧化还原电势,因此不同阴离子配体存在下燃料电池初始电流密度和电流衰减速率有所区别。在几种电池中,加入羧酸基络合剂(碳酸、EDTA 和柠檬酸)的电池得到了较高的电流密度,其中加入柠檬酸络合剂的电池产生的电流持续时间最长,而加入磷酸基络合剂的电池产生的电流密度则显著较低,其电流持续时间也最短。表 3.5 中列出了不同配体离子存在下燃料电池的回收电量。理论上,150 mL 浓度为 3.5 mmol·L^{-1} 的 Fe(Ⅱ)氧化总共可回收 50.65 C 的电量。然而,所有反应器产生的电量都低于理论电量。其原因是部分 Fe(Ⅱ)被扩散的氧气氧化导致电量损失,并且当 Fe(Ⅱ)形成沉淀时其无法和电极发生有效接触而影响氧化。尤其在磷酸盐体系中,当 pH 为 7~9 时经过一个循环后,超过80%的 Fe(Ⅱ)未被氧化,结果导致回收的电量很少。柠檬酸体系燃料电池和碳酸盐体系燃料电池分别在 pH 为 8~9 和 6~8 时电池性能良好,电量回收较大,电量回收率可达 93.5%~96.1%。

表 3.5　不同阴离子配体存在下铁基空气阴极燃料电池
一个运行周期内 Fe(Ⅱ)氧化率和回收电量

络合阴离子	Fe(Ⅱ)氧化率					回收电量(库仑)				
	pH 5	pH 6	pH 7	pH 8	pH 9	pH 5	pH 6	pH 7	pH 8	pH 9
EDTA	99.99%	100.00%	100.00%	100.00%	100.00%	28.76	26.89	11.29	26.34	27.02
柠檬酸	98.82%	98.83%	98.69%	98.56%	98.86%	17.08	18.37	35.16	48.68	48.62
碳酸	38.93%	99.61%	99.73%	99.13%	85.52%	6.14	47.39	48.51	47.70	22.70
磷酸	36.79%	31.89%	18.58%	17.09%	13.30%	6.52	4.05	1.09	0.41	0.38
硼酸	13.74%	8.03%	85.50%	100.00%	39.58%	0.34	0.63	19.04	47.13	14.57

图 3.21 比较了不同阴离子配体存在下燃料电池运行的前 12 h 周期内平均输出电流密度、Fe(Ⅱ)氧化率和库仑效率。加入阴离子配体可以显著影响燃料电池的电能输出。在磷酸盐体系中,燃料电池的平均电流密度在 pH=8.0 时仅

污染控制理论与应用前沿丛书
常温空气阴极燃料电池在废水处理中的应用

为(0.08 ± 0.5) mW·m^{-2}；而在碳酸盐体系中，当 pH＝8.0 时，平均电流密度高达(107.85 ± 1.50) mW·m^{-2}。Fe(Ⅱ)的转化率和库仑效率也受络合阴离子配体的影响，随着配体的不同，前 12 h 内 Fe(Ⅱ)的氧化率在$(2.67\%\pm1.72\%)\sim(36.34\%\pm1.36\%)$之间波动，库仑效率在$(4.9\%\pm1.7\%)\sim(92.1\%\pm6.7\%)$之间波动。一般来说，相同反应时间内，Fe(Ⅱ)氧化率越高，表明其氧化速率越快，则具有较高的能量输出和库仑效率。不同阴离子配体存在下的铁基空气阴极燃料电池的能量输出和回收效率，按由高到低顺序依次为碳酸、EDTA、柠檬酸、硼酸、磷酸。

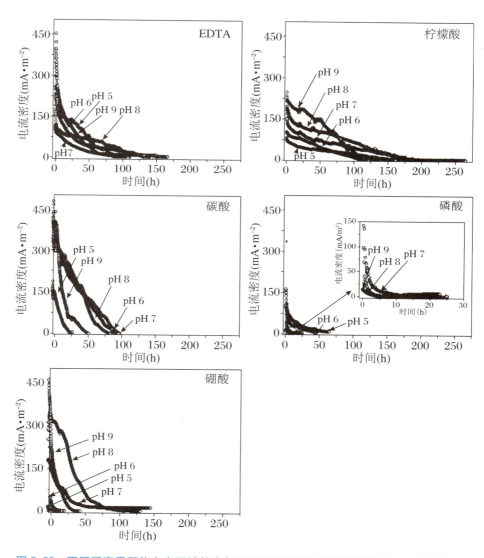

图 3.20 不同阴离子配体存在下铁基空气阴极燃料电池中的电流输出与 pH 的关系

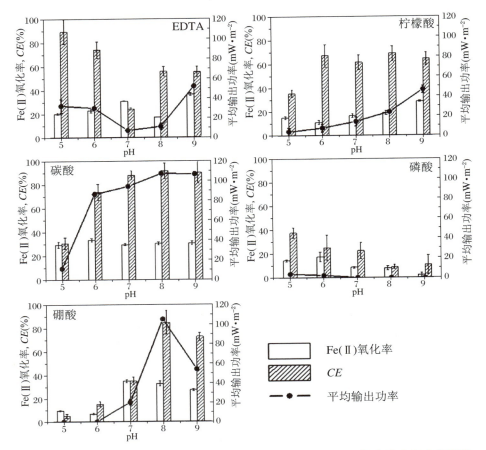

图 3.21　不同阴离子配体存在下空气阴极燃料电池在 12 h 运行周期内的 Fe(Ⅱ)氧化率、CE 和能量输出

　　阴离子配体对于 Fe(Ⅱ)溶液具有一定的缓冲能力,从而能够维持溶液 pH 在一定范围内保持稳定。如图 3.22 所示,碳酸盐在 pH 为 5.0~9.0 范围内均显示了较强的缓冲能力,整个间歇周期内体系 pH 基本没有变化。EDTA 在 pH 为 6.0~9.0 的溶液中有较强的缓冲作用,而在 pH 为 5.0 的溶液中其缓冲能力大大削弱。柠檬酸在酸性溶液中的缓冲能力较强,而硼酸盐则在碱性溶液中发挥较强的缓冲作用。至于磷酸盐,只能在中性条件下发挥缓冲能力。值得一提的是,所有的电池在运行过程中无一例外地表现出了 pH 下降的趋势,这主要是由 Fe(Ⅲ)和 Fe(Ⅱ)在水溶液中发生水解释放出氢离子造成的。pH 维持对于保持铁基空气阴极燃料电池效率具有至关重要的作用。如图 3.23 所示,随着 pH 的升高,所有的铁基空气阴极燃料电池的溶液电势均呈下降趋势,从而有利于 Fe(Ⅱ)发生电化学氧化。其中,在加入碳酸盐络合剂的电池中,当电解质溶液 pH 由 5.0 升至 9.0 的过程中,溶液电势由 −50 mV 大幅降至 −800 mV,其电势明

污染控制理论与应用前沿丛书
常温空气阴极燃料电池在废水处理中的应用

显低于其他络合阴离子存在下的溶液电势,因此相应的电池取得了最高的效率。

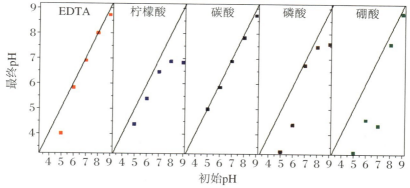

图 3.22　一个间歇周期中不同络合阴离子配体存在下阳极溶液的 pH 变化

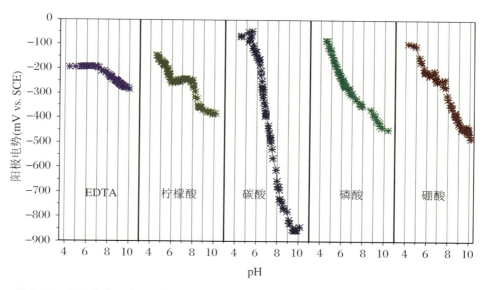

图 3.23　不同络合阴离子配体存在下 Fe(Ⅱ)溶液的 pH-电势曲线

如图 3.24 所示,Fe(Ⅱ)在不同络合阴离子溶液中显示出了截然不同的还原活性。在硼酸盐体系中,当溶液的 pH 低于 8.0 时,Fe(Ⅱ)的氧化峰很弱,而还原活性较低。pH = 9.0 时,有明显的氧化峰,峰强与 pH = 8.0 时相差不大,但是其还原电势却比 pH = 8.0 时有所降低。这表明硼酸盐体系中 Fe(Ⅱ)在 pH = 9.0 时还原活性最强。在磷酸盐体系中,Fe(Ⅱ)的还原活性较低,对应的氧化电势也基本大于 0.0 V。在 EDTA 和柠檬酸盐体系中,Fe(Ⅱ)的氧化峰相对较强,还原活性相对来说比较高。在碳酸盐体系中,pH = 6.0 时,Fe(Ⅱ)的氧化峰强度最大,并且其氧化电势低至 - 350 mV,说明在该条件下 Fe(Ⅱ)最容易被氧化。

阴离子配体在溶液中会与 Fe(Ⅱ)/Fe(Ⅲ)形成络合物。阴离子配体可通过形成 Fe(Ⅱ)络合物而影响 Fe(Ⅱ)的氧化动力学,当 Fe(Ⅱ)络合物的氧化反应速率大于 Fe(Ⅱ)水合物时,Fe(Ⅱ)的总体电化学氧化速率增强。Fe(Ⅱ)和Fe(Ⅲ)络合物稳定性也会影响 Fe(Ⅱ)的电化学氧化。当生成的 Fe(Ⅲ)络合物的稳定性大于 Fe(Ⅱ)络合物的稳定性时,有利于 Fe(Ⅱ)发生氧化。

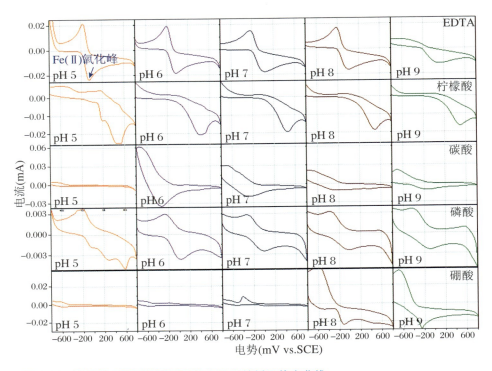

图 3.24　Fe(Ⅱ)在不同阴离子配体存在下的循环伏安曲线

　　碳酸盐是天然水体中 Fe(Ⅱ)的重要配体,可以与 Fe(Ⅱ)形成多种络合物。根据 Fe(Ⅱ)的氧化动力学模型,在 pH=5.0 时,Fe(Ⅱ)动力活性物种的浓度很低,而溶液中大量存在的 Fe(Ⅱ)水合物种为动力学惰性物种,因此该 pH 条件下 Fe(Ⅱ)的电化学氧化速率相对较低。当 pH 增加到 6.0 时,动力学活性物种 $FeCO_3$ 物种显著增加,促进铁的氧化。Fe(Ⅱ)在碳酸盐体系中的氧化速率与溶液的氧化还原电势及 Fe(Ⅱ)络合物种类有关。增加溶液的 pH 会使溶液氧化还原电势减低,从而促进 Fe(Ⅱ)氧化。然而,通过图 3.24 中的循环伏安图可以看出,在较高 pH 条件下,Fe(Ⅱ)物种的还原活性降低。因此,碳酸盐络合燃料电池在 pH=7.0 时性能最好。

　　作为常用人工络合剂,EDTA 对 Fe(Ⅱ)和 Fe(Ⅲ)均有很强的络合能力。据报道,EDTA 促进 Fe(Ⅱ)氧化的机理在于其可将 Fe(Ⅱ)-EDTA 转化成更稳定的 Fe(Ⅲ)-EDTA[44],因此 EDTA 的加入可显著提高燃料电池的性能。由图3.23 可知,对于 EDTA 络合体系,当 pH 在 5.0~7.0 之间时,溶液氧化还原电

污染控制理论与应用前沿丛书
常温空气阴极燃料电池在废水处理中的应用

势基本保持不变,然而 Fe(Ⅱ)还原活性逐渐降低,从而导致燃料电池性能随着 pH 的升高而下降。当溶液 pH 从 7.0 增加到 9.0 时,尽管 Fe(Ⅱ)还原活性下降,但不断降低的溶液氧化还原电势有利于 Fe(Ⅱ)氧化。因此,EDTA 络合 Fe(Ⅱ)的燃料电池在 pH=7.0 时性能最差。

有氧体系中三羧酸配体柠檬酸可影响 Fe(Ⅱ)的氧化动力学,但其影响机制尚未明晰。Theis 等[45]报道在 Fe(Ⅱ)氧化的最初阶段,柠檬酸可促进 Fe(Ⅱ)的氧化速率。然而,也有研究者[46]观察到由于 Fe(Ⅱ)-柠檬酸单配体复合物高度的稳定性,其对 Fe(Ⅱ)的氧化有延缓效应。实际上,柠檬酸可以和 Fe(Ⅱ)形成更为活泼的 Fe(Ⅱ)-柠檬酸三配体[47],并且 Fe(Ⅲ)-柠檬酸络合物的稳定性要远远大于 Fe(Ⅱ)-柠檬酸络合物[48]。因此,柠檬酸对 Fe(Ⅱ)的电化学氧化有促进作用。柠檬酸络合 Fe(Ⅱ)溶液的氧化还原电势随着 pH 的升高而下降,有利于 Fe(Ⅱ)发生电化学氧化。因此,燃料电池的性能随着 pH 的提高而上升。

磷酸阴离子与 Fe(Ⅱ)络合可形成稳定性强的 Fe(Ⅱ)-磷酸络合物,例如: $[Fe(H_2PO_4)]^+$ 和 $[FeHPO_4]$,其比 Fe(Ⅱ)水合物种具有更强的氧化活性[49-50]。然而,Fe(Ⅱ)与磷酸根离子形成大量固体沉淀,导致溶解态 Fe(Ⅱ)减少,限制其发生电化学氧化。如表 3.5 所示,在磷酸盐燃料电池体系中的一个运行周期内,只有不足 40% 的 Fe(Ⅱ)被氧化,因此电池输出功率较低。高 pH 导致更多的 Fe(Ⅱ)-磷酸沉淀形成,因此电池在酸性条件下性能更好。

在硼酸体系中,$[B(OH)_4]^-$ 能与 Fe(Ⅱ)络合生成 $Fe[B(OH)_4]^+$ 类络合物[51]。溶液 pH 对电池性能影响较大,当 pH 从 5.0 增加到 8.0 时,总回收电量从 0.34 C 上升到 47.17 C,提高了两个数量级。提高溶液 pH,硼酸络合 Fe(Ⅱ)溶液的电极电势向负电势方向移动,而此时 Fe(Ⅱ)的还原能力也有所增强,因此硼酸络合铁空气阴极燃料电池在碱性溶液中的性能较酸性溶液有所增强。

加入合适的阴离子配体可以有效提高铁基空气阴极燃料电池的性能,通过评估能量回收和 Fe(Ⅱ)电化学氧化效率等因素,阴离子对电池的强化能力依次为碳酸盐、EDTA、柠檬酸、硼酸、磷酸。空气阴极燃料电池的性能与溶液 pH 具有较大的联系,在柠檬酸体系中,增加 pH 能促进电能的产生,然而在磷酸体系中有相反的趋势。对 EDTA 燃料电池体系来说,在天然 pH 条件下,具有较低的能量密度。然而,在碳酸盐和硼酸盐体系中,此 pH 条件下却可提高能量的产生。Fe(Ⅱ)的电化学氧化主要受阳极电解液的氧化还原电势和 Fe(Ⅱ)活性的影响。一方面,随溶液 pH 增加,Fe(Ⅱ)的电化学氧化电势逐渐降低,因此可促进 Fe(Ⅱ)的电化学氧化进程;另一方面,Fe(Ⅱ)的电化学氧化活性在除硼酸以外的体系中随 pH 的增加而降低。因此,对加入不同络合阴离子的铁基空气阴极燃料电池,其运行 pH 需要进行仔细区分和调控。碳酸盐对 Fe(Ⅱ)电化学氧化的提升效果最为显著,是铁空气阴极燃料电池中 Fe(Ⅱ)的最佳络合离子。然而,在碳酸盐溶液中,Fe(Ⅱ)的氧化产物 Fe(Ⅲ)却容易与碳酸盐形成沉淀,对燃料电池的运行和铁回收带来困难。此处,Fe(Ⅱ)在 EDTA 溶液中也产生较高的氧化电流,而且由于 Fe(Ⅲ)/Fe(Ⅱ)-EDTA 均表现出良好的溶解性和稳定性。因此,可以将 EDTA 加入铁基空气阴极燃料电池体系中,以有效提高电池的运行效率。

3.4

由酸性矿山废水原位制备非均相电 Fenton 催化剂

　　酸性矿山废水主要是黄铁矿(FeS_2)以及其他金属硫化物等矿源在开采过程中由于暴露在空气、水和存在微生物活动的环境下发生溶浸、氧化、水解等一系列物理化学反应形成的含大量重金属离子的黄棕色酸性废水。这些酸性矿山废水的 pH 一般为 2.0~4.0,含有多种重金属,同时废水产生量大,其存在对矿区周围生态环境构成了严重的破坏。酸性矿山废水对环境的长期影响主要是引起环境 pH 的降低,以及水体和土壤的重金属含量增加,受污染的土壤和水体对水生生物和植物生长及人类健康均有负面影响。

　　黄铁矿氧化产酸过程如下:

　　(1) 黄铁矿在氧化作用下生成硫酸和硫酸亚铁

$$2FeS_2 + 7O_2 + 2H_2O \longrightarrow 2FeSO_4 + 2H_2SO_4 \tag{3.21}$$

　　(2) 亚铁离子在游离氧或细菌存在时氧化成高价铁

$$4Fe^{2+} + O_2 + 4H^+ \longrightarrow 4Fe^{3+} + 2H_2O \tag{3.22}$$

　　(3) 高价铁离子水解或氧化黄铁矿

$$Fe^{3+} + 3H_2O \longrightarrow Fe(OH)_3 + 3H^+ \tag{3.23}$$

或

$$14Fe^{3+} + FeS_2 + 8H_2O \longrightarrow 15Fe^{2+} + 2SO_4^{2-} + 16H^+ \tag{3.24}$$

常温空气阴极燃料电池在废水处理中的应用

目前，普遍采用化学中和方法处理酸性矿山废水，通常使用的中和剂包括氢氧化钠、石灰和石灰石，以及氧化镁和氢氧化物。在这些中和剂中，石灰石由于其成本低而被广泛使用。中和法会产生含有重金属的化学污泥，其中含有大量含铁化合物。据报道，矿山废水处理污泥中包含有混合的铁的氧化物如赤铁矿（Fe_2O_3）、磁铁矿（Fe_3O_4）和针铁矿（$FeOOH$）[2]。为了减少污泥排放和处理酸性矿山废水的消耗，回收污泥中的铁氧化物已经引起人们广泛的研究兴趣。但是，从酸性矿山废水处理污泥中分离纯净的铁氧化物需要极其复杂的操作，这就造成铁的回收成本高、回收效率低等问题。

Logan B. E 等在 2007 年提出将常温空气阴极燃料电池技术运用到处理酸性矿山废水，利用废水中 Fe(Ⅱ)在电池阳极发生自发电化学氧化，该过程所形成的 Fe(Ⅲ)沉淀后可形成纳米 FeOOH 单一粒子，系统则是以接近 100% 的库仑效率将 Fe(Ⅱ)氧化所产生的电子回收成电能，由此实现了由酸性矿山废水回收纳米 FeOOH 并同步产电[5-6]。铁基燃料电池技术为酸性矿山废水的资源化处理提供了一条全新的途径。然而，由于电池中所形成的 Fe(Ⅲ)可通过吸附和沉积作用附着在碳材阳极的表面而难以直接分离，因此造成铁资源回收效率的下降。如何有效回收和利用碳材阳极表层的 Fe(Ⅲ)，是提高铁基燃料电池资源化效率的关键所在。铁基空气阴极燃料电池中 Fe(Ⅱ)的氧化产物 Fe(Ⅲ)化合物与碳材之间具有一定的亲和性，因而可以较为稳定地附着在碳材阳极表面。由此可以通过铁基空气阴极燃料电池技术，由酸性矿山废水直接制备铁碳复合材料，从而实现对阳极表层 Fe(Ⅲ)的原位利用。

铁碳复合材料已经被广泛用于电极、电容器、催化剂等在内的许多领域，尤其是作为非均相电 Fenton 反应的催化剂，在处理难降解污染物方面具有巨大的发展潜力。Fenton 技术是经典的高级氧化技术之一，由于其对污染物处理效率高、清洁环保、操作容易而被用于染料、抗生素、农药等多种生物惰性污染物的处理。传统的均相 Fenton 试剂由亚铁离子和过氧化氢（H_2O_2）组成。亚铁离子作为催化剂引发 H_2O_2 分解产生 HO· 等自由基，然后利用自由基的强氧化能力实现对污染物的去除。然而，均相 Fenton 技术面临着反应必须在苛刻的酸性条件下进行、催化剂不能反复使用、H_2O_2 易分解且利用率不高等缺陷，导致其实际应用受到了限制。均相电 Fenton 的主要缺点之一是其操作 pH 范围较窄，最佳 pH 条件约为 3.0。铁在溶液中以各种氢氧化物形式存在，它们的浓度取决于溶液的 pH。溶液 pH 小于 3.0 时，Fe^{2+}（即 $[Fe(H_2O)_6]^{2+}$）和 Fe^{3+}（即 $[Fe(H_2O)_6]^{3+}$）是铁的主要形式。随着溶液 pH 的升高，这些配合物逐渐转化为不溶性配合物。而且在溶液 pH 大于 4.0 时，Fe^{2+} 在氧气存在下容易被氧化

为 Fe^{3+}。而工业废水通常是偏中性或碱性，因此处理前需要调节 pH。均相电 Fenton 技术的另一个问题是 Fenton 催化剂不能重复使用，且在反应之后，需要处理铁泥沉淀物。为了解决以上问题，人们将外电场和固相铁氧化物催化剂引入 Fenton 反应过程，从而发展出了基于阴极 O_2 还原的非均相电 Fenton 技术。在非均相电 Fenton 体系中，铁基催化剂被集成在阴极电极上，H_2O_2 则是由空气中的 O_2 在阴极表面经电化学还原而产生的；新生的 H_2O_2 在固相催化剂中 Fe(Ⅱ) 的催化下分解产生自由基，同时 Fe(Ⅱ) 被氧化成为 Fe(Ⅲ)。接下来，自由基氧化降解污染物，而 Fe(Ⅲ) 则通过电极反应或与 H_2O_2 反应重新还原成 Fe(Ⅱ)，从而使催化过程循环进行。基于阴极氧气还原的非均相电 Fenton 体系中自由基产生所涉及的主要反应如下：

H_2O_2 生成的电极反应：

$$O_2 + 2H_2O + 2e^- \longrightarrow H_2O_2 + 2OH^- \tag{3.25}$$

催化剂还原的电极反应：

$$Fe(Ⅲ) + e^- \longrightarrow Fe(Ⅱ) \tag{3.26}$$

自由基生成反应：

$$H_2O_2 + Fe(Ⅱ) \longrightarrow Fe(Ⅲ) + HO \cdot + OH^- \tag{3.27}$$

$$H_2O_2 + Fe(Ⅲ) \longrightarrow Fe(Ⅱ) + HO_2 \cdot + H^+ \tag{3.28}$$

$$HO \cdot + H_2O_2 \longrightarrow HO_2 \cdot + H_2O \tag{3.29}$$

非均相电 Fenton 技术的突出优势在于具有较高的 H_2O_2 利用效率，这是由于 H_2O_2 通过电极反应原位产生后立即转化成自由基，因而不会在水体中累积，有效地避免了其自分解而导致的消耗[52]。而铁氧化物催化 H_2O_2 分解产生 $HO \cdot$ 的能力也要明显优于亚铁离子[53-54]。此外，由于采用固相铁基催化剂，不需要溶解态铁离子的参与，因而非均相电 Fenton 反应可在中性和碱性条件下进行，催化剂也可以循环使用，不存在铁泥的处理问题[55-56]。

接下来，将主要介绍空气阴极燃料电池中 Fe(Ⅱ) 的电化学氧化规律，产物的结构、形貌与功能控制原理，以及非均相电 Fenton 的电极反应过程及铁氧化物的催化机理；探讨如何通过对空气阴极燃料电池以及后续煅烧过程的调控，获得具有较高催化活性和稳定性的碳载铁氧化物，并将其作为非均相电 Fenton 催化剂；同时结合催化条件的控制与优化，从而最大限度地提高非均相电 Fenton 反应效率。

3.4.1

电 Fenton 催化剂的制备和活性分析

电 Fenton 催化剂的制备及应用示意图如图 3.25 所示。利用空气阴极燃料电池将酸性矿山废水中的 Fe(Ⅱ)化合物转移到石墨毡(GF)载体上制得电 Fenton 催化剂。燃料电池的阳极室是 175 mL 的单室玻璃容器,其中阳极电极为石墨毡,空气阴极材料为载铂碳纸,阴极与阳极腔室之间以阳离子交换膜相隔,阴、阳电极之间以导线相连。为了探求非均相电 Fenton 催化剂的制备过程影响因素,排除实际酸性矿山废水中其他金属离子和阴极的干扰,可用只含 Fe(Ⅱ)的模拟废水进行实验,其由 40 mmol·L^{-1} 硫酸亚铁(FeSO$_4$·7H$_2$O)、200 mmol·L^{-1} 氯化钠(NaCl)和 50 mmol·L^{-1} 碳酸氢钠(NaHCO$_3$)组成,并用作阳极电解质溶液。阳极室首先加入 150 mL NaCl 和 NaHCO$_3$ 的混合溶液,然后通入氮气和二氧化碳的混合气体,以除去溶液中的溶解氧。在厌氧手套箱中,将 FeSO$_4$·7H$_2$O 缓慢加入到阳极室中,并用氢氧化钠和二氧化碳调节 pH 至 7.5。燃料电池的电路保持开路状态,直到获得恒定的开路电压,然后用 1000 Ω 的电阻联通电路。当电阻两端的电压下降到低于 1 mV 时,取出阳极电极并用蒸馏水冲洗。在 40 ℃下干燥 24 h 得到羟基氧化铁/石墨毡(FeOOH/GF)的复合材料。接着,将 FeOOH/GF 进行热处理,在管式炉 300 ℃下煅烧 1 h,得到的三氧化二铁/石墨毡(Fe$_2$O$_3$/GF)复合材料;在氮气保护下,700 ℃下煅烧 1 h,得到四氧化三铁/石墨毡(Fe$_3$O$_4$/GF)复合材料。

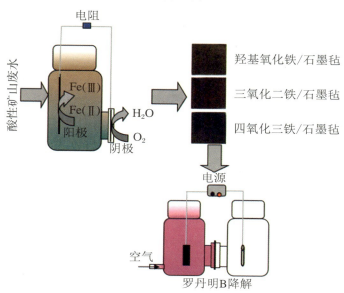

图 3.25　电 Fenton 催化剂的制备及应用示意图

175

图 3.26 显示了所制备三种不同石墨毡载铁氧化物复合材料的 X 射线衍射图谱。所有样品都在 26.0°处有明显的衍射峰，对应了标准卡片 JCPDS29-071341-1487 中碳 002 晶面的特征峰。燃料电池运行结束后，取出的阳极电极在 40 ℃下干燥 24 h，其复合材料在 21°、33°、34°、35°、36°、39°、41°、53°、59°和 61°出现特征峰，可知该物质为纯斜方晶型的 α-FeOOH，对应的晶胞参数 $a = 4.608 \times 10^{-10}$ m，$b = 9.956 \times 10^{-10}$ m 和 $c = 3.022 \times 10^{-10}$ m，与对应标准卡片 JCPDS 29-0713 一致。空气氛围下，在 300 ℃下热处理 1 h 后，由 24°、33°、36°、41°、53°、57°、62°和 64°出现的特征峰可知该物质为 α-Fe$_2$O$_3$（JCPDS 33-0664），对应的晶胞参数 $a = 5.035 \times 10^{-10}$ m，$b = 5.035 \times 10^{-10}$ m 和 $c = 13.747 \times 10^{-10}$ m。由此可知，α-FeOOH 完全转化为六方晶的 α-Fe$_2$O$_3$。在 700 ℃，氮气氛围下煅烧 1 h 后，由 30°、35°、37°、43°、53°、57°和 63°出现的特征峰（JCPDS 19-0629），可知对应的晶胞参数 $a = b = c = 8.396 \times 10^{-10}$ m。由此可知，α-FeOOH 转化为具有面心立方结构的 Fe$_3$O$_4$ 磁铁矿。

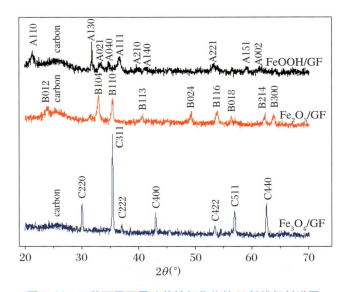

图 3.26　三种不同石墨毡载铁氧化物的 X 射线衍射谱图

石墨毡载铁氧化物复合材料的晶型和微观结构可由扫描电镜图像进一步观察。如图 3.27 所示，石墨毡表面覆盖有纳米尺寸的铁的氧化物层。FeOOH 为铺展在碳表面的短纤维状纳米团簇，晶粒直径为 50～150 nm（图 3.27（a）（b））；而 Fe$_2$O$_3$ 显示为互相交错的纳米薄片组成的花状结构，厚度大约为 30 nm（图3.27（c）（d））；Fe$_3$O$_4$ 颗粒则呈现为均匀分散的纳米立方体，边长为 100～500 nm（图 3.27（e）（f））。在 FeOOH/GF，Fe$_2$O$_3$/GF 和 Fe$_3$O$_4$/GF 复合材料中，铁元素的质量分数分别为 18.5%，18.9% 和 17.7%。以上数据均高于文献报道的用于非均相电 Fenton 催化剂的铁氧化物/碳复合材料中铁元素的含量[54,57]。

电 Fenton 反应过程中电子会在电极上进行转移，因此催化剂的氧化还原活性是至关重要的。石墨毡载铁氧化物复合材料的氧化还原活性可通过循环伏安曲线图进行比较。如图 3.28 所示,石墨毡本身在电场中的氧化还原活性较弱,循环伏安曲线图上没有明显的氧化还原峰。而当石墨毡上负载了铁氧化物后,其循环伏安曲线图上可以清楚地观察到一对氧化还原峰,这对氧化还原峰归因于 Fe(Ⅲ)/Fe(Ⅱ) 的相互转化,其强度和位置是评估材料氧化还原能力的有效信息。FeOOH/GF 复合材料的氧化还原峰最弱,其氧化峰和还原峰分别位于 0.534 V 和 0.846 V 处。与之相比,Fe_2O_3/GF 和 Fe_3O_4/GF 复合材料的氧化还原峰显著增强,说明这两种材料的氧化还原活性要比 FeOOH/GF 复合材料强。

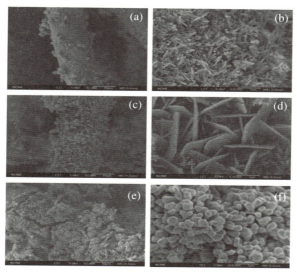

图 3.27　三种不同石墨毡载铁氧化物的扫描电镜照片
图:FeOOH/GF(a)(b);Fe_2O_3/GF(c)(d);Fe_3O_4/GF(e)(f)

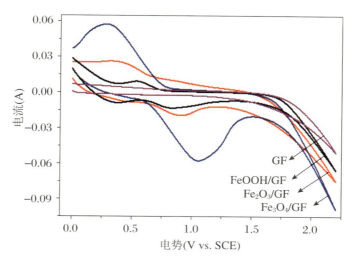

图 3.28　石墨毡和铁氧化物/石墨毡在 0.05 mol · L^{-1} Na_2SO_4 电解质溶液中的循环伏安曲线图

所制备催化材料的电 Fenton 活性，一般通过其催化电 Fenton 反应降解污染物的效率来衡量。如图 3.29 所示，采用罗丹明 B 作为模式污染物，在双室反应器中进行电 Fenton 实验，所制备的铁氧化物/GF 复合材料作为电 Fenton 阴极，阳极采用石墨棒，阴、阳极腔室之间由一个阳离子交换膜分隔。50 mmol·L^{-1}的硫酸钠作为阴、阳极两室的电解液，而阴极电解液含有 5.0 mg·L^{-1}罗丹明 B。从阴、极室底部持续鼓入空气，同时对阴、阳极之间施加一定的电压。由图 3.29 可以看出，石墨毡本身对于电 Fenton 反应具有较低的催化活性，120 min 后罗丹明 B 的去除效率仅为（30% ± 1.4%）。而使用 FeOOH/GF，Fe$_2$O$_3$/GF 和 Fe$_3$O$_4$/GF 作为阴极时，分别取得了高达（62.5% ± 2.0%）、（95.4% ± 0.9%）和（95.6% ± 0.7%）的罗丹明 B 去除效率。在这三种石墨毡载铁氧化物复合材料中，Fe$_3$O$_4$/GF 显示出最高的催化活性，而 FeOOH/GF 的活性最低。电 Fenton 体系使用 Fe$_3$O$_4$/GF 作为阴极，在 30 min 内罗丹明 B 的去除效率为（77.4% ± 1.4%）；用 Fe$_2$O$_3$/GF 作阴极，降解率下降到（69.5% ± 3.8%）；而使用 FeOOH/GF 作为阴极，降解率进一步下降至（50.4% ± 1.9%）。这一结果与相应的 CV 曲线图分析得出复合材料的氧化还原性能差异结果相一致。吸附对污染物去除的贡献可以通过吸附实验来确定。三种石墨毡载铁氧化物复合材料对罗丹明 B 的吸附能力较差，吸附作用只能使得不足 10% 的罗丹明 B 被去除，而其余的罗丹明 B 则主要通过电 Fenton 降解去除。

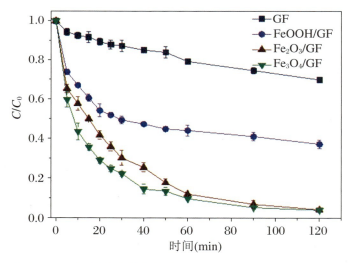

图 3.29　以石墨毡和铁氧化物/石墨毡为阴极的电 Fenton 体系中罗丹明 B 的浓度随反应时间的变化曲线图
C_0 代表罗丹明 B 的初始浓度

Fe_3O_4/GF 复合材料相比于 $FeOOH/GF$ 和 Fe_2O_3/GF 复合材料,具有更高的催化活性。在铁的负载量几乎相同的情况下,它们存在如此的差异,究其原因在于铁氧化物的结构不同。一般来说,Fe(Ⅱ)氧化物的催化活性要高于 Fe(Ⅲ)氧化物[58]。$FeOOH$ 和 Fe_2O_3 只包含 Fe(Ⅲ),而 Fe_3O_4 包含 Fe(Ⅲ)和Fe(Ⅱ),其八面体结构有利于 Fe(Ⅲ)和 Fe(Ⅱ)在结构内相互转化[53],尤其是 Fe(Ⅱ)可以直接作为电子供体催化电 Fenton 反应。

一个典型的非均相电 Fenton 工艺包括电解还原氧气生成过氧化氢,以及从过氧化氢生成羟基自由基和羟基自由基氧化有机污染物的过程。其中,高效率产生过氧化氢和羟基自由基是电 Fenton 体系高效运行的关键。如图 3.30 所示,电 Fenton 体系中过氧化氢的浓度随着反应时间的延长而增加,然后略微下降;然而,羟基自由基的浓度在反应过程中却是一直增加的。在电 Fenton 反应过程中,氧气首先被还原生成过氧化氢,过氧化氢会发生分解转化成羟基自由基,因此过氧化氢的浓度取决于其生成速率和分解速率。反应初期,过氧化氢的生成速率大于其分解速率,因此其在体系中的累积浓度逐渐增加;反应后期,其浓度降低,则说明其分解速率已经高于其生成速率。以石墨毡为阴极的电 Fenton 体系中过氧化氢的浓度,要远高于以石墨毡载铁氧化物为阴极的体系,而羟基自由基的最低浓度则出现在以石墨毡为阴极的体系。由此证明了铁氧化物具有催化过氧化氢分解的能力。在三种石墨毡载铁氧化物复合材料中,Fe_3O_4/GF 作为阴极催化产生的羟基自由基最多,而 $FeOOH/GF$ 催化产生的羟基自由基最少。这也充分证明了 Fe_3O_4/GF 作为电 Fenton 阴极材料的高催化特性。

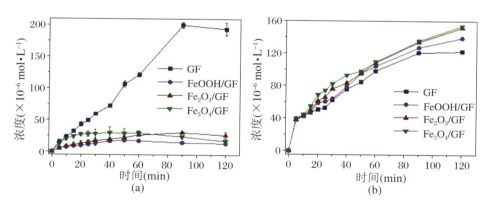

图 3.30 以石墨毡和铁氧化物/石墨毡为阴极的电 Fenton 体系产生的过氧化氢(a)和羟基自由基(b)的浓度

除了羟基自由基,过氧化氢分解产生的超氧自由基也是电 Fenton 系统中负责污染物氧化的主要活性氧物种,其在溶液中以 $\cdot O_2^-$ 的形式存在[59]。羟基自由基和超氧自由基可以分别被叔丁醇和对苯醌淬灭。为了保证自由基能够完全被淬灭,淬灭剂的浓度可设定为污染物浓度的 1000 倍。由图 3.31(a)和(b)可以看出,分别添加叔丁醇和对苯醌后,30 min 内 FeOOH/GF,Fe_2O_3/GF 和 Fe_3O_4/GF 复合阴极上罗丹明 B 的降解率分别减少了 77.2%、78.9%、80.4% 和 20.1%、29.5%、32.3%。因此,羟基自由基和超氧自由基都对罗丹明 B 起降解作用,而罗丹明 B 的降解率主要依赖于羟基自由基作用。值得注意的是,同时淬灭羟基自由基和超氧自由基后,仍有 6%的罗丹明 B 被去除(图 3.31(c)),而依靠电极吸附作用仅有 2.5%的罗丹明 B 被去除。据此推测,降解过程可能也包括非自由基机制。

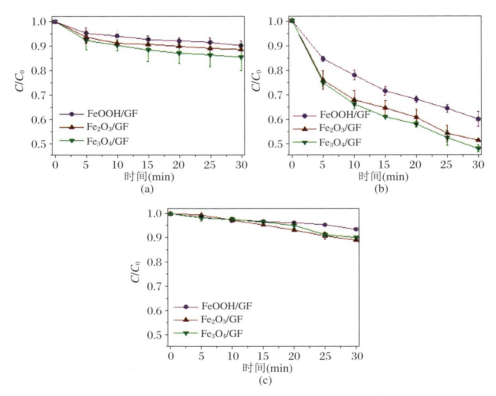

图 3.31　电 Fenton 体系中加入叔丁醇(a)、对苯醌(b)、叔丁醇(c)和对苯醌后罗丹明 B 的浓度随反应时间的变化曲线图
C_0 代表罗丹明 B 的初始浓度

　　基于固相表面催化的非均相电 Fenton 技术固然可以克服均相电 Fenton 技术面临的铁损耗和铁污泥问题,然而目前某些非均相电 Fenton 系统是利用固态铁催化剂释放 Fe^{2+} 到溶液中从而催化相关反应[60-63]。这些系统实际上遵循均相催化机制,因此催化剂损失不可避免,催化剂的催化活性越来越差,不可循环利用。而通过空气燃料电池技术由酸性矿山废水所制备的石墨毡载铁氧化物对非均相电 Fenton 反应的催化了遵循的是表面催化机理,没有溶解态铁的参与。

污染控制理论与应用前沿丛书
常温空气阴极燃料电池在废水处理中的应用

非均相电 Fenton 反应后,铁氧化物的结构保持不变,这也保证了在长期循环中它们的催化活性不变。如图 3.32(a)所示,8 个间歇电 Fenton 反应循环中罗丹明 B 的去除率保持恒定,且在 8 次循环中溶液里没有发现溶解态铁,体现了铁氧化物/GF 复合材料良好的稳定性。

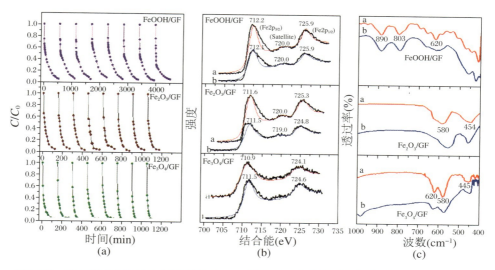

图 3.32　铁氧化物/GF 作为阴极的电 Fenton 系统在 8 个间歇循环周期对降解罗丹明 B 的降解率(a),在 8 次循环前(曲线 a)、后(曲线 b)不同铁氧化物/GF 的 Fe 2p X 射线光电子能谱图(b)和红外光谱图(c)

　　采用 X 射线光电子能谱对循环使用前后铁氧化物/GF 复合材料中铁元素的价态进行分析。如图 3.32(b)所示,自旋轨道耦合导致 Fe 2p 分裂成 Fe $2p_{3/2}$ 和 Fe $2p_{3/2}$ 双峰。对于 FeOOH/GF,Fe $2p_{3/2}$ 和 Fe $2p_{3/2}$ 的峰位置分别大约在 712.2 eV 和 725.9 eV 处,另外在 720.0 eV 处出现 Fe $2p_{3/2}$ 卫星峰。Fe_2O_3/GF 的能谱也在 720.0 eV 处出现了一个卫星峰,另外 Fe $2p_{3/2}$ 和 Fe $2p_{1/2}$ 峰分别在 711.6 eV 和 725.3 eV 处。对于以上两种化合物,Fe $2p_{3/2}$ 卫星峰的位置比主峰位置高 8 eV,表明材料中没有 Fe(Ⅱ)[50]。而对于 Fe_3O_4/GF,该卫星从谱图中消失,只留下 710.9 eV 和 725.3 eV 处的 Fe $2p_{3/2}$ 和 Fe $2p_{1/2}$ 主峰,这与文献报道结果一致[64]。循环使用后,复合材料的 Fe 2p 谱图特征峰未发生明显变化,这表明电 Fenton 反应不会造成复合材料中铁元素价态变化。红外光谱也是判断铁氧化物化学结构的有力工具。如图 3.32(c)所示,FeOOH/GF 的红外光谱在 890 cm^{-1} 和 803 cm^{-1} 处有两个 Fe—O—H 弯曲振动峰,620 cm^{-1} 处为 Fe—O 伸缩振动峰。Fe—O 特征峰也出现在 Fe_2O_3/GF 和 Fe_3O_4/GF 的红外光谱中。对于 Fe_2O_3/GF,其位置在 580 cm^{-1} 和 450 cm^{-1} 处;对于 Fe_3O_4,其位置在 620 cm^{-1}、580 cm^{-1} 和 445 cm^{-1} 处。由于循环使用后铁氧化物的红外谱图上相关特征峰仍然保留,表明电 Fenton 反应不会造成其化学结构发生变化。由此可知,石墨毡载铁氧化物电 Fenton 催化材料具有良好的化学稳定性和可重复使用性。

一般认为,铁氧化物催化活化过氧化氢是非均相电 Fenton 反应的最主要过程,其分解成羟基自由基和超氧自由基等活性氧物种,这些活性氧物种再氧化污染物。在该降解机理中,自由基可在溶液或固体催化剂的表面上形成。Nidheesh 等[65-66]提出,当自由基在溶液中形成时,在电解过程中,Fe^{2+} 或 Fe^{3+} 浸入溶液中,并且在均相体系下进行 Fenton 反应。他们测定了 Fe^{2+} 和 Fe^{3+} 浓度,溶液中 Fe^{3+} 浓度随电解时间的增加而增加,在电解 135 min 后最大值达到 $3.85\ mg \cdot L^{-1}$。同时,Fe^{2+} 的浓度在电解 30 min 后达到 $1.63\ mg \cdot L^{-1}$,而后随着电解时间的增加而减少,这表明电场的存在增强了铁氧化物中铁离子的浸出。自由基也可直接在催化剂表面产生并参与催化 Fenton 反应。根据 Lin 和 Gurol[59] 提出的自由基机理,在针铁矿表面与过氧化氢产生超氧自由基和 Fe(Ⅱ),再由产生的 Fe(Ⅱ)与过氧化氢反应产生羟基自由基,表面 Fe(Ⅱ)与 O_2 的反应太慢而可以忽略不计。系统中产生的自由基会与表面的 Fe(Ⅱ)、Fe(Ⅲ)和过氧化氢发生反应,并且这些自由基也会彼此发生反应。

然而还有一些研究者认为,这种自由基模式可能未必适用于所有的固体铁氧化物,过氧化氢和污染物也有可能在铁氧化物表面上通过直接电子转移而发生反应[67-68]。实际上,对于石墨毡载铁氧化物催化的电 Fenton 反应,自由基反应机理和直接表面催化反应机理都参与其中,电 Fenton 反应受自由基反应机理控制。首先,氧气在阴极电极表面被还原成过氧化氢,同时铁氧化物中的 Fe(Ⅲ)被还原成 Fe(Ⅱ)。然后,过氧化氢被催化分解成羟基自由基和超氧自由基,同时 Fe(Ⅱ)通过氧化再生为 Fe(Ⅲ)。H_2O_2 也可以在铁氧化物表面通过表面催化直接氧化罗丹明 B。羟基自由基和超氧自由基都是由过氧化氢分解生成的,而羟基自由基的氧化活性高于超氧自由基[69]。为了高效的去除污染物,必须促进羟基自由基的生成并抑制超氧自由基的产生。由反应式(3.25)～式(3.29)可知,为了达到此目的,需要避免过氧化氢在体系中的过度积累。电 Fenton 体系能够通过电场控制过氧化氢的产生速率,而石墨毡载铁氧化物的高催化活性则确保了其向羟基自由基的高效转化,这也保障了电 Fenton 体系对污染物的降解效率。

182

3.4.2

电 Fenton 催化剂的制备条件控制

应用铁基空气阴极燃料电池技术处理酸性矿山废水,可获得具有不同化学组成的石墨毡载铁氧化物复合材料,其中 Fe_3O_4/GF 具有最高的电 Fenton 反应催化活性,其作为非均相电 Fenton 催化剂在废水处理领域具有潜在的应用前景。对于铁基空气阴极燃料电池技术,改变溶液的化学组成会导致铁氧化物沉淀的粒径大小及分布发生改变。为制备出理想的 Fe_3O_4/GF 电 Fenton 催化剂,需要对阳极室的溶液 pH、$FeSO_4 \cdot 7H_2O$ 和 $NaHCO_3$ 的浓度等条件进行优化。

由图 3.33(a)可以看出,在 pH = 5.0 的条件下制备的 Fe_3O_4/GF 作为阴极,构建非均相电 Fenton 系统,3 h 后对罗丹明 B 的去除率只有 25%,10 h 后罗丹明 B 的去除率也仅为 65%,这表明所制备的 Fe_3O_4/GF 具有较低的电 Fenton 催化活性。而当在 pH = 7.0、7.5 和 8.0 的条件下制备出的 Fe_3O_4/GF 复合材料作为阴极时,10 h 后罗丹明 B 的去除率分别达到了 97.4%、97.6% 和 98%,尤其是对于 pH = 7.5 条件下制备的 Fe_3O_4/GF 作为阴极的电 Fenton 系统,3 h 后罗丹明 B 的去除率就高达 92.5%;在 pH = 9.0 条件下制备 Fe_3O_4/GF 阴极,其电 Fenton 系统在 3 h 内仅去除了 37% 的罗丹明 B。图 3.33(b)比较了不同 pH 条件下所制备的 Fe_3O_4/GF 复合阴极催化电 Fenton 系统对罗丹明 B 的矿化率。在非均相电 Fenton 反应中,pH = 5.0 的条件下制备的 Fe_3O_4/GF 作为阴极,在 24 h 内罗丹明 B 的矿化率仅为 48%;pH = 7.5 的条件下制备的 Fe_3O_4/GF 作为阴极,在 24 h 内罗丹明 B 的矿化率为 100%;pH = 8.0 的条件下制备的 Fe_3O_4/GF 作为阴极,在 24 h 内罗丹明 B 的矿化率降至 80.2%;而 pH = 9.0 的条件下制备出的 Fe_3O_4/GF 作为阴极,在 24 h 内罗丹明 B 的矿化率进一步下降到 63.4%。总体来说,所制备的 Fe_3O_4/GF 的电 Fenton 催化活性随着空气阴极燃料电池 pH 的升高首先增强,pH = 7.5 时,材料催化活性最强,此时进一步提高 pH 会造成材料催化活性的下降。

图 3.34 给出了不同 Fe(II) 浓度下制备的 Fe_3O_4/GF 阴极材料催化电 Fenton 反应降解罗丹明 B 的去除率和矿化率。如图 3.34(a)所示,控制燃料电池中 Fe(II) 的浓度为 7 mmol $\cdot$ L^{-1},以此条件下制备的 Fe_3O_4/GF 作为阴极构建非均相电 Fenton 系统,系统对罗丹明 B 的降解率 3 h 后仅为 60%,10 h 后达到 91.4%。当以 30 mmol $\cdot$ L^{-1} Fe(II) 浓度制备的 Fe_3O_4/GF 作为阴极时,电 Fenton 系统在 3 h 后即可降解 95.2% 的罗丹明 B,10 h 后罗丹明的降解率高达

99%。使用 Fe(Ⅱ) 浓度为 40 mmol·L^{-1} 条件下制备的 Fe$_3$O$_4$/GF 作为阴极，3 h 后电 Fenton 系统对罗丹明 B 的降解率降到 62%，10 h 降解率为 95%。由图 3.34(b) 可知，以 30 mmol·L^{-1} Fe(Ⅱ) 浓度下制备的 Fe$_3$O$_4$/GF 作为阴极的电 Fenton 系统可在 24 h 内将罗丹明 B 完全矿化。而在 7 mmol·L^{-1} Fe(Ⅱ)、10 mmol·L^{-1} Fe(Ⅱ)、20 mmol·L^{-1} Fe(Ⅱ) 和 40 mmol·L^{-1} Fe(Ⅱ) 浓度下制备的 Fe$_3$O$_4$/GF 催化下，24 h 后系统对罗丹明 B 的矿化率仅达到 57%、60%、66% 和 63%。与 pH 影响规律类似，随着 Fe(Ⅱ) 浓度由 7 mmol·L^{-1} 增加到 30 mmol·L^{-1}，所制备的 Fe$_3$O$_4$/GF 的电 Fenton 催化活性逐渐增强，当 Fe(Ⅱ) 浓度增至 40 mmol·L^{-1} 后，材料催化活性开始下降。

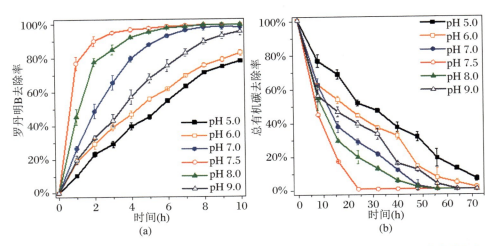

图 3.33　不同 pH 条件下制备的 Fe$_3$O$_4$/GF 催化电 Fenton 反应降解罗丹明 B 去除率(a) 和总有机碳去除率(b)

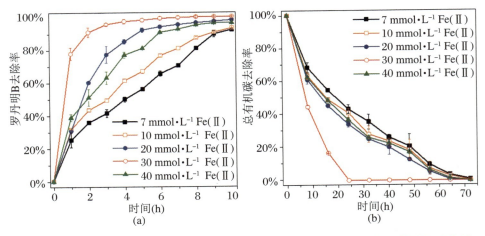

图 3.34　不同 Fe(Ⅱ) 浓度下制备的 Fe$_3$O$_4$/GF 催化电 Fenton 反应降解罗丹明 B 去除率 (a) 和总有机碳去除率(b)

在非均相电 Fenton 系统中,当采用碳酸盐浓度为 10 mmol·L^{-1} 条件下制备的 Fe$_3$O$_4$/GF 作为阴极时,3 h 内罗丹明 B 的去除率仅为 60%;使用碳酸盐浓度为 50 mmol·L^{-1} 条件下制备的 Fe$_3$O$_4$/GF 作为阴极,3 h 内罗丹明 B 的去除率大幅提高至 95.2%;而当碳酸盐浓度升至 70 mmol·L^{-1} 时,该条件下所制备的 Fe$_3$O$_4$/GF 作为阴极的系统在 3 h 内仅去除 62% 的罗丹明 B(图 3.35(a))。由图 3.35(b)可以看出,以 10 mmol·L^{-1}、20 mmol·L^{-1}、30 mmol·L^{-1}、50 mmol·L^{-1} 和 70 mmol·L^{-1} 碳酸盐浓度制备出的 Fe$_3$O$_4$/GF 复合材料作为阴极时,电 Fenton 系统在 24 h 内对罗丹明 B 的矿化率分别达到了 60%、66.8%、70.5%、100% 和 62.9%。因此,空气阴极燃料电池中碳酸盐浓度可显著影响所制备的 Fe$_3$O$_4$/GF 的电 Fenton 催化性能。其中,碳酸盐浓度在 50 mmol·L^{-1} 时,材料的催化性能最佳。

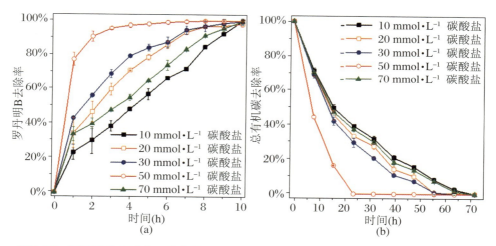

图 3.35　不同碳酸盐浓度下制备的 Fe$_3$O$_4$/GF 催化电 Fenton 反应降解罗丹明 B 去除率(a)和总有机碳去除率(b)与降解时间的关系曲线图

四氧化三铁中 Fe(Ⅱ)和 Fe(Ⅲ)之间能够发生便利的电子转移和价态转化是确保其电 Fenton 活性的前提。对于不同溶液条件下所制备的 Fe$_3$O$_4$/GF 复合材料,可采用循环伏安技术来衡量 Fe(Ⅲ)/Fe(Ⅱ)的电子传递能力。如图 3.36 所示,Fe$_3$O$_4$/GF 复合材料的循环伏安曲线图上可以清楚地观察到一对氧化还原峰,这对氧化还原峰归属于 Fe(Ⅲ)/Fe(Ⅱ)的相互转化,其强度和位置为评估复合材料的电 Fenton 催化能力提供了有效信息。首先分析 pH 对制备材料催化性能的影响规律。pH = 5.0 条件下制备出的 Fe$_3$O$_4$/GF 氧化还原峰最弱,复合材料的催化性能也最弱。随着 pH 的升高,复合材料的催化活性也逐渐升高。pH = 7.0 和 8.0 条件下制备出的 Fe$_3$O$_4$/GF 氧化还原峰强度显著增加,当 pH 升高到 7.5 时,复合材料的氧化还原峰强度最大,催化活性最佳。随着

pH 继续增加至 9.0,复合材料的氧化还原峰强度逐渐减小,催化活性逐渐减弱。类似地,当改变空气阴极燃料电池中 Fe(Ⅱ)的浓度,所获得的 Fe₃O₄/GF 材料内部 Fe(Ⅲ)/Fe(Ⅱ)的电子传递能力也有明显的不同。如图 3.36(b)所示,7 mmol·L⁻¹ Fe(Ⅱ)条件下制备出的 Fe₃O₄/GF 氧化还原峰强度最弱。随着 Fe(Ⅱ)浓度的增加,复合材料的催化活性也逐渐升高,当 Fe(Ⅱ)浓度增加到30 mmol·L⁻¹时,复合材料的氧化还原峰强度最大,并且氧化还原电势也相对较低,催化活性最强。当 Fe(Ⅱ)浓度增加到 40 mmol·L⁻¹后,制备出的 Fe₃O₄/GF 氧化还原峰强度开始变弱,这表明 Fe(Ⅱ)浓度的进一步增加会导致材料的催化活性减弱。空气阴极燃料电池中碳酸盐浓度也是影响 Fe₃O₄/GF 材料内部 Fe(Ⅲ)/Fe(Ⅱ)的电子传递能力的重要因素。如图 3.36(c)所示,10 mmol·L⁻¹碳酸盐浓度下制备出的 Fe₃O₄/GF 氧化还原峰最弱,50 mmol·L⁻¹碳酸盐浓度下制备出的 Fe₃O₄/GF 氧化还原峰强度显著增强,并且氧化还原电势也相对较低,因此催化活性最强。随着碳酸盐的浓度进一步增加至 70 mmol·L⁻¹,所制备出的 Fe₃O₄/GF 氧化还原峰强度开始变弱,催化活性逐渐减弱。

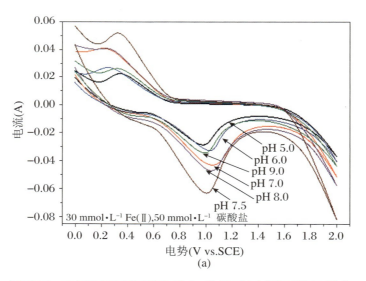

图 3.36 不同溶液条件下制备的 Fe₃O₄/GF 复合材料的循环伏安曲线图

常温空气阴极燃料电池在废水处理中的应用

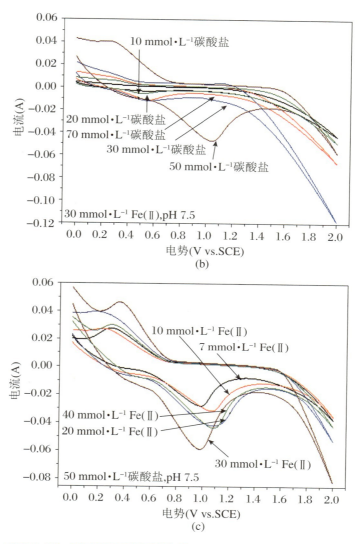

续图 3.36　不同溶液条件下制备的 Fe_3O_4/GF 复合材料的循环伏安曲线图

所制备的 Fe_3O_4/GF 材料的电 Fenton 催化活性,与其中催化剂四氧化三铁的含量和形貌有关。由图 3.37 可以看出,所制备的复合材料中四氧化三铁的负载量在 30 mmol·L^{-1} Fe(Ⅱ)、50 mmol·L^{-1} 碳酸盐和 pH=7.5 条件下达到最大值 51.05 wt%,分散性也较好,此时所制备材料的电 Fenton 催化活性也最高。而在其他条件下,不仅复合材料中四氧化三铁的负载量有所降低,且过高的 pH 以及 Fe(Ⅱ)、碳酸盐浓度还会造成石墨毡上四氧化三铁的团聚,从而减少其催化活性位,造成催化能力的下降。

有关溶液组成对所制备的 Fe_3O_4/GF 中四氧化三铁负载量的影响与燃料电池中 Fe(Ⅱ)物种的分布有关。如图 3.38 所示,提高溶液 pH 或碳酸盐浓度,可

使动力学活性物种 $Fe(CO_3)_2^{2-}$ 的浓度大幅提高,因此可以加速 Fe(Ⅱ)在燃料电池中的电化学氧化速率,促进产物 Fe(Ⅲ)化合物在石墨毡上发生吸附和沉积。然而,过度提高溶液 pH 或碳酸盐浓度,会造成碳酸亚铁沉淀的形成和溶解态Fe(Ⅱ)浓度的降低,使得 Fe(Ⅱ)电化学氧化反应受阻,从而造成石墨毡上四氧化三铁负载量的降低。

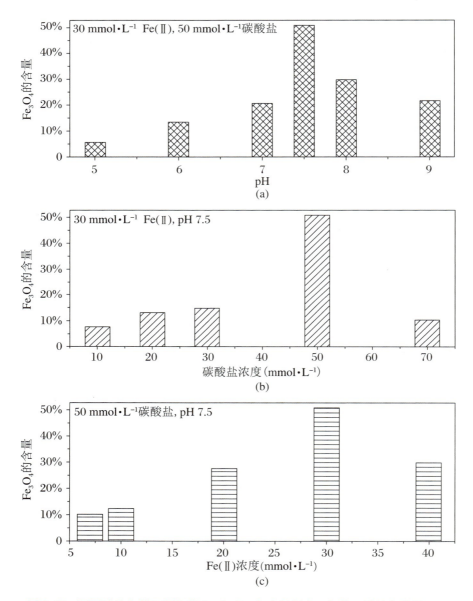

图 3.37　不同溶液条件下制备的 Fe_3O_4/GF 复合材料中四氧化三铁的负载量

污染控制理论与应用前沿丛书
常温空气阴极燃料电池在废水处理中的应用

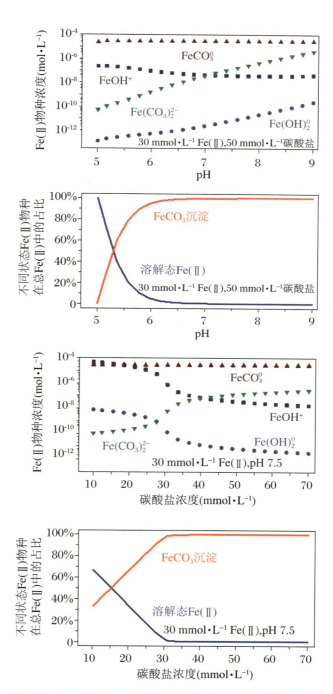

图 3.38　不同溶液 pH 和碳酸盐浓度下 Fe(Ⅱ)物种的分布

3.4.3

酸性矿山废水中不同金属阳离子对燃料电池运行的影响

在采矿期间,硫化物矿石的暴露会产生酸性矿山废水。通常,碱性物质被用于处理酸性矿山废水,在高 pH 下金属阳离子易形成沉淀,产生由金属氢氧化物或氧化物组成的化学污泥[70]。虽然酸性矿山废水中存在的金属/金属化合物被看作是环境污染物,但它们也是宝贵的资源。尤其是在大多数酸性矿山废水中存在着丰富的亚铁离子[71],因此从酸性矿山废水中回收铁氧化物是实现酸性矿山废水可持续处理的重要途径。然而,通过复杂的操作程序分离来自酸性矿山废水中的铁氧化物,使得这种铁回收方法在经济上很昂贵[72]。空气阴极燃料电池技术提供了一种直接从酸性矿山废水中选择性地回收铁氧化物的简便方法。这种回收方法的主要优点是实现了由酸性矿山废水中去除 $Fe(II)$ 的同时原位制备碳载铁氧化物复合电极材料。尤其是制备的 Fe_3O_4/GF 复合电极作为非均相电 Fenton 系统的阴极材料时显示出巨大潜力,Fe_3O_4/GF 复合电极对电 Fenton 反应的优异催化活性,归因于在石墨毡基底表面提供的活性位点,利用氧气的二电子还原反应生成过氧化氢,催化剂四氧化三铁再将过氧化氢转化为羟基自由基,以实施对有机污染物的氧化降解。

除了亚铁离子,实际酸性矿山废水还含有镍、钴、锰、铝、锌、铜等其他金属阳离子。这些重金属有可能在生物体内富集,通过食物链对人体健康造成潜在威胁。有研究表明,在人工建造的处理酸性矿山废水的湿地中,锰、锌、铜、镍、铬等元素在植物体内大量富集。对于很多物种,化学物质能够直接从沉淀物进入生物体内,重金属在相当程度上增强了水体的毒性。因此,当采用空气阴极燃料电池技术处理酸性矿山废水时,希望能够将水体中的所有重金属离子全部予以去除。另外,在燃料电池运行处理酸性矿山废水过程中,当除铁之外的其他重金属离子沉淀或吸附在阳极上时,所制备的 Fe_3O_4/GF 复合电极的化学组成则会发生改变。本节将探讨实际酸性矿山废水中的共存金属阳离子对空气阴极燃料电池运行的影响,分析所制备的复合电极的化学组成和作为非均相电 Fenton 催化剂的催化活性,评估空气阴极燃料电池技术处理实际酸性矿山废水并原位制备非均相电 Fenton 催化剂的可行性。

为了阐明单一共存离子的影响规律,通常采用人工合成酸性矿山废水进行研究。其基本组成为 200 mmol · L⁻¹ 氯化钠、50 mmol · L⁻¹ 碳酸氢钠和

7.0 mmol·L^{-1}氯化亚铁。使用氯化钠作为电解质以确保溶液电导率，并将碳酸氢钠作为 pH 缓冲剂进行调节以加速 Fe(Ⅱ)的氧化。氯化钴、氯化锰、氯化镍、氯化铜、氯化铝和氯化锌单独或组合添加为合成酸性矿山废水提供共存金属阳离子。根据实际酸性矿山废水中金属离子的浓度比值，共存金属阳离子的浓度按照 0.7 mmol·L^{-1}或 7.0 mmol·L^{-1}进行添加。为了制备合成酸性矿山废水，燃料电池的阳极室首先加入 150 mL 氯化钠溶液，并用高纯氮气和二氧化碳的混合气体吹扫，以尽可能地除去溶液中的溶解氧。然后将金属阳离子和碳酸氢钠加入到阳极室中，并将溶液 pH 调节至 7.5。所有操作均在厌氧手套箱中进行，以防止空气氧化 Fe(Ⅱ)。采用 100 Ω 电阻将电池的阴、阳两极相互连接，在室温下运行燃料电池，当电压降至 1 mV 以下时，将阳极从燃料电池中取出，在 40 ℃下真空干燥过夜，并在 N$_2$ 气氛下以 5 ℃·min^{-1}升温至 700 ℃，并保持 1 h，得到 Fe$_3$O$_4$/GF 复合电极。

如图 3.39(a)所示，不同共存金属阳离子存在下复合电极中的铁含量在 2.53 wt%～6.72 wt%之间。从图中可以看出，酸性矿山废水中存在 Co^{2+} 和 Mn^{2+}，其对所制备复合电极中铁含量的影响可以忽略不计，但是在 Ni^{2+}、Zn^{2+}、Al^{3+} 或 Cu^{2+} 存在的情况下，电极中铁含量会明显降低。共存金属也出现在复合电极中，制备的复合电极中共存金属的百分含量与合成酸性矿山废水中相应金属阳离子浓度呈正相关。如图 3.39(b)所示，具有较高铁含量的复合电极通常在燃料电池阳极上具有更负的阳极开路电势。空气阴极燃料电池通过石墨毡阳极上 Fe(Ⅱ)的电化学氧化将铁氧化物负载在石墨毡上。与没有共存金属阳离子的电池相比，存在 Ni^{2+}、Zn^{2+}、Al^{3+} 或 Cu^{2+} 的电池展现出更正的阳极开路电势，这意味着这些离子不利于 Fe(Ⅱ)在阳极上的电化学氧化。与此相反，Co^{2+} 或 Mn^{2+} 作为共存金属阳离子的燃料电池在阳极处获得更负的开路电势，这将对 Fe(Ⅱ)的电氧化起到促进作用，因此在该条件下制备的复合材料获得了更高的铁负载量。在复合电极中，铁含量显著高于其他所有共存金属的含量，由于只有 Fe(Ⅱ)能够在阳极处发生电化学氧化，其会优先负载在石墨毡阳极上。

在非均相电 Fenton 系统中，以罗丹明 B 作为模型污染物对制备的 Fe$_3$O$_4$/GF 复合电极的催化活性进行评价。通过复合电极催化下的电 Fenton 氧化反应，罗丹明 B 完全被去除，溶液中总有机碳也发生明显下降。以 Co^{2+} 或 Mn^{2+} 作为共存阳离子，可获得电 Fenton 催化活性更高的复合电极。如图 3.40 所示，在 7 mmol·L^{-1} Co^{2+} 共存下制备复合电极，其催化电 Fenton 反应，在 pH=7.0 和 3.0 条件下，可在 15 h 和 12 h 内将罗丹明 B 完全去除，同时矿化率分别达到

48%和55%。相比之下,无共存离子条件下制备的复合电极,通过电 Fenton 反应在中性和酸性溶液中相同时间内罗丹明 B 仅去除了88%和94%,相对应的矿化率也降低至39%和44%。因为不同复合电极中的铁含量非常相似,所以在 Co^{2+}/Mn^{2+} 存在下制备的复合电极所带来的催化活性增强应归因于钴/锰元素掺入了复合电极。由含有 Ni^{2+}、Zn^{2+}、Al^{3+} 或 Cu^{2+} 的合成酸性矿山废水制备的复合电极显示出较低的催化活性,这可能是由于复合电极中铁含量较低。其中用 7 mmol·L^{-1} Cu^{2+} 作为共存金属阳离子制备的复合电极催化活性最差,当 pH = 7.0 时,在其催化下的电 Fenton 反应15 h 内仅获得了55%的罗丹明 B 去除率和21%的矿化率;当 pH = 3.0 时,催化反应13 h,罗丹明 B 的去除率和矿化率分别为44%和22%。

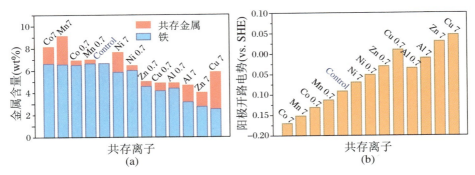

图 3.39　由不同合成酸性矿山废水制备的复合电极的金属含量(a);使用不同合成酸性矿山废水运行的空气阴极燃料的阳极开路电势(b)

标识"7"和"0.7"代表合成酸性矿山废水中共存的金属阳离子的浓度(mmol·L^{-1}),"Control"组的复合电极由仅含 7 mmol·L^{-1} Fe^{2+} 的合成酸性矿山废水制备获得

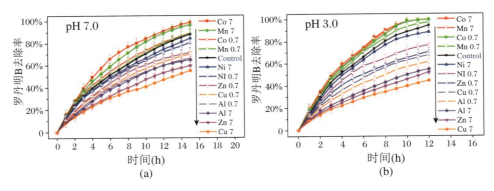

图 3.40　由含不同共存金属阳离子的合成酸性矿山废水制备的复合电极在 pH = 7.0(a)和 pH = 3.0(b)下催化电 Fenton 反应对罗丹明 B 的去除率;在 pH = 7.0 下经过 15 h(c)和在 pH = 3.0 下经过 12 h(d)后电 Fenton 反应后的罗丹明 B 矿化率

标识"7"和"0.7"代表合成酸性矿山废水中共存的金属阳离子的浓度(mmol·L^{-1}),"Control"组的复合电极由仅含 7 mmol·L^{-1} Fe^{2+} 的合成酸性矿山废水制备获得

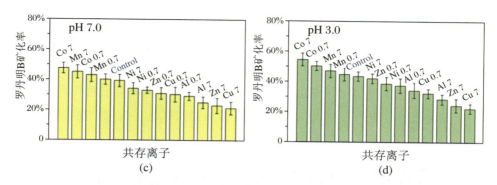

续图 3.40　由含不同共存金属阳离子的合成酸性矿山废水制备的复合电极在 pH＝7.0 (a)和 pH＝3.0(b)下催化电 Fenton 反应对罗丹明 B 的去除率;在 pH＝7.0 下经过 15 h (c)和在 pH＝3.0 下经过 12 h(d)后电 Fenton 反应后的罗丹明 B 矿化率

标识"7"和"0.7"代表合成酸性矿山废水中共存的金属阳离子的浓度(mmol·L^{-1}),
"Control"组的复合电极由仅含 7 mmol·L^{-1} Fe^{2+} 的合成酸性矿山废水制备获得

　　当酸性矿山废水中存在 Co^{2+} 或 Mn^{2+} 时,所制备的 Fe$_3$O$_4$/GF 复合电极中会掺杂钴和锰元素,并且其具有较高的电 Fenton 催化活性。如图 3.41 所示,扫描电镜照片显示石墨毡中的碳纤维表面覆盖有负载物,其中铁元素和掺杂元素均匀分布在其中。通过 X 射线光电子能谱可以获得复合电极中共存金属的价态信息。如图 3.42(a)所示,由于电子轨道运动和自旋运动发生耦合后使轨道能级发生分裂,Fe 2p 能级分裂为 2p$_{3/2}$ 和 2p$_{1/2}$ 两个峰,相应的峰值位置分别在 710.9 eV 和 724.5 eV 处,在 720.0 eV 处没有发现明显的卫星峰,这可以证实 Fe$_3$O$_4$ 结构的存在。图 3.42(b)显示了 Co 2p X 射线光电子能谱上的 4 个不同峰,在约 780.6 eV 处的 Co 2p$_{3/2}$ 不对称峰表明在复合电极中存在 Co(Ⅲ)/Co(Ⅱ)。Co 2p$_{1/2}$ 峰位于约 796.4 eV 处,2p$_{3/2}$～2p$_{1/2}$ 两峰的距离为 15.8 eV,与报道的 Co(Ⅲ)一致[76]。此外,Co 2p$_{3/2}$ 在约 787.0 eV 处有一个振动卫星峰,这是 Co(Ⅱ)(Sat.1)的特征,而 Co 2p$_{1/2}$ 的振动卫星峰值在 802.7 eV 附近,对应于 Co(Ⅲ)(Sat.2)[77]。对于图 3.42(c)中所示的 Mn 2p 光谱,在约 641.4 eV 和 653.1 eV 处观察到 Mn 2p 能级分裂得到的 Mn 2p$_{3/2}$ 和 Mn 2p$_{1/2}$ 峰,间距为 11.6 eV,这表明材料中的 Mn 为混合价态[78]。位于约 643.0 eV 处的峰表明材料中存在 Mn(Ⅳ),而在约 646.0 eV 处的 Mn 2p$_{3/2}$ 振动卫星峰则证明了 Mn(Ⅱ)存在于复合电极中[79]。虽然 X 射线光电子能谱表明钴和锰元素以混合价态存在于复合电极中,但它们在 X 射线衍射图上却未被检测到(图 3.42(d))。对于由仅含 Fe^{2+} 的酸性矿山废水制备的 Fe$_3$O$_4$/GF 复合电极,在 2θ 值为 25.0° 时观察到的宽峰(JCPDS 75-1621)是石墨碳的典型峰,而其他衍射峰的 2θ 值分别为 18.3°、30°、35.5°、37°、43.1°、53.5°、57° 和 62.6°,这可归属于面心立方结构的

Fe_3O_4（JCPDS 19-0629）。在 Co^{2+} 或 Mn^{2+} 存在下制备的复合电极的 X 射线衍射图谱，也显示出立方结构四氧化三铁的特征峰，其峰位值略微右移至较高的 2θ 值，没有观察到其他晶体存在的迹象。但是，值得注意的是，四氧化三铁衍射峰的向右偏移被认为是部分钴或锰替代四氧化三铁中铁所导致的结果[80]。因此，建议在制备复合电极时，将钴或锰元素掺杂到四氧化三铁的尖晶石结构中，以得到有利于电 Fenton 反应的混合金属氧化物。

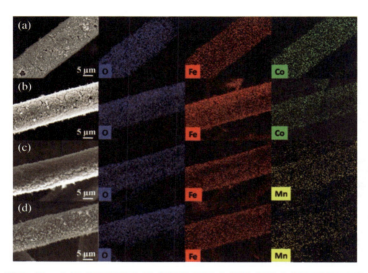

图 3.41 由合成酸性矿山废水制备复合电极的扫描电镜图像和元素分布图：7 mmol·L^{-1} Co^{2+}（a）、0.7 mmol·L^{-1} Co^{2+}（b）、7 mmol·L^{-1} Mn^{2+}（c）和 0.7 mmol·L^{-1} Mn^{2+}（d）作为共存金属阳离子

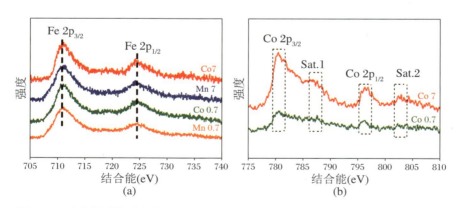

图 3.42 由合成酸性矿山废水制备复合电极的 Fe 2p(a)、Co 2p(b)、Mn 2p(c) X 射线光电子能谱图以及 X 射线衍射谱图(d)

标识"7"和"0.7"代表合成酸性矿山废水中共存的金属阳离子的浓度（mmol·L^{-1}），"Control"组的复合电极由仅含 7 mmol·L^{-1} Fe^{2+} 的合成酸性矿山废水制备获得

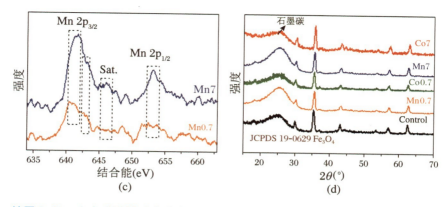

续图 3.42　由合成酸性矿山废水制备复合电极的 Fe 2p(a)、Co 2p(b)、Mn 2p(c)X 射线光电子能谱图以及 X 射线衍射谱图(d)

标识"7"和"0.7"代表合成酸性矿山废水中共存的金属阳离子的浓度(mmol·L⁻¹)，"Control"组的复合电极由仅含 7 mmol·L⁻¹ Fe²⁺ 的合成酸性矿山废水制备获得

羟基自由基通常被认为是电 Fenton 过程中引起有机污染物降解的主要氧化剂。为了验证其在电 Fenton 反应中的作用，用叔丁醇作为羟基自由基的清除剂进行淬灭实验。叔丁醇的摩尔浓度是污染物罗丹明 B 的 1000 倍，以确保羟基自由基完全被淬灭。阴极可吸附约 4% 的罗丹明 B，图 3.43(a)显示在叔丁醇存在的情况下罗丹明 B 的去除率不超过 5%，因此罗丹明 B 的电 Fenton 氧化几乎完全被叔丁醇阻止。因此，羟基自由基被认为是非均相电 Fenton 反应过程中的主要氧化性物种。如图 3.43(b)所示，在钴或锰元素掺杂的 Fe₃O₄/GF 复合电极上产生的羟基自由基浓度，明显高于在 Fe₃O₄/GF 复合电极上的浓度。并且在钴/锰含量较高时，复合电极中产生的羟基自由基越多。这一事实表明，钴或锰元素的掺杂可有效增强四氧化三铁催化过氧化氢生成羟基自由基的活性。

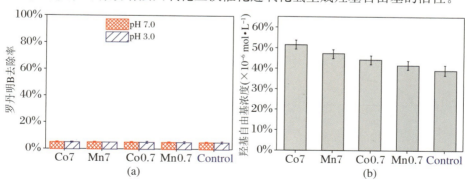

图 3.43　(a) 存在淬灭剂叔丁醇时罗丹明 B 去除率；(b) 不同复合电极在 5 h 内的羟基自由基的总生成量

标识"7"和"0.7"代表合成酸性矿山废水中共存的金属阳离子的浓度(mmol·L⁻¹)，"Control"组的复合电极由仅含 7 mmol·L⁻¹ Fe²⁺ 的合成酸性矿山废水制备获得

电 Fenton 反应过程中,不同复合电极上的电子转移电阻一般通过交流阻抗谱来区分。该方法的测试条件为:饱和甘汞电极作为参比电极,铂丝为对电极。所用溶液含有 25 mg·L^{-1} 罗丹明 B,电解质为 50 mmol·L^{-1} 硫酸钠,pH 为 7.0。在测试前,溶液中先通入 15 min 氧气以提高溶液中的氧气含量。所设定的交流频率为 100 kHz~0.01 Hz,扰动电压幅值为 5 mV。图 3.44 展示了不同复合电极交流阻抗的 Nyguist 图,通过等效电路拟合可获得电阻的精确数据。在高频率下,实部(Z')的截距表示电解质和电极的欧姆电阻(R_s)。在相同的电解质中,R_s 值反映电极的电导率。虽然不同复合电极的 R_s 值不同,但 R_s 和电 Fenton 系统中罗丹明 B 去除率之间没有明显的相关性。相比之下,电极-电解质溶液界面上的电荷转移电阻(R_{ct})的大小顺序,即 Nyguist 图上的半圆直径,与不同复合电极上罗丹明 B 的去除率顺序一致。换言之,较高的罗丹明 B 去除率伴随着电极材料较低的 R_{ct}。一般情况下,R_{ct} 可以反映出为克服电化学反应过程中电子转移产生的极化电阻。较低的 R_{ct} 意味着电极反应更容易发生,因此可以获得更有效的污染物 Fenton 氧化降解。

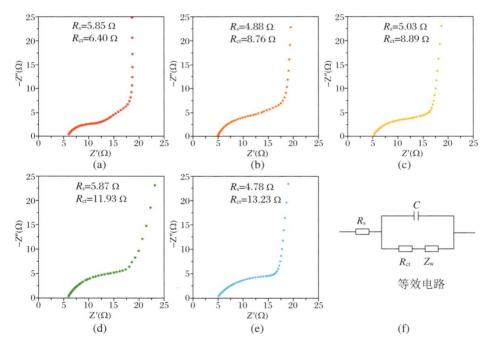

图 3.44 由不同合成酸性矿山废水制备复合电极的 Nyguist 图和等效电路图(f)
合成酸性矿山废水存在 7 mmol·L^{-1} Co^{2+} (a)、7 mmol·L^{-1} Mn^{2+} (b)、0.7 mmol·L^{-1} Co^{2+} (c)和 0.7 mmol·L^{-1} Mn^{2+} (d)的共存金属阳离子,合成酸性矿山废水中无共存金属阳离子(e)

非均相电 Fenton 反应是一个典型的涉及气、液、固三相的异相催化反应体

污染控制理论与应用前沿丛书
常温空气阴极燃料电池在废水处理中的应用

系，其中催化剂表面的异相电子传递效率是影响反应效率的关键因素。可以采用扫描电化学显微镜定量比较催化剂表面的异相电子传递效率。该技术基于电化学原理工作，将一支能够进行三维移动的超微电极作为探头插入电解质溶液中，在离固相基底表面非常近的位置进行扫描，通过测量在基底上方扫描的超微电极上的电流变化，进而反映基底的形貌及性质。尖端（工作电极）是 25 μm 铂微电极，参比电极为 Ag/AgCl 电极，铂丝为对电极。测试采用正反馈模式，电解质由 0.1 mol·L^{-1} 的氯化钾和 5 mmol·L^{-1} 的亚铁氰化钾组成，并且尖端电位设定为 +500 mV 以引发亚铁氰化钾的氧化。针尖以 10 μm·s^{-1} 的速度移动，在水平的待测样品表面上方沿 X 和 Y 轴进行扫描。步长（两个测量点之间的间隔）为 12.5 μm，测量面积为 200 μm×200 μm。测试样品是负载有 Fe_3O_4/GF 复合电极粉末的泡沫镍。制样过程是向 95 wt% 的 Fe_3O_4/GF 复合电极粉末和 5 wt% 的聚偏二氟乙烯的混合物中加入适量的 N-甲基-2-吡咯烷酮（NMP），并研磨 30 min 以获得黑色糊状物，然后将糊状物均匀涂布在镍泡沫上，并在 50 ℃ 的真空烘箱中干燥，最后在 10 MPa 压力下压制 1 min。图 3.45 为复合电极和无负载石墨毡的扫描电化学显微图像，其展示了在 $[Fe(CN)_6]^{4-}$ 溶液中氧化还原反应的尖端电流。尖端电流的数值是被测材料的每个点在 $[Fe(CN)_6]^{3-}$/$[Fe(CN)_6]^{4-}$ 氧化还原反应中电子转移的直接响应。当探针到达 $[Fe(CN)_6]^{3-}$/$[Fe(CN)_6]^{4-}$ 氧化还原电子转移更活跃的点的上方时，会产生更大的电流。很明显，Fe_3O_4/GF 复合电极的尖端平均电流明显高于石墨毡。这意味着在电极反应过程中，复合电极表面更容易发生电子转移。钴或锰元素掺杂可以进一步加速电子转移，这样的结果与交流阻抗测试所得到的结果相符合。

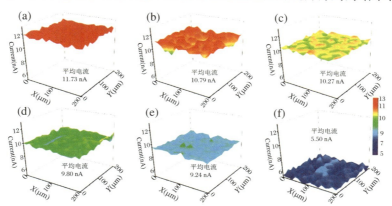

图 3.45　由不同合成酸性矿山废水制备复合电极的扫描电化学显微图像

合成酸性矿山废水存在 7 mmol·L^{-1} Co^{2+}（a）、7 mmol·L^{-1} Mn^{2+}（b）、0.7 mmol·L^{-1} Co^{2+}（c）和 0.7 mmol·L^{-1} Mn^{2+}（d）共存金属阳离子，合成酸性矿山废水中无共存金属阳离子（e），无负载石墨毡（f）

　　通常情况下,非均相电 Fenton 反应在酸性溶液中比在中性溶液中具有更高的效率,原因之一是非均相催化剂在酸性溶液中容易发生金属阳离子的浸出。由于这些金属阳离子可以作为均相催化剂,这种情况下所展现的电 Fenton 催化活性是浸出可溶金属催化剂和固体催化剂的共同作用。虽然浸出可以提高整体电 Fenton 反应效率,但它不可避免地导致非均相催化剂中金属位点的消耗并最终导致催化剂失活。注意到 pH = 3.0 时罗丹明 B 的去除率仅略高于 pH = 7.0 时,该电 Fenton 体系无论在酸性还是中性溶液环境,非均相催化机理均主导反应效率。经过测试分析,钴或锰掺杂的复合电极在 pH = 3.0 下经过连续 5 次重复使用后,浸出导致的铁损失被确定为不超过 5%,并且钴或锰元素无明显损失。钴或锰掺杂的 Fe_3O_4/GF 复合电极良好的性能稳定性使它们具有令人满意的可重复使用性。如图 3.46 所示,使用复合电极进行连续 5 次间歇循环实验,罗丹明 B 的去除率在中性电 Fenton 系统中衰减不超过 4.5%,在酸性体系中衰减不超过 7%。

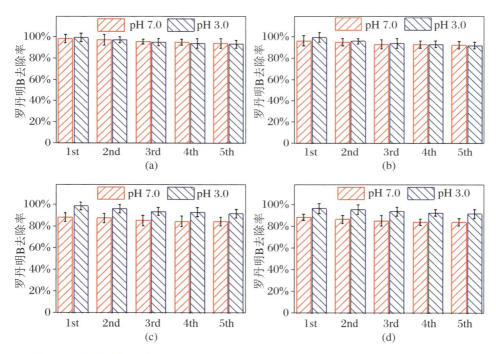

图 3.46　复合电极 5 次间歇循环使用中罗丹明 B 的去除率:(a) $7\,mmol \cdot L^{-1}\ Co^{2+}$; (b) $7\,mmol \cdot L^{-1}\ Mn^{2+}$;(c) $0.7\,mmol \cdot L^{-1}\ Co^{2+}$;(d) $0.7\,mmol \cdot L^{-1}\ Mn^{2+}$

　　为了模拟实际酸性矿山废水,接下来考察由含有多种共存金属阳离子的合成酸性矿山废水制备的 Fe_3O_4/GF 复合电极的电 Fenton 催化活性。当合成酸性矿山废水中含有 Fe^{2+}、Co^{2+}、Mn^{2+}、Ni^{2+}、Zn^{2+}、Al^{3+} 和 Cu^{2+} 时,所制备的复合电极在电 Fenton 反应过程中显示出比较差的催化活性(即图 3.47(f)(g))。然而当合成酸性矿山废水中不含有 Cu^{2+} 和 Al^{3+} 离子时(即图 3.47(d)(e)),复合电极的催化活性显著提高。因此,当酸性矿山废水中不存在 Cu^{2+} 和 Al^{3+} 时,可以预期将制备出具有较高电 Fenton 催化活性的催化剂。值得关注的是,在 Co^{2+} 和 Mn^{2+} 均存在下制备的复合电极比在仅有 Co^{2+} 或 Mn^{2+} 存在下制备的复合电极具有更高的催化活性(即图 3.47(a)(b)),即钴锰二元共掺杂对 Fe_3O_4/GF 复合电极的催化活性具有更加显著的增强作用。将过渡金属元素引入到铁氧化物中,不仅能够增强 Fe_3O_4 本身的催化活性,而且过渡金属元素本身对过氧化物分解也有催化作用。目前,最常用的制备过渡金属掺杂四氧化三铁的方法,是使用预定比例的铁盐和过渡金属盐进行共沉淀,然后进行热处理。相比之下,空气阴极燃料电池技术提供了一种新的在碳载体上原位制备钴或锰掺杂四氧化三铁的方法。空气阴极燃料电池利用 Fe(Ⅱ)在阳极发生电化学氧化反应,使得铁比其他金属元素更容易负载在碳载体上,这种选择性的铁负载使得四氧化三铁成为碳载体上的主要化合物,而钴锰则仅作为复合电极中掺杂金属存在。如图 3.47 所示,无论合成酸性矿山废水中 Co^{2+} 或 Mn^{2+} 与 Fe^{2+} 的相对浓度是 1:1 还是 0.1:1,都可以获得钴或锰掺杂的 Fe_3O_4/GF 复合电极。从这个角度来看,空气阴极燃料电池技术为从富含 Fe(Ⅱ)和过渡金属阳离子的酸性矿山废水中制取具有高电 Fenton 催化活性的过渡金属掺杂 Fe_3O_4/GF 催化剂提供了新方法。

对于空气阴极燃料电池技术在实际酸性矿山废水处理中的效果,要从各金属离子去除率、铁元素回收率和获得的 Fe_3O_4/GF 复合电极的电 Fenton 催化活性等方面进行综合评价,从而能够评估该技术在实际酸性矿山废水中应用的有效性。实际酸性矿山废水收集自安徽省的两个采矿场,将收集来的酸性矿山废水样品密封储存以防止 Fe(Ⅱ)发生氧化。使用时,首先将 200 mmol·L^{-1} 氯化钠加入到实际酸性矿山废水样品中,然后将溶液 pH 调节至约 6.0。接下来,加入 50 mmol·L^{-1} 碳酸氢钠,并将最终 pH 调节至 7.5。表 3.6 列出了酸性矿山废水样品的化学组成和金属离子的去除率。从表中可以看出,空气阴极燃料电池技术对实际酸性矿山废水中的各金属阳离子具有较好的处理效果,处理后的酸性矿山废水中的重金属浓度可降至国家排放标准(GB 8978—1996)以下。

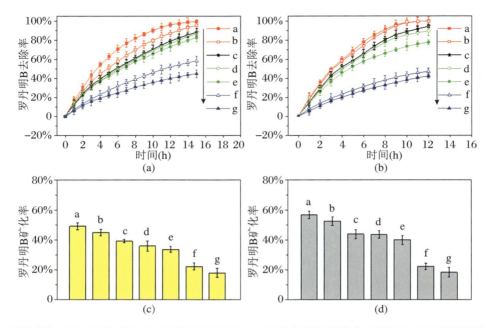

图 3.47　pH＝7.0(a)和 pH＝3.0(b)的电 Fenton 系统中使用不同合成酸性矿山废水制备的
复合电极的罗丹明 B 去除率;pH＝7.0 下经过 15 h(c)和 pH 3.0 下经过 12 h(d)降解后的罗
丹明 B 矿化率

各合成酸性矿山废水中的共存离子分别是:a 为 Co^{2+} 和 Mn^{2+},浓度均为 7 mmol·L^{-1};b 为
Co^{2+} 和 Mn^{2+},浓度均为 0.7 mmol·L^{-1};c 为没有共存离子;d 为 Co^{2+}、Mn^{2+}、Ni^{2+} 和 Zn^{2+},
浓度均为 7 mmol·L^{-1};e 为 Co^{2+}、Mn^{2+}、Ni^{2+} 和 Zn^{2+},浓度均为 0.7 mmol·L^{-1};f 为 Co^{2+}、
Mn^{2+}、Ni^{2+}、Zn^{2+}、Cu^{2+} 和 Al^{3+},浓度均为 7 mmol·L^{-1};g 为 Co^{2+}、Mn^{2+}、Ni^{2+}、Zn^{2+}、Cu^{2+} 和
Al^{3+},浓度均为 0.7 mmol·L^{-1}

表 3.6　空气阴极燃料电池处理后实际酸性矿山废水的理化指标和各金属离子浓度变化

		酸性矿山废水 Ⅰ		酸性矿山废水 Ⅱ	
		处理前	处理后	处理前	处理后
pH		2.89	7.26	2.13	7.15
电导率(mS·cm^{-1})		5.11	24.8	6.89	26.5
Fetot	浓度(mg·L^{-1})	338.24	1.43	518.18	0.0037
	去除率	99.6%		99.9%	
Fe(Ⅱ)	浓度(mg·L^{-1})	335.12	未检出	481.93	未检出
	去除率	100%		100%	
Mn	浓度(mg·L^{-1})	14.06	1.22	351.12	1.46
	去除率	91.3%		99.6%	
Zn	浓度(mg·L^{-1})	9.84	2.00	49.41	2.37
	去除率	79.7%		95.2%	
Cu	浓度(mg·L^{-1})	4.64	0.28	79.16	0.39
	去除率	94.0%		99.5%	

续表

		酸性矿山废水Ⅰ		酸性矿山废水Ⅱ	
		处理前	处理后	处理前	处理后
Cd	浓度(mg·L^{-1})	2.49	0.12	—	—
	去除率	95.2%		—	
Ni	浓度(mg·L^{-1})	2.38	0.74	—	—
	去除率	68.9%		—	
SO$_4^{2-}$	浓度(mg·L^{-1})	2189.75	1960.51	3227.63	3105.81

如图 3.48(a)所示,由含有较低浓度的共存金属离子的酸性矿山废水Ⅰ中获得的复合电极的 X 射线衍射谱图中,仅能够看到四氧化三铁的尖晶石晶体结构,酸性矿山废水Ⅰ中有 37.0%的铁元素被回收转移到复合电极中。相比之下,具有较高浓度锰和铜的酸性矿山废水Ⅱ中铁元素的回收率为 22.8%,复合电极的 X 射线衍射谱图中除了检测出四氧化三铁之外,2θ 值为 38.7°和48.7°处的衍射峰表明了氧化铜(JCPDS 48-1548)的存在。两个电极中,锰元素的含量分别为 0.13 wt%和 1.74 wt%,尽管电极中锰元素含量较高,但 X 射线衍射谱图中未检测到任何关于锰化合物的衍射峰,表明锰仅作为四氧化三铁晶体中的掺杂元素存在。如图 3.48(b)所示,将由实际酸性矿山废水Ⅰ制备的复合电极应用于中性或酸性的电 Fenton 系统,罗丹明 B 的去除率分别为 82%和 88%。使用来自从酸性矿山废水Ⅱ中获得的复合电极时,罗丹明 B 的去除率升至 89%和93%。虽然酸性矿山废水Ⅱ中的铜离子可能会降低制备的 Fe$_3$O$_4$/GF 复合电极的催化活性,但存在的高浓度锰离子能够掺杂进入四氧化三铁,从而强化电极的催化性能。因此,与由酸性矿山废水Ⅰ制备的复合电极相比,由酸性矿山废水Ⅱ制备的复合电极表现出更优的电 Fenton 催化活性。

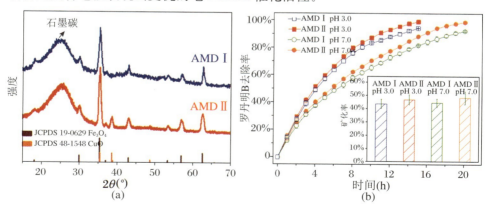

图 3.48 (a) 由实际酸性矿山废水Ⅰ和Ⅱ制备的 Fe$_3$O$_4$/GF 复合电极的 X 射线衍射谱图;(b) 复合电极在 pH=7.0 和 pH=3.0 条件下催化电 Fenton 反应降解罗丹明 B 的去除率,内插图表示 pH=7.0 条件下 20 h 和 pH=3.0 条件下 15 h 的罗丹明 B 的矿化率

　　总结酸性矿山废水中不同金属阳离子对燃料电池运行的影响规律可知,酸性矿山废水中除 Fe^{2+} 以外的共存金属阳离子能够影响空气阴极燃料电池中 $Fe(Ⅱ)$ 在石墨毡电极上的电化学氧化,并影响获得的 Fe_3O_4/GF 复合电极在电 Fenton 反应中的催化活性。酸性矿山废水中的 Ni^{2+}、Zn^{2+}、Al^{3+} 和 Cu^{2+} 能够进入复合电极并降低其铁元素含量,因此对复合电极的电 Fenton 催化活性产生不利影响。相反,酸性矿山废水中的 Co^{2+} 和 Mn^{2+} 对复合电极中铁元素含量影响可忽略不计。值得关注的是,钴元素和锰元素能够掺杂到四氧化三铁的尖晶石结构中,从而在制备的复合电极中产生混合金属氧化物。这种钴或锰掺杂的 Fe_3O_4/GF 复合电极不仅显示出比普通 Fe_3O_4/GF 复合电极更高的电 Fenton 催化活性,而且在中性和酸性 pH 下都能保持较好的稳定性。

　　空气阴极燃料电池技术可有效去除实际酸性矿山废水中的金属阳离子,并使之能够符合排放标准。如果仅考虑酸性矿山废水中金属的去除,这种方法可能比传统的化学沉淀法更昂贵,但原位制备的具有良好电 Fenton 催化活性的 Fe_3O_4/GF 复合电极也能够带来不菲的效益。值得关注的是,制备的 Fe_3O_4/GF 复合电极无需额外处理即可直接用于电 Fenton 系统,这将节省化学沉淀法中金属污泥利用所必需的金属分离费用。

3.4.4

碳载体表面改性强化制备电 Fenton 催化剂

　　空气阴极燃料电池中的阳极碳材料的选择是成功制备 Fe_3O_4/GF 复合电极的关键。首先,碳材料应具有高导电率和大比表面积,以便通过 $Fe(Ⅱ)$ 的电化学氧化容纳高度分散的铁氧化物。其次,电 Fenton 反应涉及一系列基本反应步骤,包括通过氧气的二电子还原反应生成过氧化氢,在催化剂的催化下由过氧化氢产生羟基自由基,再由羟基自由基氧化有机污染物。碳载体承担着催化氧气的二电子还原反应生成过氧化氢[85]。Fe_3O_4/GF 复合电极中的石墨碳具有丰富的自由流动 π 电子,使它们能够催化氧气的二电子还原反应[86]。然而,普通石墨毡载体的电催化活性不够高,由于石墨碳的电催化活性受表面官能团和碳结构中存在的杂原子影响,因此可借助表面改性增强其催化氧气的电还原生成过氧化物的性能。有关石墨毡表面改性以及其对电 Fenton 催化性能的影响已有诸多研究报道,石墨毡的表面改性方式主要有以下几类:

1. 酸碱及氧化剂改性

使用硫酸和硝酸等强酸对石墨毡进行处理可以对材料表面进行刻蚀，增加表面积、含氧量和亲水性。Miao 等[87]将石墨毡电极在 10% 的硫酸溶液中以 $10\ mV\cdot s^{-1}$ 的速率在 $0\sim2.0\ V$（vs. SCE）的范围内循环极化。含氧基团（COOH，C=O）被引入到石墨毡表面，氧/碳比由原始的 0.043 增加至 0.320。对高度疏水性的石墨毡而言，其增强了表面亲水性并导致相对强的正电效应，这易于使溶解氧扩散至石墨毡表面，新增的表面活性位点能加速电化学反应[88]。当氧气吸附到碳表面时，COOH 中的氧与氧气产生协同效应，削弱 C—O 键，从而表现出很高的氧气还原催化活性[89]。

使用强碱在熔融态下高温处理石墨毡也可以获得和强酸处理类似的效果。将石墨毡浸入 $1\ mol\cdot L^{-1}$ 的氢氧化钠水溶液中 3 h，洗涤后再浸入 $6\ mol\cdot L^{-1}$ 氢氧化钾的水溶液中，搅拌加热直至氢氧化钾晶体析出，混合后进行热处理，之后洗涤并干燥。碱处理的石墨毡有着更大的表面积，更多的含氧官能团，更强的亲水性，有利于氧气还原反应。石墨毡在氮气下 900 ℃ 处理 1 h 后，在 Fe^{2+} 浓度为 $0.5\ mmol\cdot L^{-1}$、$-0.7\ V$ 电势下表现出最佳的邻苯二甲酸二甲酯电 Fenton 降解性能，表观速率常数为 $0.198\ min^{-1}$，约为未改性石墨毡的 10 倍[90]。

Liu 等利用过氧化氢在 80 ℃ 下处理石墨毡 2 h 后，材料表征发现处理后获得了更多的含氧官能团，碳纤维表面由光滑变成沟壑状，接触角比未处理前减小了 31°，电荷传输阻力减小，活性表面积由 $2.28\ A\cdot m^{-2}$ 增加到 $5.71\ A\cdot m^{-2}$，阴极过氧化氢产量显著提高[91]。

2. 氮掺杂改性

在石墨碳材料中加入 N 元素被认为可以提高材料的阴极性能。Zhou 等[92-93]将预处理的石墨毡在 60 ℃ 下于乙醇、水合肼（体积比 9∶1）混合物中水浴回流 6 h，而后在封闭态 150 ℃ 下处理 2 h。改性后发现石墨毡表面形成碳纳米颗粒，含氧含氮官能团和石墨化程度明显增加，其中氮元素主要为季铵氮，其次为吡啶氮和不同的氮氧化物。改性石墨毡获得更强的亲水性和更快的电子传递，孤电子对的氮可以形成具有 sp^2 杂化碳框架的离子域共轭体系，可以提升氧气的还原反应催化性能。在氧气流速为 $0.4\ L\cdot min^{-1}$、电势为 $-0.65\ V$（vs. SCE）的情况下，过氧化氢生成速率为 $175.8\ mg\cdot L^{-1}$，而未改性石墨毡仅为 $67.5\ mg\cdot L^{-1}$。

加入 $0.2\ mmol \cdot L^{-1}\ Fe^{3+}$，调节 pH 至 3.0，$50\ mg \cdot L^{-1}$ 的对硝基苯酚在 60 min 内完全去除，矿化率达 51.4%，10 次重复使用后矿化率仍高于 45%。基于上述 Zhou 等的方法，Liu 等[94] 将掺氮的石墨毡用于左氧氟沙星的电 Fenton 氧化降解，在 pH = 3.0 时，去除率和矿化率获得了不同程度的提升。这不仅得益于改性石墨毡上过氧化氢的强化生成，而且氮掺杂后材料表面水分解性能的提升有利于苯环上硝基的还原，消除了其对矿化的抑制。通过将含氮的高聚物与石墨毡结合能够一步掺杂多种不同化学环境的氮元素。Yu 等[95] 合成了聚苯胺涂覆石墨毡复合阴极，其中包含吡啶氮、吡咯氮、氨氮和石墨氮，且前两种的含量明显高于其他种，其催化电 Fenton 反应对于邻苯二甲酸二甲酯的降解表观动力学常数为 $0.0753\ min^{-1}$，比未改性石墨毡催化下提高了 2.5 倍。

3. 石墨烯、炭黑和聚四氟乙烯改性

在石墨烯的诸多制备方法中，电化学剥离方法具有快速高效、绿色环保、适合产业化等特点。Yang 等[96] 使用电化学剥离法制备了石墨烯改性石墨毡阴极。使用石墨烯与聚四氟乙烯，乙醇和去离子水涂在石墨毡的两面，干燥后在 360 ℃ 下处理 30 min。发现石墨烯的存在加速了电子传递速率，有利于氧气在表面发生二电子还原反应，促进了过氧化氢的产生。石墨烯负载量为 $11.2\ mg \cdot cm^{-2}$ 的石墨毡在 pH 为 7.0 和 $-0.9\ V$ 电势下获得了 $7.7\ mg \cdot h^{-1} \cdot cm^{-2}$ 的过氧化氢产率，其催化电 Fenton 反应对金橙Ⅱ、亚甲基蓝、苯酚和磺胺嘧啶均获得良好的降解效果。

Yu 等[97] 使用不同质量比的炭黑和聚四氟乙烯来改性石墨毡电极，实验最优值为 1∶5，阴极改性后成本仅提高约 29.2%。改性后，在无曝气及宽 pH 范围内有比较稳定的过氧化氢生成速率，在电流密度为 $50\ A \cdot m^{-2}$、初始 pH 为 7.0 时，获得了高达 $472.9\ mg \cdot L^{-1}$ 的过氧化氢积累，提高了约 10.7 倍，10 次重复使用后性能损失不到 10%。通过电 Fenton 反应 15 min 可完全去除 $50\ mg \cdot L^{-1}$ 的甲基橙，2 h 时的矿化率达到 95.7%，高于未改性石墨毡的 4 倍。在无曝气的情况下显著增强了过氧化氢产率，是具有成本优势的方法。Ma 等[98] 将上述阴极用于新型反应器，获得了更高的性能，体系适用于橙黄、柠檬黄、四环素和 2,4-二氯苯酚等多种有机污染物的降解。

Tian 等[99] 通过使用 CTAB（阳离子表面活性剂）和炭黑并对石墨毡施加 $-17.5\ V$ 的电压来制作气体扩散电极，在 pH 为 3.0、$0.5\ mmol \cdot L^{-1}\ Fe^{2+}$ 的溶液中施加 $50\ A \cdot m^{-2}$ 的电流密度和 $1\ L \cdot min^{-1}$ 的空气流率，改性阴极去除

$0.1\ mmol \cdot L^{-1}$ 罗丹明 B 的效率达 98.49%。经过 90 min 处理后，BOD_5/COD 从 0.049 增加到 0.331，提高了可生化性，10 次重复使用后性能保持稳定。Tian 等[100]在之后的工作中，将带负电铁磁纳米颗粒被静电吸引到带正电的炭黑上，并制备了负载 1.2 g 铁磁纳米颗粒和炭黑的气体扩散阴极电极。实验在中性且无曝气条件下进行，$0.1\ mmol \cdot L^{-1}$ 罗丹明 B 溶液电解 180 min 后，BOD_5/COD 由 0.049 增加到 0.371，高于 0.3，后续适合进行生物处理。

Yu 等[101]研制了一种新型双层气体扩散电极。石墨毡脱脂后将炭黑和 30% 聚四氟乙烯乳液沉积到石墨毡上形成扩散层，以炭黑、乙醇和 60% 聚四氟乙烯制成催化剂层。阴极在 $7.1\ mA \cdot cm^{-2}$ 电流密度、$0.5\ L \cdot min^{-1}$ 空气流速下，经过 180 min 后过氧化氢积累量为 $566\ mg \cdot L^{-1}$。实验中发现对 $0.2\ g \cdot L^{-1}$、$0.5\ g \cdot L^{-1}$ 和 $1\ g \cdot L^{-1}$ 柠檬黄降解均有效，在溶液中 Fe^{2+} 为 $0.4\ mmol \cdot L^{-1}$、pH 为 3.0 条件下，脱色率分别为 89.7%、72.8% 和 66.1%，矿化率分别为 19.7%、35.9% 和 65.1%。而且该系统可用于低浓缩废水的处理，后续也可以与其他废水处理工艺相结合。

4. 木质素改性

木质素是生物圈中仅次于纤维素含量第二高的生物聚合物，被认为是一种环境友好的材料。Huang 等[102]使用热过氧化氢和去离子水处理过的石墨毡通过施加 $5\ mA \cdot cm^{-2}$ 的恒定电流密度，将 $0.1\ mol \cdot L^{-1}$ $HClO_4$ 溶液中的 $5\ g \cdot L^{-1}$ 木质素硫酸盐和吡咯单体（质量比 1∶1）于室温下电聚合制备 PPy/lig 复合材料。在 pH 为 3.0 的溶液中施加 $-0.5\ V$（vs. SCE）电势，获得了 $10.08\ mg \cdot L^{-1} \cdot h^{-1} \cdot cm^{-2}$ 的过氧化氢生成量。这可归因于 C—O 和 C═O 增强了表面亲水性，且 C═O 还可作为活性位点促进氧气向过氧化氢的电子转移。在添加了 $0.5\ mmol \cdot L^{-1}$ 的 Fe^{2+} 后降解 $10\ mg \cdot L^{-1}$ 的酸性橙 7，13 h 后矿化率为 76.55%，一级动力学表观速率常数为 $0.294 \cdot h^{-1}$，相比未改性石墨毡提高了 7.5 倍。

将石墨毡改性后并用作空气阴极燃料电池的阳极，由酸性矿山废水原位制备 Fe_3O_4/GF 复合电极，表面改性不仅改善了 Fe(Ⅱ) 在石墨毡表面的电化学氧化，而且也提高了所制备 Fe_3O_4/GF 上过氧化氢的生成效率。改性前，首先将石墨毡（$3 \times 3\ cm^2$，厚度为 5 mm）用丙酮和去离子水脱脂，将其命名为 GF-Raw。此处，将 4 种表面改性方法（包括过氧化氢处理、电化学氧化处理、碱处理和水合肼处理）应用于 GF-Raw。前三种处理是典型的表面氧化方法，最后一种是氮掺杂方法。在过氧化氢处理中,将 GF-Raw 浸入 80 ℃ 的 30 wt% 过氧化氢中 2 h。将所得材料标记为 GF-H₂O₂。将 GF-Raw 置于 10 wt% 硫酸中在 0～2.0 V 之间以 10 mV·s⁻¹ 的扫描速率进行 4 个循环的电化学氧化处理,将所得材料标记为 GF-E。在碱处理中,将 GF-Raw 浸入 1 mol·L⁻¹ 的氢氧化钠溶液中 3 h,洗涤后再浸入 80 ℃ 的 6 mol·L⁻¹ 氢氧化钾溶液中直至水完全蒸发,然后在 900 ℃ 下 N₂ 气氛中热处理 1 h,将所得材料标记为 GF-KOH。为制备 GF-N₂H₄,将 GF-KOH 在含 90 mL 乙醇和 10 mL 水合肼的反应器中于 60 ℃ 下回流处理 6 h,然后将水热反应器密封置于 150 ℃ 下进一步处理 2 h。

图 3.49(a)展示了改性石墨毡的 X 射线光电子能谱全谱图,这能够揭示出它们的表面化学组成。总的来说,所有表面改性方法都能将氧元素引入到石墨毡表面,因此改性后的石墨毡光谱中氧元素的峰面积百分比均明显高于 GF-Raw。石墨毡表面上的氧通常与碳连接以形成氧化官能团,石墨毡样品的表面官能团可由 C 1s 高分辨谱识别。图 3.48(b)中 C 1s 谱图被分峰拟合成五个组分,其中 284.8 eV 处的峰被归因于 C—C/ C=C 键,其他三个连接碳原子的含氧官能团包括 C—OH(286 eV)、C=O(287 eV)和 COOH(288.4 eV)。C 1s XPS 光谱上相应峰的面积百分比增加,再一次证明了表面改性成功地将含氧官能团引入到石墨毡的表面上。在 4 种改性方法中,水合肼处理不仅增加了石墨毡表面含氧官能团的比例,而且还将氮元素引入到石墨毡中。如图 3.49(b)中 GF-N₂H₄ 的 N 1s 高分辨谱图所示,经过拟合后以 402.0 eV、400.2 eV 和 399.8 eV 为中心的峰分别代表石墨氮、吡咯氮和吡啶氮。由此可以看出,掺杂的氮元素主要以吡咯氮和吡啶氮的形式存在,氮元素应主要位于石墨毡的缺陷部位,而不是进入石墨碳骨架中。

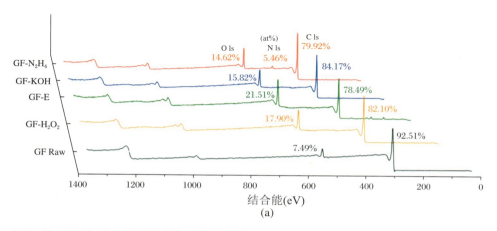

图 3.49　改性和未改性石墨毡的 X 射线光电子能谱:(a) 全谱;(b) C 1s 和 N 1s 高分辨谱

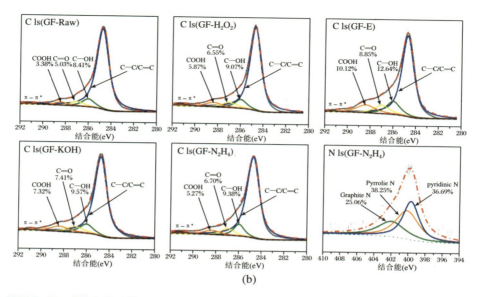

续图 3.49 改性和未改性石墨毡的 X 射线光电子能谱：(a) 全谱；(b) C 1s 和 N 1s 高分辨谱

图 3.50（a）显示了在所有石墨毡样品的拉曼光谱，在 1360 cm^{-1} 和 1600 cm^{-1} 处出现的两个典型的特征峰，分别对应于碳材料的 D 峰和 G 峰。其中，D 峰来自具有缺陷的无序结构，而 G 峰与石墨碳相关。D 峰与 G 峰的相对强度比（I_D/I_G）通常用于评估碳材料的石墨化程度。GF-H$_2$O$_2$（1.038）和 GF-E（1.044）以及 GF-KOH（1.052）的 I_D/I_G 值均高于 GF-Raw（1.011），这表明由表面的氧化改性导致石墨毡结构中的缺陷增加。然而，GF-N$_2$H$_4$ 较低的 I_D/I_G 值（0.976）表明经水合肼处理后石墨毡的石墨化程度得到了提高，当改性后的石墨毡被用作电极材料时，将有利于电子转移。图 3.50（b）展示了石墨毡样品表面的接触角图像。经过改性处理后的石墨毡接触角都小于 GF-Raw 的接触角，这表明表面改性增强了石墨毡的亲水性。值得注意的是，GF-N$_2$H$_4$ 表面对水具有极高的亲和力，因为接触角仅约为 5°。亲水性对于电极材料是至关重要的，因为溶解的反应物需要从电解质溶液扩散到电极表面以进行电化学反应。石墨毡的亲水表面有利于反应的物质传递，从而有利于电极电化学性能的改善。

石墨毡电极的电化学活性可采用[Fe(CN)$_6$]$^{3-}$/[Fe(CN)$_6$]$^{4-}$氧化还原体系进行评估。如图 3.50（c）所示，在石墨毡的循环伏安曲线上观察到一对氧化还原峰。其中 0.07 V 处的氧化峰可归属于电极表面[Fe(CN)$_6$]$^{4-}$的氧化，-0.04 V 处的还原峰则代表[Fe(CN)$_6$]$^{3-}$的还原。经过改性的石墨毡其氧化还原峰强度远高于 GF-Raw。电化学活性面积由[Fe(CN)$_6$]$^{3-}$/[Fe(CN)$_6$]$^{4-}$氧化还原峰的强度计算，如式（3.30）所示：

$$A = I_{\mathrm{P}}/(2.69 \times 10^5 \times D^{1/2} n^{3/2} \gamma^{1/2} C) \tag{3.30}$$

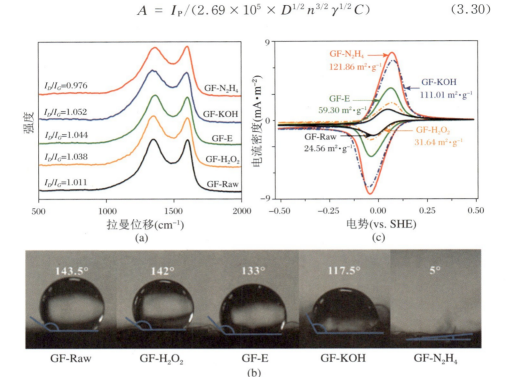

图 3.50　改性和未改性石墨毡的拉曼光谱图(a)、接触角图像(b)以及[Fe(CN)₆]³⁻/[Fe(CN)₆]⁴⁻溶液中的循环伏安曲线图(c)

其中，I_{P} 是峰值电流(A)；$n = 1$ 是氧化还原反应中涉及的电子数；A 是电极面积(cm^2)；D 是溶液中分子的扩散系数(7.63×10^{-6} $cm^2 \cdot s^{-1}$)；C 是溶液中探针分子的浓度(1×10^{-5} $mol \cdot cm^{-3}$)；γ 是扫描速率(0.006 $V \cdot s^{-1}$)。不同石墨毡电极的电化学活性面积大小按 GF-N₂H₄(121.86 $m^2 \cdot g^{-1}$)＞GF-KOH(111.01 $m^2 \cdot g^{-1}$)＞GF-E(59.30 $m^2 \cdot g^{-1}$)＞GF-H₂O₂(31.64 $m^2 \cdot g^{-1}$)＞GF-Raw(24.56 $m^2 \cdot g^{-1}$)排序。明显可以看出，表面改性有效地扩大了石墨毡的电化学活性面积，这意味着改性后的石墨毡表面可用于电化学反应的活性位点增多。值得注意的是，由于 GF-N₂H₄ 上更容易发生电子和物质传递，这导致 GF-N₂H₄ 的电化学活性面积约是 GF-Raw 的 5 倍。

氧气经二电子还原生成过氧化氢是电 Fenton 反应中的关键步骤，因为具有高氧化性的羟基自由基是由过氧化氢分解所产生的。以铂为阳极，SCE 为参比电极，在 50 mmol·L⁻¹ 硫酸钠电解质溶液中(pH = 7.0)，50 mA 的恒电流下评估石墨毡在氧气二电子还原反应中的电催化活性。图 3.51 显示了不同石墨毡上的过氧化氢浓度随时间的变化，以及相应的电化学反应库仑效率。改性石墨毡阴极的过氧化氢生成能力和库仑效率均明显高于未改性的石墨毡阴极。其中,图3.51(a)中显示的不同石墨毡上产生的过氧化氢浓度与它们的电活性面积有着一定的对应关系。尤其是在 GF-N_2H_4 上产生的过氧化氢浓度是在 GF-Raw 上产生的 3 倍以上,GF-N_2H_4 在整个氧气还原生成过氧化氢反应中获得的库仑效率也最高。GF-N_2H_4 的高氧气还原催化活性归因于其表面含氧官能团和掺杂的氮原子可作为反应过程的催化活性位点,以及其良好的亲水性能有利于溶液中溶解氧转移到电极表面。但与此同时,溶液中较高水平的过氧化氢浓度也促进了其自身的分解和副反应的增强,导致随着降解时间的延长,过氧化氢生成过程的库仑效率逐渐降低(图3.51(b))。在高效的电 Fenton 反应降解污染物过程中,生成的过氧化氢会迅速被 Fenton 催化剂分解产生羟基自由基,以用于氧化有机污染物使其降解;因此可避免过氧化氢的大量积累,使库仑效率维持在较高水平。在 Fe_3O_4/GF-N_2H_4 复合电极上,60 min 羟基自由基的生成总量为 992 μmol·L^{-1},比 Fe_3O_4/GF-KOH(826 μmol·L^{-1})、Fe_3O_4/GF-E(624 μmol·L^{-1})、Fe_3O_4/GF-H_2O_2(414 μmol·L^{-1})和 Fe_3O_4/GF-Raw(276 μmol·L^{-1})上产生的羟基自由基都要多。因此,可以确认 Fe_3O_4/GF-N_2H_4 电极有助于增强羟基自由基的生成,并因此提高了污染物的降解速率。分析其原因,其一是 GF-N_2H_4 会催化产生更多的过氧化氢,其二是 Fe_3O_4/GF-N_2H_4 电极上负载有更多的四氧化三铁催化剂,更多的过氧化氢和 Fenton 催化剂促进了羟基自由基的产生。

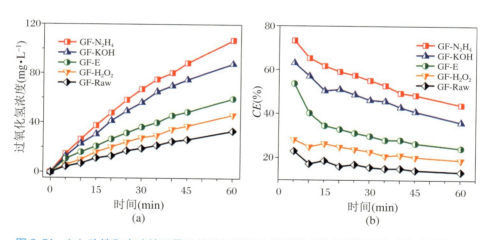

图3.51 (a) 改性和未改性石墨毡的过氧化氢生成曲线;(b) 过氧化氢生产的库仑效率

将不同的石墨毡作为空气阴极燃料电池的阳极,由合成酸性矿山废水来制备 Fe_3O_4/GF 复合电极。由图3.52(a)可知,与 GF-Raw 阳极相比,改性后的石墨毡阳极 GF-N_2H_4 表现出更负的开路电势,这意味着在改性的石墨毡阳极上更容易发生 Fe(Ⅱ)的电化学氧化。这使得经过改性的石墨毡在空气阴极燃料电池运行过程中能够获得更大的电流密度。在铁基空气阴极燃料电池运行过程中,通过 Fe(II) 在石墨毡上的电氧化将铁氧化物负载在石墨毡上。如图 3.52(b)可以看出,具有最低的电极电势和最大电流密度的 GF-$\mathrm{N_2H_4}$ 电极所制备得到的 $\mathrm{Fe_3O_4}$/GF 复合电极的铁含量最高,达到 14.05 wt%,高于 $\mathrm{Fe_3O_4}$/GF-Raw 复合电极中铁含量的 2 倍。

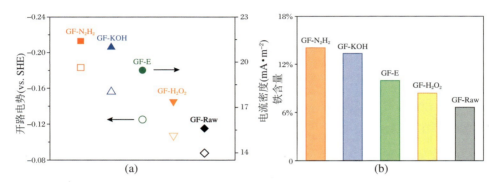

图 3.52　电极在空气阴极燃料电池中阳极电极电势(左)和电流密度(右)(a),以及所制备的复合电极的铁含量(b)

使用双酚 A 作为模型污染物,对制备的 $\mathrm{Fe_3O_4}$/GF 复合电极作为非均电 Fenton 系统阴极的催化活性进行评估。如图 3.53(a)所示,双酚 A 在 60 min 内被快速去除。图 3.53(b)显示了不同复合电极上双酚 A 的降解伪一级动力学拟合曲线,相关系数值 R^2 均大于 0.99,这表明该电 Fenton 降解反应遵循伪一级反应动力学。$\mathrm{Fe_3O_4}$/GF-$\mathrm{N_2H_4}$、$\mathrm{Fe_3O_4}$/GF-KOH、$\mathrm{Fe_3O_4}$/GF-E、$\mathrm{Fe_3O_4}$/GF-$\mathrm{H_2O_2}$ 和 $\mathrm{Fe_3O_4}$/GF-Raw 复合电极相对应的表观速率常数分别为 0.070 $\mathrm{min^{-1}}$($R^2 = 0.994$)、0.054 $\mathrm{min^{-1}}$($R^2 = 0.999$)、0.039 $\mathrm{min^{-1}}$($R^2 = 0.998$)、0.030 $\mathrm{min^{-1}}$($R^2 = 0.995$)和 0.024 $\mathrm{min^{-1}}$($R^2 = 0.993$)。其中,在 $\mathrm{Fe_3O_4}$/GF-$\mathrm{N_2H_4}$ 复合电极上观察到的双酚 A 降解最快,速率常数几乎是 $\mathrm{Fe_3O_4}$/GF-Raw 复合电极的 3 倍。此外,图 3.53(c)表明使用改性后石墨毡所制备的复合电极作为电 Fenton 系统阴极降解双酚 A 的矿化率也得到了明显改善。反应 10 h 后,$\mathrm{Fe_3O_4}$/GF-$\mathrm{N_2H_4}$ 复合电极上双酚 A 的矿化率高达 91.1%,而使用 $\mathrm{Fe_3O_4}$/GF-Raw 复合电极的电 Fenton 系统中矿化率仅为 60.7%。

非均相电 Fenton 反应过程中的电荷利用率可用矿化电流效率(MCE)来进行评估,其通过式(3.31)进行计算:

$$MCE = \frac{nFV_s\Delta(\mathrm{TOC})_{\mathrm{exp}}}{4.32 \times 10^7 mIt} \times 100\% \tag{3.31}$$

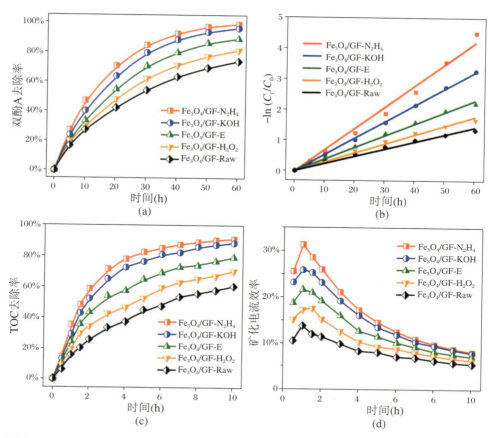

图 3.53　(a) 不同 Fe$_3$O$_4$/GF 复合电极在非均相电 Fenton 系统中获得的 BPA 去除率;(b) BPA 去除过程伪一级动力学拟合情况;(c) TOC 去除率;(d) BPA 矿化过程的矿化电流效率

其中,$n = 72$ 是矿化每分子双酚 A 转移的电子数;F 是法拉第常数 (96486 C·mol^{-1});V_s 是溶液体积(L);$\Delta(\text{TOC})_{\text{exp}}$ 是反应中总有机碳的衰减值 (mg·L^{-1});$4.32×10^7$ 是转换因子(3600 s·h^{-1}×12000 mg·C·mol^{-1});$m = 15$ 是双酚 A 中的碳原子数;I 是施加电流(A);t 是电解时间(h)。如图 3.53 (d)所示,在不同电极中,Fe$_3$O$_4$/GF-N$_2$H$_4$ 电极上的电 Fenton 反应在整个时期内呈现出最高的矿化电流效率,这归因于石墨毡的表面改性改善了过氧化氢的生成,并有效增加了铁氧化物的负载量。由图中也可以看出,无论所用的电极材料有何不同,矿化电流效率在电解的初始阶段都表现出急剧增加的现象。这是由于在电解初始阶段双酚 A 分解形成的一些氧化产物被较快地降解。随着降解时间的延长,可以观察到矿化电流效率有逐渐降低的趋势,这表明系统氧化能力持续下降。这种情况一方面可能是由于逐渐降低的污染物浓度所导致的氧化剂和污染物接触的概率下降;另一方面也可归因于降解生成了羧酸等有机小分子物质,而这些小分子羧酸比其他中间体化合物降解速率更慢[103]。

将 GF-N$_2$H$_4$ 用于从实际酸性矿山废水Ⅲ原位制备非均相电 Fenton 催化剂,用其与未改性的 GF-Raw 进行比较来评估电极改性的有效性。表 3.7 中列出了实际酸性矿山废水Ⅲ样品的化学成分和处理后的离子含量及去除率。无论是使用 GF-Raw 还是 GF-N$_2$H$_4$ 电极,空气阴极燃料电池都能有效去除实际酸性矿山废水中的金属,并且使处理后的废水中金属离子含量符合排放标准(GB 8978—1996)。

表 3.7　实际酸性矿山废水Ⅲ的理化指标以及经过铁基
空气阴极燃料电池处理后金属离子去除率

	Fe$_{tot}$	Fe(Ⅱ)	Mn	Cu	Zn	Al	Ni	SO$_4^{2-}$	pH	电导率 (mS·cm^{-1})
	浓度(mg·L^{-1})									
处理前	809.32	801.4	292.45	79.39	33.42	39.85	8.52	3833.52	2.09	7.12
处理后	1.09	—	1.31	0.45	1.92	0.89	0.85	3716.81	7.21	27.9
去除率	99.9%	100%	99.6%	99.4%	94.3%	97.8%	90.0%	—	—	—

图 3.54(a)显示了由实际酸性矿山废水Ⅲ制备的 Fe$_3$O$_4$/GF 复合电极中的主要金属元素是铁,此外锰等其他金属也被引入到复合电极中。但是在图 3.55(b)所示的 X 射线衍射谱图中,制备的 Fe$_3$O$_4$/GF 复合电极仅显示了四氧化三铁晶体的特征衍射峰。根据 Fe$_3$O$_4$/GF-Raw 复合电极中 5.93 wt% 的铁含量,实际酸性矿山废水Ⅲ中 28.3% 的 Fe(Ⅱ)被回收到制备的复合电极上。相比之下,Fe$_3$O$_4$/GF-N$_2$H$_4$ 中的铁含量高得多,达到 12.41 wt%,相当于废水中 52.3% 的 Fe(Ⅱ)回收效率。

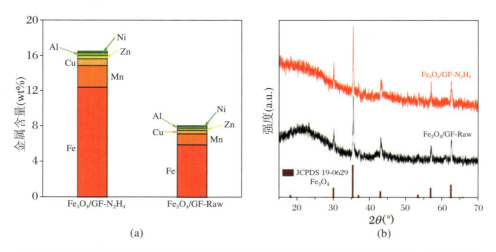

(a)　　　　　　　　(b)

图 3.54　由实际酸性矿山废水Ⅲ所制备的 Fe$_3$O$_4$/GF-N$_2$H$_4$ 和 Fe$_3$O$_4$/GF-Raw 复合电极中的金属含量(a),以及 X 射线衍射谱图(b)

图 3.55(a)显示了由同一实际酸性矿山废水Ⅲ制备的 Fe$_3$O$_4$/GF 复合电

极，在连续催化 10 次间歇非均相电 Fenton 运行周期中双酚 A 的矿化效率，每个间歇电 Fenton 反应持续 10 h，以使溶液中的双酚 A 得到充分矿化。在每次运行中，使用 Fe_3O_4/GF-N_2H_4 复合电极所获得的 BPA 矿化率均明显高于 Fe_3O_4/GF-Raw 复合电极。Fe_3O_4/GF-Raw 复合电极上的 BPA 矿化率从第一个运行周期的 62.12% 降低到第 10 个运行周期的 47.18%，但是 10 个运行周期内 Fe_3O_4/GF-N_2H_4 电极上双酚 A 的矿化率仅降低了 10.87%。因此，在非均相电反应中，Fe_3O_4/GF-N_2H_4 复合电极比 Fe_3O_4/GF-Raw 复合电极保持更高和更稳定的催化活性。在每个间歇周期结束后，将反应溶液收集，最后混合在一起以测量从电极表面浸出到溶液中的溶解金属离子浓度。如图 3.55(b) 所示，非均相电 Fenton 过程中的金属浸出可忽略，反应后溶液中各种溶解金属离子的浓度均低于国家排放标准 (GB 8978—1996) 规定的限值。

此外，Fe_3O_4/GF-N_2H_4 复合电极催化下的非均相电 Fenton 反应在矿化各种生物难降解污染物方面展示出了普适性。偶氮染料 AO7 和罗丹明 B 在 10 h 内几乎完全矿化，布洛芬和三氯生（已知在环境中难以降解的典型药品和个人护理品类污染物）也分别获得了 84.9% 和 79.8% 的高矿化率。Fe_3O_4/GF-N_2H_4 电极上的布洛芬和三氯生的矿化率与已报道的电 Fenton 系统中获得的值相当，甚至更高。因此，由实际酸性矿山废水制备的 Fe_3O_4/GF-N_2H_4 复合电极在非均相电 Fenton 技术处理实际有机污染物方面具有很大的应用潜力。

综上所述，石墨毡的表面改性被证明是提高制备 Fe_3O_4/GF 复合电极电 Fenton 催化活性的有效方式。过氧化氢处理、电化学氧化处理和碱处理能够增加石墨毡上的表面含氧官能团，而水合肼处理可以增加表面含氧官能团并将氮原子引入石墨毡，水合肼改性后的石墨毡表现出更大的电化学活性面积、高石墨化程度和强亲水性，有利于电子的转移和质量的传递。石墨毡的表面改性不仅改善了铁基空气阴极燃料电池中 Fe(Ⅱ) 在石墨毡表面的氧化，而且促进了非均相电 Fenton 反应中过氧化氢的生成。值得关注的是，在 GF-N_2H_4 上产生的过氧化氢浓度是在 GF-Raw 上产生的 3 倍以上，并且制备的 Fe_3O_4/GF-N_2H_4 复合电极中的铁含量是 Fe_3O_4/GF-Raw 复合电极中的 2 倍多。在运行空气阴极燃料电池处理酸性矿山废水的操作过程中，电池阳极 GF-N_2H_4 有效地提高了酸性矿山废水中 Fe(Ⅱ) 的回收率。由实际酸性矿山废水制备的 Fe_3O_4/GF-N_2H_4 复合电极表现出良好且稳定的非均相电 Fenton 催化活性，并且在矿化不同种类污染物中均具有可观的效率。

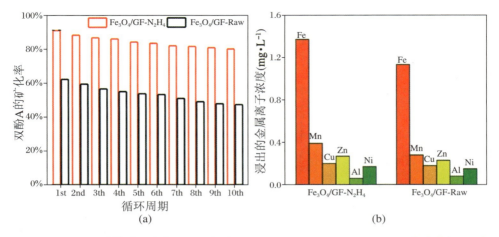

图 3.55　由实际酸性矿山废水 Ⅲ 所制备的 Fe_3O_4/GF-N_2H_4 和 Fe_3O_4/GF-Raw 复合电极 10 个间歇循环中双酚 A 的矿化率(a),以及总金属离子的浸出浓度(b)

3.5

铁基常温空气阴极燃料电池耦合络合铁湿式脱硫

　　用于硫化氢废气处理的络合铁工艺操作流程简单,脱硫效率高,工艺经济合理,是目前最有前景的脱硫技术。络合铁法通常采用碱(碳酸钠或碳酸钾)的水溶液为吸收剂来吸收硫化氢气体,通过化学反应生成硫氢根离子(HS^-),并通过络合 Fe(Ⅲ)的氧化性将硫氢根离子转化成单质硫,而络合-Fe(Ⅲ)被还原成络合 Fe(Ⅱ)。在再生过程中,络合 Fe(Ⅱ)溶液与空气接触氧化成络合-Fe(Ⅲ),恢复其氧化性能,溶液被循环使用。从而建立了一套具有吸收-氧化-再生-吸收-氧化的循环脱硫体系。整个络合铁脱硫工艺可用以下反应式表示:

$$H_2S(g) \longrightarrow H_2S(aq) \tag{3.32}$$

$$H_2S(aq) \longrightarrow HS^- + H^+ \tag{3.33}$$

$$HS^- + 2Fe(Ⅲ) \longrightarrow S(s) + H^+ + 2Fe(Ⅱ) \tag{3.34}$$

$$1/2O_2(g) \longrightarrow 1/2O_2(aq) \tag{3.35}$$

$$2Fe(Ⅱ) + 1/2O_2(aq) + H_2O \longrightarrow 2OH^- + 2Fe(Ⅲ) \tag{3.36}$$

总反应式为

$$H_2S(g) + 1/2O_2(g) \longrightarrow S(s) + H_2O \tag{3.37}$$

根据络合剂的不同,目前常用的络合铁脱硫工艺有以下几种:

1. 乙二胺四乙酸(EDTA)络合铁脱硫工艺

EDTA 络合铁法以 EDTA 为铁盐络合剂,是目前研究最广泛、应用最普遍、技术最成熟的络合铁法脱硫技术。20 世纪 80 年代,以 EDTA 为铁盐络合剂的 LO-CAT 和 Sulferox 工艺实现了工业化。LO-CAT 工艺具有气体净化度高、产品硫磺质量好、能耗低、应用范围广、易于操作和控制等特点,在室温下操作,脱硫效率可高达 99.99%,是目前国外使用较多的一种方法。Sulferox 工艺的关键技术在于配体,它允许使用高浓度的络合铁溶液,因而能降低溶液的循环负荷,还可以脱除气体中的有机硫。

2. 磺基水杨酸络合铁脱硫工艺

磺基水杨酸络合铁法是以磺基水杨酸为络合剂、氨水为吸收剂,此工艺的特点是价格低廉、硫容量高(是 EDTA 络合铁脱硫工艺的 2 倍)。磺基水杨酸能与铁离子形成带双键的六元环,络合稳定常数较高,络合剂不易降解。但是脱硫液的稳定性差,副反应多,随着脱硫过程的进行,脱硫液中的总铁量会迅速下降,脱硫速率也随之迅速下降,所以在反应过程中需经常补充铁盐,而且该工艺会产生含氨废水,废水的大量排放会对环境造成一定的影响。

3. 三乙醇胺络合铁脱硫工艺

三乙醇胺络合铁法是一种改良的以三乙醇胺为铁离子络合剂和脱硫吸收剂、柠檬酸为亚铁离子络合剂的基于络合 Fe(Ⅲ)/Fe(Ⅱ)氧化还原体系的方法。该方法具有副反应少、脱硫效率高、硫容量高、溶液稳定、腐蚀性小、成本低等优点,但同时也存在脱硫液价格昂贵、络合剂降解严重等缺点。因此,该工艺仍有待进一步改良。

4. 栲胶-NTA 络合铁脱硫工艺

栲胶-NTA 络合铁脱硫工艺是一种以氧化栲胶(Teos)-次氮基三乙酸(NTA)络合铁为脱硫剂,结合栲胶法和络合铁法,利用氧化-还原电位法进行脱硫的工艺。

张冬云等[109]考察了该体系用于脱硫的热力学可行性及 Teos-NTA 络合铁含量对氧化再生时间、脱硫液电位和脱硫过程的影响。结果表明,栲胶-NTA 络合铁碱性溶液脱硫在热力学上是可行的,铁盐只有在加入络合剂后才能稳定存在。

迄今为止,络合铁工艺面临的最大挑战就是催化剂的再生。传统的催化剂再生环节主要是运用氧气氧化 Fe(Ⅱ) 络合物完成的,但是在这个过程中络合剂很容易与氧气发生反应,造成络合剂降解。而且,此氧化过程需要大量的氧气快速地将铁络合物氧化,由于水中的溶氧量太低,反应受气液传质阻力影响较大。因此需要向水体中不断的曝气,但这样又增大了能耗,给整个工艺带来诸多的不便。

铁基空气阴极燃料电池为络合铁的再生提供一个新的途径。Fe(Ⅱ)可在空气阴极燃料电池的阳极自发氧化成 Fe(Ⅲ),同时氧气在阴极还原生成水,电池自发地将化学能转化为电能。在燃料电池体系中,Fe(Ⅱ)氧化不受气液传质动力学影响,并且 Fe(Ⅱ)氧化和氧气还原分别发生在隔开的两个电极上,络合剂不直接与空气接触,因此其降解问题也可以得到解决。

3.5.1

耦合脱硫体系的构建和脱硫效率

燃料电池耦合络合铁脱硫体系由脱硫工艺与空气阴极燃料电池工艺结合而成,耦合体系工作原理如图 3.56 所示。硫化物氧化反应器内主要发生 Fe(Ⅲ) 的还原与硫化氢的吸收氧化,生成的单质硫经沉积过滤得到;在燃料电池内,主要完成 Fe(Ⅲ) 的再生。再生后的 Fe(Ⅲ) 又重新进入硫化物氧化反应器内参与硫化物的氧化。

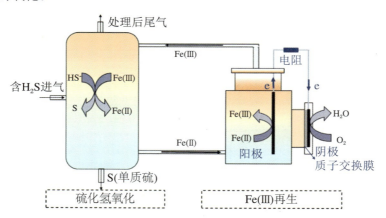

图 3.56 燃料电池耦合络合铁脱硫体系的工作原理图

污染控制理论与应用前沿丛书
常温空气阴极燃料电池在废水处理中的应用

图 3.57 显示了 NTA 和 EDTA 络合铁溶液在不同 pH 条件下的硫回收效率。EDTA 较 NTA 来说络合效果更好。当采用 EDTA 为络合剂时,硫单质回收效率可达 86.0%～100%;而当 NTA 为配体时,硫单质的回收效率只有69.9%～99.2%。在较高的 pH 条件下会形成硫代硫酸盐等硫氧化物副产物,所以随着溶液 pH 的增加,硫单质的回收效率逐渐降低。在 pH = 10.0 时,由于络合剂的络合效果变差,会导致大量铁沉淀生成,使得溶解态络合铁的浓度降低,从而减少参加氧化反应的铁离子,这不仅造成硫化物的氧化反应速率降低,而且导致单质硫的回收量降低。

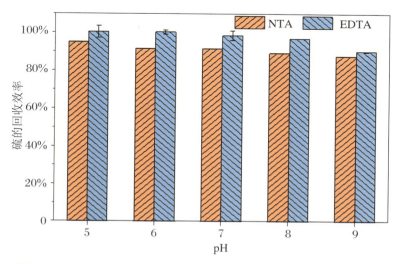

图 3.57　NTA 和 EDTA 络合铁耦合体系中硫的回收效率
铁硫的物质的量之比为 3.5,络合剂与铁的物质的量之比为 1.5

在硫化物氧化过程中,络合态 Fe(Ⅲ)会被还原成为络合态 Fe(Ⅱ),然后其在空气阴极燃料电池内重新被氧化成为络合态 Fe(Ⅲ),从而完成氧化剂的再生。如图 3.58 所示,燃料电池开始启动瞬间即可获得最大电流密度。随着络合态 Fe(Ⅱ)的浓度因其氧化而逐渐减小,电流密度也随之下降,直至络合态 Fe(Ⅱ)完全被氧化成为络合态 Fe(Ⅲ),此时电流密度降到 0。EDTA 体系产生的电能维持时间较 NTA 体系长。空气可通过质子交换膜扩散进入燃料电池阳极并氧化络合 Fe(Ⅱ),该过程使得 Fe(Ⅱ)中的部分电子得不到有效回收,因而燃料电池的实际回收电量小于理论值。在 pH 为 5.0～9.0 范围内,NTA 络合铁耦合体系产生的电量为 3.7～20.1 C,对应的库仑效率为 17.8%～75.1%。而 EDTA 络合铁耦合体系产生的电量可达 7.0～29.6 C,对应的库仑效率为17.8%～75.1%。综上所述,EDTA 作为络合剂比 NTA 更为优越,体系不仅可以回收更多的单质硫,还可以回收更多的电能。

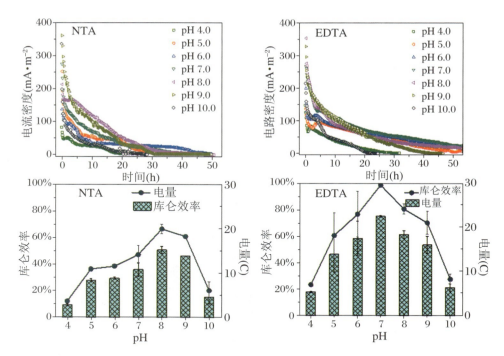

图 3.58 NTA 和 EDTA 络合铁耦合体系中燃料电池的电流密度与库仑效率

铁硫的物质的量之比为 3.5,络合剂与铁的物质的量之比为 1.5

络合铁工艺中络合剂的加入,是为了防止形成不溶性铁物种而影响铁的氧化还原反应。传统络合铁工艺中由于 EDTA 容易被空气直接氧化而降解,因此,NTA 络合体系相对于 EDTA 体系稳定性更强[8,110]。然而,在络合铁耦合燃料电池体系中,由于络合 Fe(Ⅲ) 的再生在空气阴极燃料电池中完成,避免了络合剂和空气的直接接触,EDTA 络合剂的降解问题得到缓解。且 EDTA 比 NTA 具有更强的铁络合能力,因此,络合铁耦合脱硫体系选用 EDTA 作为配体更为合适。

接下来,评估 EDTA 络合铁体系的影响因素。根据化学平衡计量式可知,2 mol 的 Fe(Ⅲ) 即可将 1 mol 硫化物氧化成为单质硫。过量的 Fe(Ⅲ) 对单质硫的回收效率影响不大。然而,铁硫比例对燃料电池的电能输出影响较为显著。如图 3.59 所示,当铁硫比从 2.5:1 增加到 3:1 时,燃料电池的库仑效率增加了 20%,当 Fe(Ⅲ)/S^{2-} 增加到 3.5:1 时,库仑效率又提升了 10%。铁硫比主要通过调节 Fe(Ⅲ)/Fe(Ⅱ) 的比例而影响燃料电池中 Fe(Ⅱ) 的氧化活性。由不同 Fe(Ⅲ)/Fe(Ⅱ) 比例下络合铁溶液的循环伏安曲线(图 3.60)可见,在 -200 mV 处出现的氧化峰代表 Fe(Ⅱ) 向 Fe(Ⅲ) 的氧化过程。随着 Fe(Ⅲ)/Fe(Ⅱ) 比例的增加,该氧化峰的强度逐渐增加,表明 Fe(Ⅱ) 的电化学氧化性能逐渐增强。溶液 pH 是影响耦合体系中的电能输出的重要调控因素。当燃料电池中溶液 pH 低于 5.0 或者高于 9.0 时,产生的电流密度都很低。虽然提高溶

液 pH 会降低 Fe（Ⅱ）的电化学氧化电势而有利于电能回收,但在高 pH 溶液中
Fe（Ⅱ）易于形成铁沉淀,使溶液中溶解态 Fe（Ⅱ）数量减少,从而限制了 Fe（Ⅱ）
的电化学氧化。探寻合适的 pH 对 Fe（Ⅲ）的重生和回收电能都是非常重要的。
在 pH=7.0 时,燃料电池产生的电能最多,单质硫的回收效率也较高。EDTA/
Fe（Ⅲ）的比值对燃料电池能量输出影响较小,当 EDTA/Fe（Ⅲ）的比例从 1.5：
1 增加到 3.0：1 时,库仑效率增加了大约 5%。在循环操作过程中,单质硫的回
收效率可稳定在 95% 以上,这表明 EDTA-Fe（Ⅲ）的再生可在空气阴极燃料电
池中稳定进行。空气阴极燃料电池中阳极室内络合铁发生氧化,氧气在阴极发
生还原,较低的阳极电势使得该反应中不可能产生羟基自由基等活性氧物种,而
理论上两极间阳离子交换膜可有效隔绝氧气,因此可有效避免络合剂被降解。

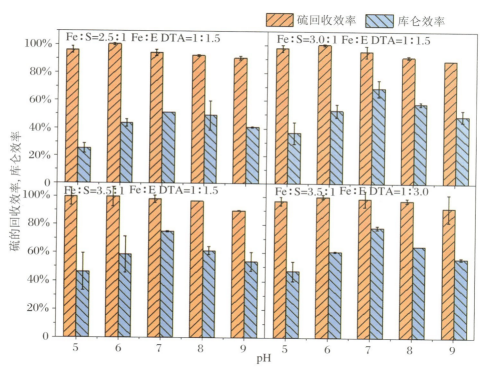

图 3.59　EDTA-络合铁耦合脱硫体系在不同铁硫比、物质的量之比和 pH 条件下的脱硫效果

当废水中存在硫酸盐时,厌氧反应器中的硫酸盐还原菌把硫酸盐作为电子
供体,将其还原生成最终产物硫化氢。燃料电池-络合铁耦合脱硫工艺可用于去
除厌氧反应器处理大豆蛋白纤维废水过程中产生的废气。厌氧反应器每天产生
4.5 L 沼气,其中包含 2.4% 硫化氢、0.6% 氧气、3.8% 氮气、20.3% 二氧化碳、
65.1% 甲烷和 7.8% 氢气。向 250 mL 玻璃反应皿中加入 150 mL 络合铁溶液,
其中包含 $0.2\ mol \cdot L^{-1}$ 的氯化钠、50 mmol $\cdot L^{-1}$ 的碳酸氢钠、5 mmol $\cdot L^{-1}$ 的

Fe(Ⅲ)和 7.5 mmol·L⁻¹ 的 EDTA。将由厌氧反应器出来的废气通入耦合反应器中,稳定运行后硫化氢的去除率高达 99%,单质硫的回收效率达到 78%。燃料电池中 Fe(Ⅲ)的再生效率达 100%,库仑效率达到 78.6%。

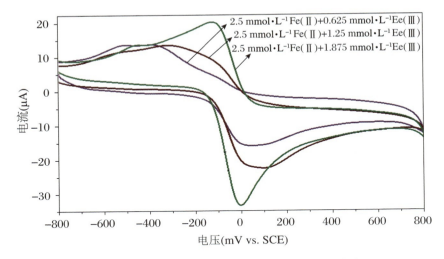

图 3.60　不同 Fe(Ⅲ)/Fe(Ⅱ)比例下络合铁溶液的循环伏安曲线图

一般来说,传统的络合铁工艺中催化剂的再生过程中需要不断向溶液中鼓入空气,因此而造成能量消耗。燃料电池耦合络合铁脱硫系统不但不需要输入能量,而且还可以在络合铁再生过程中产生电能。按照燃料电池 78% 的库仑效率计算,从 1 m³ 生物沼气(含 2.4% 硫化氢气体)中可以回收到 $1.6×10^5$ C 电量,这相当于 45 A·h 电池提供的电能。燃料电池耦合络合铁工艺可由硫化氢同步回收单质硫和电能。与传统络合铁脱硫工艺相比,运用燃料电池替代氧气直接氧化,可以实现催化剂的再生并可以产生电能,而且络合剂的降解问题也得到了有效缓解。

3.5.2

催化剂再生动力学

与络合 Fe(Ⅲ)快速吸收氧化硫化氢气体相比,催化剂再生过程中的络合 Fe(Ⅱ)氧化反应相对缓慢,它是整个络合铁脱硫工艺的限速反应步骤。有关络合 Fe(Ⅱ)被氧气氧化的动力学过程已经被较为细致地研究[111-113]。这些研究已经证实,Fe(Ⅱ)与 EDTA 或其他类似的络合剂络合后,络合态 Fe(Ⅱ)的氧化速率大于 Fe(Ⅱ)离子的氧化速率。在有氧氧化过程中,Fe(Ⅱ)氧化速率对氧气浓度呈一级反应,对络合 Fe(Ⅱ)浓度分别呈一级或两级反应。然而,有关空气阴极燃料电池中络合 Fe(Ⅱ)的电化学氧化动力学的信息还很稀少。为了更好地掌握络合铁脱硫过程中催化剂再生反应,有必要建立一种能充分解释络合 Fe(Ⅱ)电化学氧化动力学与各种参数的关系的模型。

天然水体中 Fe(Ⅱ)的氧化是一个复杂的过程,其中由于氧化还原条件的不同,Fe(Ⅱ)氧化过程中会形成多种不同的物种,且不同物种具有不同的动力学活性,从而导致 Fe(Ⅱ)氧化速率的变化。在天然水体中,Fe(Ⅱ)的氧化遵循哈伯-维斯机理,其中反应式(3.38)和式(3.40)是限速反应[114]:

$$Fe(Ⅱ) + O_2 \longrightarrow Fe(Ⅲ) + O_2^{\cdot -} \tag{3.38}$$

$$Fe(Ⅱ) + O_2^{\cdot -} + 2H^+ \longrightarrow Fe(Ⅲ) + H_2O_2 \tag{3.39}$$

$$Fe(Ⅱ) + H_2O_2 \longrightarrow Fe(Ⅲ) + HO \cdot + OH^- \tag{3.40}$$

$$Fe(Ⅱ) + HO \cdot \longrightarrow Fe(Ⅲ) + OH^- \tag{3.41}$$

当 Fe(Ⅱ)浓度为微摩尔级别时,在所有的动力学过程中,超氧根离子($O_2^{\cdot -}$)、过氧化氢(H_2O_2)和氢氧根离子(OH^-)的稳态浓度都能快速达到,并且 Fe(Ⅱ)的氧化在微摩尔级别时遵循伪一级动力学。所以 Fe(Ⅱ)的氧化动力学通常是在微摩尔级别上进行的,这样使得定量的研究各单一 Fe(Ⅱ)物种对 Fe(Ⅱ)氧化速率的影响更为方便。因此,可将 Fe(Ⅱ)浓度设定在微摩尔级别,以研究 EDTA/NTA-Fe(Ⅱ)的氧化动力学,构建能够较为准确描述络合 Fe(Ⅱ)电化学氧化和空气氧化的动力学模型。通过此模型,可以定量研究络合 Fe(Ⅱ)物种的动力学活性,以及对 Fe(Ⅱ)总氧化速率的影响,并准确预测络合铁体系中 Fe(Ⅱ)氧化过程与溶液组分的关系。

微摩尔 Fe(Ⅱ)的电化学氧化实验可在 250 mL 三电极电解池中进行,以玻碳电极(直径 3 mm)为工作电极,铂丝电极(直径 1 mm)为对电极,饱和甘汞电极(SCE)为参比电极。固定外加氧化电势为 0.0 V,以模拟空气阴极燃料电池的阳极电势。溶液以 200 mmol · L^{-1} 氯化钠为电解质,9 mmol · L^{-1} EDTA/NTA 为络合剂,先通高纯氮 20 min 以除去溶液中的溶解氧,然后再加入 30 μmol · L^{-1} Fe(Ⅱ)。微摩尔 Fe(Ⅱ)的空气氧化可在 250 mL 的玻璃反应器中进行,不断向溶液鼓入空气使溶解氧饱和。以 200 mmol · L^{-1} 氯化钠为电解质,9 mmol · L^{-1} EDTA/NTA 为络合剂,Fe(Ⅱ)浓度为 30 μmol · L^{-1}。在 Fe(Ⅱ)电化学氧化过程中,当外加电压为 0.0 V、磁力搅拌速率为 1250 r · min^{-1} 时,扩散速率明显高于 Fe(Ⅱ)在玻碳电极表面的动力学氧化速率。因此,所有实验都在室温 25 ℃、搅拌速率 1250 r · min^{-1} 下进行,此时 Fe(Ⅱ)的电化学氧化速率主要受电极动力学过程控制[56]。为了构建微摩尔络合 Fe(Ⅱ)氧化动力学模型,需要分析 Fe(Ⅱ)氧化的动力学影响因素。当 Fe(Ⅱ)浓度为微摩尔级（$\mu mol \cdot L^{-1}$）时，在任意给定 pH 条件下，Fe(Ⅱ)氧化动力学符合以下关系：

$$\frac{d[Fe(Ⅱ)]_T}{dt} = -k_{app}[Fe(Ⅱ)]_T[oxidant] \tag{3.42}$$

其中，$[Fe(Ⅱ)]_T$ 代表任意时间 T Fe(Ⅱ)的浓度；k_{app}代表 Fe(Ⅱ)氧化动力学的表观速率常数。

固定外加电压和电极，$k_{app}[oxidant]$为定值，则 Fe(Ⅱ)电化学氧化符合伪一级反应动力学，遵循以下关系：

$$d[Fe(Ⅱ)]_T/dt = -k'[Fe(Ⅱ)]_T \tag{3.43}$$

其中，k'是伪一级反应动力学常数，与电极性能和电解质溶液有关。例如，电极材料本身的物理化学性能、电极面积、溶液组分等，都是影响动力学常数大小的因素。类似地，空气氧化反应中由于不断地向溶液中鼓入氧气，使溶液中的氧气浓度始终维持恒定的饱和状态，Fe(Ⅱ)空气氧化动力学也可用式(3.43)表示，此时 $k' = k_{app}[O_2]$。

将式(3.43)积分后可得

$$[Fe(Ⅱ)]_{T,t} = [Fe(Ⅱ)]_{T,0}\exp(-k't) \tag{3.44}$$

$\ln\{[Fe(Ⅱ)]_{T,t}/[Fe(Ⅱ)]_{T,0}\}$ 与 $-t$ 之间的关系是以 k' 为斜率的函数。其中，Fe(Ⅱ)氧化是由各 Fe(Ⅱ)物种构成的一系列平行反应组成；k'可根据式(3.17)由各物种反应速率常数相加得到。Fe(Ⅱ)各物种分布的 $\alpha_{Fe(Ⅱ)i}$ 分数可通过 MINEQL 软件模拟计算获得。由于加入的络合剂过量，体系中 Fe(Ⅱ)固体化合物含量较低，可忽略不计。$k_{Fe(Ⅱ)i}$通过将不同 pH 值下的 k' 和 $\alpha_{Fe(Ⅱ)i}$ 代入式(3.17)获得。由于在有氧体系中，Fe^{2+}、$FeSO_4$、$FeCl^+$、$FeHCO_3^+$ 等物种的氧化活性较差[26-27]。因此，可设定其初始反应速率常数均为 $10^{-5}min^{-1}$。

表 3.8 列出了 EDTA 和 NTA 络合铁体系中不同 Fe(Ⅱ)物种的平行反应及平行反应的相关常数。

表 3.8　EDTA 和 NTA 络合铁体系中 Fe(Ⅱ)物种形成的稳定常数（25 ℃，离子强度＝0）

序号	物种	$\log k$, 25 ℃	数据来源
1	$H^+ + OH^- = H_2O$	14.0	参考文献 26
2	$H^+ + CO_3^{2-} = HCO_3^-$	10.3	参考文献 26
3	$2H^+ + CO_3^{2-} = H_2CO_3$	16.7	参考文献 26
4	$H^+ + SO_4^{2-} = HSO_4^-$	1.99	参考文献 27
5	$Fe^{2+} + H_2O = FeOH^+ + H^+$	-9.51	参考文献 27
6	$Fe^{2+} + 2H_2O = Fe(OH)_2^0 + 2H^+$	-20.6	参考文献 27
7	$Fe^{2+} + CO_3^{2-} = FeCO_3^0$	5.69	参考文献 32

序号	物种	$\log k$, 25 ℃	数据来源
8	$Fe^{2+} + H^+ + CO_3^{2-} = FeHCO_3^+$	11.8	参考文献 28
9	$Fe^{2+} + 2CO_3^{2-} = Fe(CO_3)_2^{2-}$	7.45	参考文献 32
10	$Fe^{2+} + H_2O + CO_3^{2-} = Fe(OH)CO_3^- + H^+$	−4.03	参考文献 32
11	$Fe^{2+} + Cl^- = FeCl^+$	0.30	参考文献 32
12	$Fe^{2+} + SO_4^{2-} = FeSO_4^0$	2.42	参考文献 32
13	$Na^+ + CO_3^{2-} = NaCO_3^-$	1.27	参考文献 32
14	$Na^+ + H^+ + CO_3^{2-} = NaHCO_3$	10.1	参考文献 32
15	$Na^+ + SO_4^{2-} = NaSO_4^-$	1.06	参考文献 32
16	$H^+ + EDTA^{4-} = H(EDTA)^{3-}$	10.95	Mineql
17	$2H^+ + EDTA^{4-} = H_2(EDTA)^{2-}$	17.22	Mineql
18	$3H^+ + EDTA^{4-} = H_3(EDTA)^-$	20.34	Mineql
19	$4H^+ + EDTA^{4-} = H_4(EDTA)^0$	22.50	Mineql
20	$5H^+ + EDTA^{4-} = H_5(EDTA)^+$	24.00	Mineql
21	$Fe^{2+} + EDTA^{4-} = Fe(EDTA)^{2-}$	16.00	Mineql
22	$Fe^{2+} + 2OH^- + EDTA^{4-} = Fe(OH)_2(EDTA)^{4-}$	−4.00	Mineql
23	$Fe^{2+} + OH^- + EDTA^{4-} = Fe(OH)(EDTA)^{3-}$	6.50	Mineql
24	$Fe^{2+} + H^+ + EDTA^{4-} = FeH(EDTA)^-$	19.06	Mineql
25	$Na^+ + EDTA^{4-} = Na(EDTA)^{3-}$	2.7	Mineql
26	$H^+ + NTA^{3-} = H(NTA)^{2-}$	10.28	Mineql
27	$2H^+ + NTA^{3-} = H_2(NTA)^-$	13.22	Mineql
28	$3H^+ + NTA^{3-} = H_3(NTA)^0$	15.22	Mineql
29	$4H^+ + NTA^{3-} = H_4(NTA)^+$	16.22	Mineql
30	$Fe^{2+} + NTA^{3-} = Fe(NTA)^-$	10.19	Mineql
31	$Fe^{2+} + 2NTA^{3-} = Fe(NTA)_2^{4-}$	12.62	Mineql
32	$Fe^{2+} + OH^- + NTA^{3-} = Fe(OH)(NTA)^{2-}$	−1.06	Mineql
33	$Fe^{2+} + H^+ + NTA^{3-} = FeH(NTA)^0$	12.29	Mineql

如图 3.61 所示，氧化条件、络合剂、pH 对 Fe(Ⅱ)氧化动力学速率都是有影响的。当络合剂为 NTA、pH = 6.23 时，Fe(Ⅱ)在电化学氧化体系中获得最低的氧化速率常数 $k' = 0.0045 \text{ min}^{-1}$；当络合剂为 EDTA、pH = 6.85 时，Fe(Ⅱ)在空气氧化体系中获得的最高氧化速率常数 $k' = 1.32 \text{ min}^{-1}$。相对于空气氧化，Fe(Ⅱ)的电化学氧化大约慢了一个数量级。随着 pH 的增加，Fe(Ⅱ)的电化学和空气氧化速率均有所增加。另外，从图 3.61 中也可看出，$\ln \{[Fe(Ⅱ)]_{T,t} / [Fe(Ⅱ)]_{T,0}\}$ 随时间的变化呈线性关系，表明在此条件下 Fe(Ⅱ)的电化学氧化和空气氧化均遵循伪一级反应动力学。

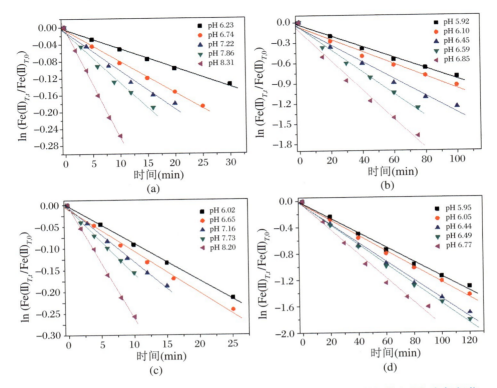

图 3.61　9 mmol·L⁻¹ EDTA 溶液中 30 μmol·L⁻¹ Fe(Ⅱ)电化学氧化(a)和空气氧化(b);9 mmol·L⁻¹ NTA 溶液中 30 μmol·L⁻¹ Fe(·Ⅱ)电化学氧化(c)和空气氧化伪一级动力学的拟合(d)

Fe(Ⅱ)氧化过程中涉及多种 Fe(Ⅱ)物种,随着氧化条件的改变,它们的浓度会发生显著变化。如图 3.62 所示,在络合剂过量条件下,Fe(Ⅱ)几乎全部与络合剂络合。在 EDTA-Fe(Ⅱ)溶液中,Fe(EDTA)²⁻ 是主要物种;在 NTA-Fe(Ⅱ)溶液中,Fe(NTA)⁻ 是主要物种。无机 Fe(Ⅱ)物种如 $FeCl^+$、$FeSO_4^0$、$Fe(OH)_2^0$ 和 $FeOH^+$ 浓度很低。在电化学氧化和空气氧化过程中,因为 Fe^{2+}、$FeCl^+$ 和 $FeSO_4^0$ 是惰性物种,反应速率常数相对较低。为了方便计算,在 Fe(Ⅱ)总氧化动力学中通常忽略不计。$Fe(OH)_2^0$ 和 $FeOH^+$ 物种由于其极低的浓度也可忽略不计。因此,Fe(Ⅱ)-EDTA 和 Fe(Ⅱ)-NTA 体系中Fe(Ⅱ)氧化的总速率常数可用等式(3.45)和式(3.46)表示:

$$k' = k_{Fe(EDTA)^{2-}} \alpha_{Fe(EDTA)^{2-}} + k_{Fe(OH)_2(EDTA)^{4-}} \alpha_{Fe(OH)_2(EDTA)^{4-}}$$
$$+ k_{Fe(OH)(EDTA)^{3-}} \alpha_{Fe(OH)(EDTA)^{3-}} + k_{FeH(EDTA)^-} \alpha_{FeH(EDTA)^-} \tag{3.45}$$

$$k' = k_{Fe(NTA)^-} \alpha_{Fe(NTA)^-} + k_{Fe(NTA)_2^{4-}} \alpha_{Fe(NTA)_2^{4-}}$$
$$+ k_{Fe(OH)(NTA)^{2-}} \alpha_{Fe(OH)(NTA)^{2-}} + k_{FeH(NTA)^0} \alpha_{FeH(NTA)^0} \tag{3.46}$$

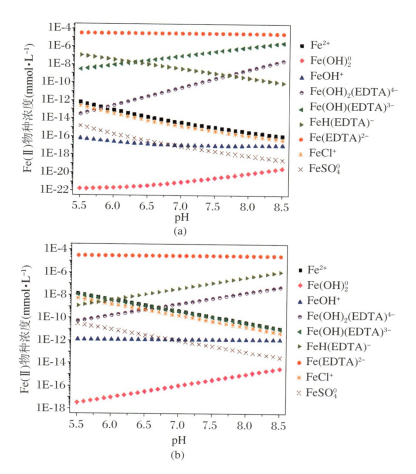

图 3.62　30 μmol·L^{-1} Fe(Ⅱ)在 9 mmol·L^{-1} EDTA(a)和 NTA(b)溶液中的物种浓度

Fe(Ⅱ)氧化是由各络合 Fe(Ⅱ)物种氧化的一系列平行反应组成的,不同的 Fe(Ⅱ)物种具有不同的氧化速率。通过代入 k' 和 $\alpha_{Fe(Ⅱ)i}$ 到式(3.41)和式(3.42)中,可计算各络合 Fe(Ⅱ)物种的氧化速率常数。如表 3.9 所示,不同络合 Fe(Ⅱ)物种具有不同的速率常数,且相比于电化学氧化,Fe(Ⅱ)有氧氧化呈现更高的氧化速率常数。对于 EDTA 体系,Fe(OH)(EDTA)$^{3-}$ 呈现最高的反应活性,电化学氧化和空气氧化反应速率常数分别高达 $3.30×10^{-1}$ min^{-1} 和 $4.27×10^{2}$ min^{-1}。Fe(EDTA)$^{2-}$ 具有中等动力学活性,电化学氧化和空气氧化反应速率常数分别为 $5.97×10^{-3}$ min^{-1} 和 $3.82×10^{-1}$ min^{-1}。Fe(OH)$_2$(EDTA)$^{4-}$ 和 FeH(EDTA)$^{-}$ 为动力学惰性物种,电化学和有空气化反应速率常数很低,不超过 10^{-5} min^{-1}。对于 NTA 体系,Fe(NTA)$_2^{4-}$ 呈现最高的动力学反应活性,电化学氧化和空气氧化反应速率常数分别为 $8.6×10^{-1}min^{-1}$ 和 $7.81×10^{2}$ min^{-1}。Fe(NTA)$^{-}$ 具有中等动力学反应活性,电化学反应和空气氧化反

应速率常数分别为 9.49×10^{-3} min^{-1} 和 5.84×10^{-1} min^{-1}。Fe(OH)(NTA)$^{2-}$ 和 FeH(NTA)^{0} 为动力学惰性物种,电化学和有氧氧化反应速率常数很低,不超过 10^{-5} min^{-1}。Fe(OH)(EDTA)$^{3-}$、Fe(EDTA)$^{2-}$、Fe(NTA)$^{-}$ 和 Fe(NTA)$_2^{4-}$ 这四个动力学活泼物种在两个体系中有明显的差异。Fe(OH)(EDTA)$^{3-}$ 和 Fe(NTA)$_2^{4-}$ 在空气氧化体系中反应速率比在电化学体系中的反应速率高了 3 个数量级,而 Fe(EDTA)$^{2-}$ 和 Fe(NTA)$^{-}$ 在空气氧化体系中的反应速率比在电化学体系中的反应速率高了两个数量级。

表 3.9　EDTA 和 NTA 络合铁体系中主要络合-Fe(Ⅱ)物在电化学氧化和空气氧化体系中的反应速率常数(25 ℃,离子强度＝0)

物种	伪一级动力学常数	
	电化学氧化(min^{-1})	空气氧化(s^{-1})
Fe(EDTA)$^{2-}$	5.97×10^{-3}	3.82×10^{-1}
Fe(OH)$_2$(EDTA)$^{4-}$	$<10^{-5}$	$<10^{-5}$
Fe(OH)(EDTA)$^{3-}$	3.30×10^{-1}	4.27×10^{2}
FeH(EDTA)$^{-}$	$<10^{-5}$	$<10^{-5}$
Fe(NTA)$^{-}$	9.49×10^{-3}	5.84×10^{-1}
Fe(NTA)$_2^{4-}$	8.6×10^{-1}	7.81×10^{2}
Fe(OH)(NTA)$^{2-}$	$<10^{-5}$	$<10^{-5}$
FeH(NTA)^{0}	$<10^{-5}$	$<10^{-5}$

Fe(Ⅱ)总氧化反应速率常数通过代入各络合 Fe(Ⅱ)物种的反应速率常数到式(3.45)和式(3.46)中得到。如图 3.63 所示,实验获得的 Fe(Ⅱ)总氧化反应速率常数与模型预测结果十分吻合。这表明建立的动力学模型能很好地解释络合 Fe(Ⅱ)的氧化动力学。另外,从图 3.63 中也可看出,在低 pH 条件下,Fe(Ⅱ)电化学氧化和空气氧化的反应速率较慢。随着 pH 的升高,反应速率不断增加。同时,络合剂种类和氧化条件也是影响 Fe(Ⅱ)氧化动力学速率的关键因素。空气氧化条件下的氧化明显快于电化学条件下的氧化。

借助动力学模型可以定量测量络合铁体系中不同 Fe(Ⅱ)物种对 Fe(Ⅱ)氧化速率的贡献。如图 3.64 所示,在不同氧化体系中,随着络合剂和 pH 的不同,各络合 Fe(Ⅱ)物种对 Fe(Ⅱ)总体氧化速率的贡献有所变化。Fe(OH)$_2$(EDTA)$^{4-}$、FeH(EDTA)$^{-}$、Fe(OH)(NTA)$^{2-}$ 和 FeH(NTA)^{0} 物种对 Fe(Ⅱ)总氧化速率的贡献可忽略。在 EDTA-Fe(Ⅱ)体系中,Fe(Ⅱ)氧化速率主要由 Fe(EDTA)$^{2-}$ 和 Fe(OH)(EDTA)$^{3-}$ 两种物种控制。低 pH 下,Fe(EDTA)$^{2-}$ 是决定 Fe(Ⅱ)氧化速率的控制物种;随着 pH 的增加,

污染控制理论与应用前沿丛书
常温空气阴极燃料电池在废水处理中的应用

Fe(EDTA)$^{2-}$物种对Fe(Ⅱ)氧化速率的贡献降低,而Fe(OH)(EDTA)$^{3-}$物种的贡献上升。类似地,在NTA-Fe(Ⅱ)体系中,Fe(Ⅱ)氧化速率主要与Fe(NTA)$^-$和Fe(NTA)$_2^{4-}$两种物种有关。在酸性溶液中,Fe(Ⅱ)氧化速率主要由Fe(NTA)$^-$物种控制;随着pH的增加,Fe(NTA)$^-$物种对Fe(Ⅱ)氧化速率的贡献降低,对Fe(NTA)$_2^{4-}$的贡献上升。

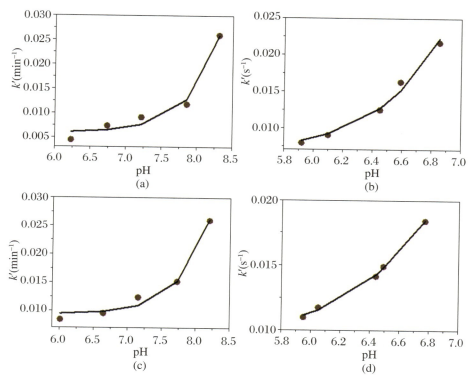

图3.63　9 mmol·L^{-1} EDTA溶液中30 μmol·L^{-1} Fe(Ⅱ)电化学氧化(a)和空气氧化(b);9 mmol·L^{-1} NTA溶液中30 μmol·L^{-1} Fe(Ⅱ)电化学氧化(c)和空气氧化(d)伪一级动力学速率常数实验数据与模型预测

红点:实验数据;黑线:预测结果

　　以上所建立的动力学模型能充分地描述Fe(Ⅱ)在微摩尔级别时的氧化动力学,该模型为从Fe(Ⅱ)物种形成角度解释燃料电池耦合络合铁脱硫过程中催化剂再生动力学提供了信息。在工业废气中,处理硫化氢时二氧化碳通常作为另一种主要酸性气体共存[115]。在实际的络合铁脱硫过程中,CO$_2$也可被络合铁溶液吸收,并转化为碳酸盐。图3.65表示在络合剂与碳酸盐共存溶液中,具有较高动力学活性的Fe(Ⅱ)物种的浓度。除了Fe(OH)(EDTA)$^{3-}$、Fe(EDTA)$^{2-}$、Fe(NTA)$_2^{4-}$和Fe(NTA)$^-$,Fe(OH)$_2^0$、FeOH$^+$、FeCO$_3^0$、Fe(CO$_3$)$_2^{2-}$和Fe(OH)(CO$_3$)$^-$也是动力学活泼物种。由图3.65可知,在

Fe(Ⅱ)-EDTA体系中,Fe(EDTA)$^{2-}$是丰度最高的物种;在 Fe(Ⅱ)-NTA 体系中,Fe(NTA)$^-$是丰度最高的物种,Fe(OH)(EDTA)$^{3-}$、Fe(NTA)$_2^{4-}$ 和 FeCO$_3^0$相对次之,但同样也具有较高的浓度。随着 pH 的升高,Fe(EDTA)$^{2-}$ 和Fe(NTA)$^-$浓度有所下降,而其他物种如 Fe(OH)(EDTA)$^{3-}$、Fe(NTA)$_2^{4-}$、Fe(CO$_3$)$_2^{2-}$、Fe(OH)(CO$_3$)$^-$ 和 Fe(OH)$_2^0$ 浓度升高,但 Fe(EDTA)$^{2-}$ 和Fe(NTA)$^-$ 仍然是丰度最高的物种。虽然在溶液中碳酸盐浓度(50 mmol·L^{-1})远大于络合剂浓度(7.5 mmol·L^{-1}),但溶液中络合 Fe(Ⅱ)物种浓度却远高于其他动力学活性物种的总浓度。因此,络合铁体系中 Fe(Ⅱ)氧化主要是受络合 Fe(Ⅱ)物种的影响而非 Fe(Ⅱ)-碳酸盐配合物种的影响。在EDTA 络合铁脱硫系统中,Fe(Ⅱ)氧化速率主要受 Fe(EDTA)$^{2-}$ 和Fe(OH)(EDTA)$^{3-}$两种物种控制。在 NTA 络合铁脱硫系统中,Fe(Ⅱ)氧化速率主要受 Fe(NTA)$^-$ 和 Fe(NTA)$_2^{4-}$ 两种物种控制。

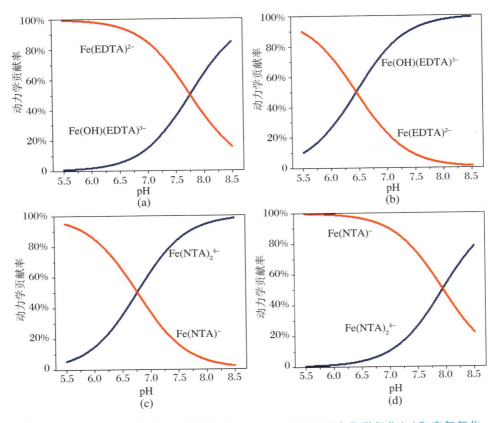

图 3.64　9 mmol·L^{-1} EDTA 溶液中 30 μmol·L^{-1} Fe(Ⅱ)电化学氧化(a)和空气氧化(b);9 mmol·L^{-1} NTA 溶液中 30 μmol·L^{-1} Fe(Ⅱ)电化学氧化(c)和空气氧化(d)体系中络合 Fe(Ⅱ)物种对 Fe(Ⅱ)总氧化速率的贡献

污染控制理论与应用前沿丛书
常温空气阴极燃料电池在废水处理中的应用

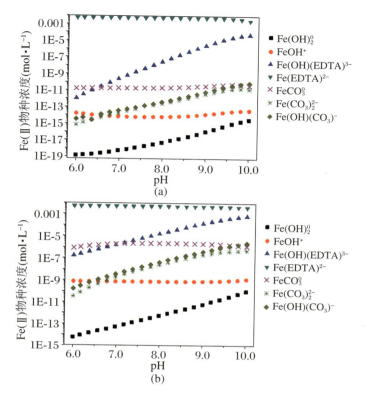

图 3.65 碳酸盐与络合剂共存体系中具有动力学活性的 Fe(Ⅱ)物种浓度。体系中含 50 mmol·L⁻¹ 碳酸盐,5 mmol·L⁻¹ Fe(Ⅱ)和 7.5 mmol·L⁻¹ EDTA(a),体系中含 50 mmol·L⁻¹ 碳酸盐,5 mmol·L⁻¹ Fe(Ⅱ)和 7.5 mmol·L⁻¹ NTA(b)

通过在空气阴极燃料电池中模拟 Fe(Ⅱ)的电化学氧化行为和在空气氧化反应器中模拟 Fe(Ⅱ)的空气氧化行为,探索络合铁脱硫过程中催化剂再生的影响因素。为了排除碳酸盐对催化剂再生反应动力学的影响,络合铁过程在含有碳酸盐的溶液中进行,以 200 mmol·L⁻¹ 氯化钠为电解质,50 mmol·L⁻¹ 碳酸氢钠为缓冲剂,7.5 mmol·L⁻¹ EDTA/NTA 为络合剂,Fe(Ⅱ)浓度为 5 mmol·L⁻¹。如图 3.66 所示,在空气氧化体系中,Fe(Ⅱ)氧化 25 min 就可完成,而在燃料电池中却需要几十个小时,这是由于 Fe(Ⅱ)在空气氧化反应中具有很高的反应速率常数,而在电化学氧化过程中反应速率常数相对较低。由于物种 Fe(NTA)⁻ 和 Fe(NTA)$_2^{4-}$ 比 Fe(EDTA)$^{2-}$ 和 Fe(OH)(EDTA)$^{3-}$ 在动力学上更为活泼,因此,Fe(Ⅱ)在 NTA 体系中的氧化速率要高于在 EDTA 中的氧化速率。而且不论是 EDTA 体系还是 NTA 体系,Fe(Ⅱ)的氧化速率随着 pH 的升高而加快。由动力学模型可知,溶液 pH 能通过调节络合 Fe(Ⅱ)物种的分布来影响络合铁脱硫过程中催化剂的再生速率。如图 3.65 所示,随着溶液 pH

由 6.0 增加到 10.0,动力学活性物种 Fe(OH)(EDTA)$^{3-}$ 和 Fe(NTA)$_2^{4-}$ 的浓度呈数量级增加,而 Fe(EDTA)$^{2-}$ 和 Fe(NTA)$^-$ 的浓度只是略有下降。因此,增加溶液 pH 能够加快 Fe(Ⅱ)的氧化。在络合铁脱硫过程中,最佳操作 pH 应大于 7.0,而且在碱性条件下也最有利于硫化氢的吸收反应。

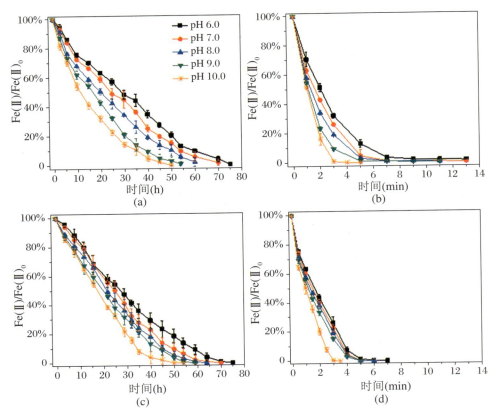

图 3.66 络合铁体系中 Fe(Ⅱ)电化学和有氧氧化速率。(a)和(b)分别代表 EDTA-Fe(Ⅱ)在空气阴极燃料电池和空气氧化反应器中的氧化;(c)和(d)分别代表 NTA-Fe(Ⅱ)在空气阴极燃料电池和空气氧化反应器中的氧化

溶液组分是影响溶液化学反应速率的重要因素。由图 3.67 可知,当溶液中 EDTA 浓度从 5 mmol·L^{-1} 增加到 10 mmol·L^{-1} 时,Fe(Ⅱ)氧化速率几乎没有变化;而当溶液中 NTA 浓度从 5 mmol·L^{-1} 增加到 10 mmol·L^{-1} 时,Fe(Ⅱ)氧化速率明显加快。根据化学计量方程可知,5 mmol·L^{-1} 的 Fe(Ⅱ)能与 5 mmol·L^{-1} 的 EDTA 或 NTA 完全络合。如图 3.68(a)所示,当溶液中 EDTA 浓度从 5 mmol·L^{-1} 增加到 10 mmol·L^{-1} 时,溶液中的 Fe(OH)(EDTA)$^{3-}$ 和 Fe(EDTA)$^{2-}$ 物种浓度基本保持不变。因此,加入过量的 EDTA 对 Fe(Ⅱ)氧化速率的影响可忽略。然而不同于 EDTA 体系,在 NTA 体系中,溶液中物种 NTA-Fe(Ⅱ)的分布受 NTA 浓度影响比较显著。如图 3.68(b)所示,当溶

液中 NTA 浓度为 5 mmol·L^{-1} 时,物种 Fe(NTA)$^-$ 和 Fe(NTA)$_2^{4-}$ 的浓度分别为 4.59×10^{-3} mol·L^{-1} 和 3.44×10^{-5} mol·L^{-1}。当溶液中 NTA 浓度增加到 10 mmol·L^{-1} 时,Fe(NTA)$^-$ 浓度缓慢下降了 22%,至 3.56×10^{-3} mol·L^{-1},而 Fe(NTA)$_2^{4-}$ 浓度显著增加了 36 倍,至 1.24×10^{-3} mol·L^{-1}。因此,增加 NTA 浓度可通过增加 Fe(NTA)$_2^{4-}$ 物种的浓度来有效加快 Fe(Ⅱ)的氧化。

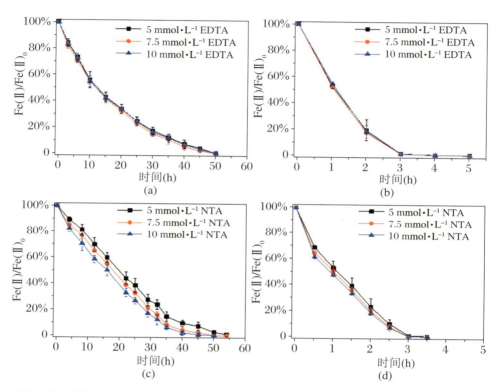

图 3.67　不同浓度络合剂下络合 Fe(Ⅱ)氧化速率:(a)和(c)为空气阴极燃料电池体系;(b)和(d)为空气氧化反应体系

与空气氧化体系相比,Fe(Ⅱ)的电化学氧化相对缓慢。这是由于在不同体系中络合 Fe(Ⅱ)氧化机理不同。在空气氧化体系中存在活性氧自由基,Fe(Ⅱ)可由过氧化氢或羟基自由基等快速氧化。然而,在空气阴极燃料电池中,阳极不可能产生将 Fe(Ⅱ)氧化的活性氧自由基。因此,空气阴极燃料电池中 Fe(Ⅱ)的电化学氧化速率低于其在空气氧化体系中的氧化速率。

另外,Fe(Ⅱ)物种的活性与电子受体也有密切的关系。在空气氧化体系中电子受体是 O$_2$,而在燃料电池中电子受体为电极,不同的电子受体与 Fe(Ⅱ)物种亲和力不同。在两个体系中由于电子受体的不同也会造成反应速率的差异。

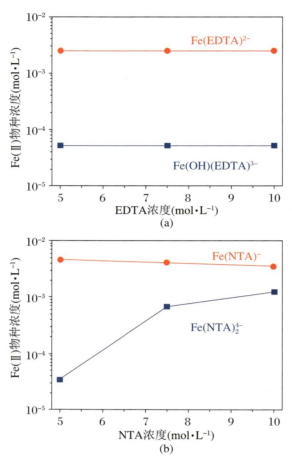

图 3.68　动力学活性络合 Fe(Ⅱ)物种的浓度与络
合剂浓度的关系：(a) EDTA；(b) NTA

　　到目前为止，络合铁脱硫过程面临的最大挑战是铁催化剂的再生，相比于硫化氢的吸收反应，铁催化剂的再生相对缓慢，严重影响整个过程的进行。因此，分析了解 Fe(Ⅱ)电化学氧化和有氧氧化过程中涉及的机理问题，对提高络合铁脱硫效率具有重要的意义。基于物种分布的动力学模型不仅能定量描述影响 Fe(Ⅱ)氧化速率的各络合 Fe(Ⅱ)物种的相应参数，而且阐述了具体是哪种 Fe(Ⅱ)物种对 Fe(Ⅱ)总氧化速率起决定性作用。该模型准确恰当地预测了各操作参数对络合 Fe(Ⅱ)氧化动力学的影响，为空气氧化和空气阴极燃料电池体系的运行操作提供了有价值的信息，可指导调节相应参数来提高传统络合铁脱硫，以及燃料电池耦合络合铁脱硫过程中催化剂的再生效率。

参考文献

［1］ Lefebvre O，Neculita C M，Yue Y，et al. Bioelectrochemical treatment of acidmine drainage dominated with iron［J］. Journal of Hazard Materials，2012：241-242. 411-417.

［2］ Andersen S L F，Flores R G，Madeira V S，et al. Synthesis and characterization of acicular iron oxide particles obtained from acidmine drainage and their catalytic properties in toluene oxidation［J］. Industrial & Engineering Chemistry Research，2012，51(2)：767-774.

［3］ Rowe O F，Johnson B D. Comparison of ferric iron generation by different species of acidophilic bacteria immobilized in packed-bed reactors［J］. Systematic and Applied Microbiology，2008，31(1)：68-77.

［4］ Hallberg K B. New perspectives in acidmine drainage microbiology［J］. Hydrometallurgy，2010，104：448-453.

［5］ Cheng S，Dempsey B A，Logan B E. Electricity generation from synthetic acid-mine drainage(AMD) water using fuel cell technologies［J］. Environmental Science & Technology，2007，41(23)：8149-8153.

［6］ Cheng S，Jang J H，Dempsey B A，et al. Efficient recovery of nano-sized iron oxide particles from synthetic acid-mine drainage(AMD) water using fuel cell technologies［J］. Water Research，2011，45(1)：303-307.

［7］ DeBerry D. Chemical evolution of liquid redox processes［J］. Environmental Progress，1997，16：193-199.

［8］ Hua G X，McManus D，Woollins J D. The evolution，chemistry and applications of homogeneous liquid redox sulfur recovery techniques［J］. Comments Inorganic Chemistry，2001，22(5)：327-351.

［9］ Huang H，Yu Y，Chung K H. Recovery of hydrogen and sulfur by indirect electrolysis of hydrogen sulfide［J］. Energy & Fuel，2009，23(9)：4420-4425.

［10］ Heguy D L，Nagl G J. Consider optimized iron-redox processes to remove sulfur［J］. Hydrocarb Process，2003，82：53-57.

［11］ Gendel Y，Levi N，Lahav O. $H_2S(g)$ removal using a modified，low-pH liquid redox sulfur recovery(LRSR) process with electrochemical regeneration of the Fe catalyst couple［J］. Environmental Science & Technology，2009，43(21)：8315-8319.

[12] 杨桂朋. 海洋光化学研究的最新进展[J]. 海洋科学，1996，1：20-22.

[13] Burns J M，Craig P S，Shaw T J，et al. Short-term Fe cycling during Fe(Ⅱ) oxidation：exploring joint oxidation and precipitation with a combinatorial system[J]. Environmental Science & Technology，2011，45(7)：2663-2669.

[14] Stumm W，Lee G F. Oxygenation of ferrous iron[J]. Industial Engineering Chemistry Research，1961，53(2)：143-146.

[15] Millero C J，Lee S M V，Rose A L，et al. Impact of natural organic matter on H_2O_2-mediated oxidation of Fe(Ⅱ) in coastal seawaters[J]. Environmental Science & Technology，2012，46(20)：11078-11085.

[16] 张莉，杨桂朋. 海洋中铁、锰、铜等过度金属元素的光化学研究进展[J]. 海洋科学，2000，24(10)：34-35.

[17] Santana-Casiano J M，González-Dávila M，Millero F J. Oxidation of nanomolar levels of Fe(Ⅱ) with oxygen in natural waters[J]. Environmental Science & Technology，2005，39(7)：2073-2079.

[18] Pham A N，Waite T D. Oxygenation of Fe(Ⅱ) in natural waters revisted：kinetic modeling approaches，rate constant estimation and the importance of various reaction pathways[J]. Geochimica et Cosmochimica Acta，2008，72(15)：3616-3630.

[19] Gong Y，Radachowsky S E，Wolf M，et al. Benthic microbial fuel cell as direct power source for an acoustic modem and seawater oxygen/temperature sensor system[J]. Environmental Science & Technology，2011，45(11)：5047-5053.

[20] Yuan Y，Zhou S，Zhuang L. A new approach to in situ sediment remediation based on air-cathode microbial fuel cells[J]. Journal of Soils and Sediments，2010，10：1427-1433.

[21] Elmaleh A，Galy A，Allard T，et al. Anthropogenic accumulation of metals and metalloids in carbonate-rich sediments：insights from the ancient harbor setting of tyre(Lebanon)[J]. Geochimica et Cosmochimica Acta，2012，82(1)：23-38.

[22] Lindsay M B J，Wakeman K D，Rowe O F，et al. Microbiology and geochemistry ofmine tailings amended with organic carbon for passive treatment of pore water[J]. Geomicrobiology Journal，2011，28(3)：229-241.

[23] King D W，Farlow R. Role of carbonate speciation on the oxidation of Fe(Ⅱ) by H_2O_2[J]. Marine Chemistry，2000，70(1/2/3)：201-209.

［24］ Chu H W，Thangamuthu R，Chen S M. Preparation，characterization and electrocatalytic behavior of zinc oxide/zinchexacyanoferrate and ruthenium oxide hecacyanoferrate hybrid film-modified electrodes［J］. Electrochimica Acta，2008，53(6)：2862-2869.

［25］ Selvaraju T，Ramaraj R. Electrochemically deposited nanostructured platinum on nafion coated electrode for sensor applications［J］. Journal of Electroanalytical Chemistry，2005，585(2)：290-300.

［26］ Millero F J，Yao W，Archer J. The speciation of Fe(Ⅱ) and Fe(Ⅲ) in natural waters［J］. Marine Chemistry，1995，50：21-39.

［27］ Morel F M M，Hering J G. Principles and applications of aquatic chemistry ［M］.Jojn Wiley & Sons，1993.

［28］ Millero F J，Hawke D J. Ionicinteractions of divalent metals in natural waters［J］. Marine Chemistry，1992，40(1-2)：19-48.

［29］ Millero F J，Izaguirre M. Effect of ionic strength and iinic interactions on the oxidation of Fe(Ⅱ)［J］. Journal Solution Chemistry，1989，18(6)：585-599.

［30］ Millero F J，Sotolongo S，Stade D J，et al. Effect of ionic interactions on the oxidation of Fe(Ⅱ) with H_2O_2 in aqueous solutions［J］. Journal Solution Chemistry，1991，20(11)：1079-1092.

［31］ Pullin M J，Cabaniss S E. The effects of pH，ionic strength，and iron-fulvic acid interactions on the kinetics of non-photochemical iron transformations. I. Iron(Ⅱ) oxidation and iron(Ⅲ) colloid formation［J］. Geochimica Cosmochimica Acta，2003，67(21)：4067-4077.

［32］ King D W. Role ofcarbonate speciation on the oxidation rate of Fe(Ⅱ) in aquatic systems［J］. Environmental Science & Technology，1998，32(19)：2997-3003.

［33］ Santana-Casiano J M，Gonzalez-Davila M，Millero F J. Theoxidation of Fe (Ⅱ) in $NaCl-HCO_3$ and seawater solutions in the presence of phthalate and salicylate ions：a kinetic model［J］. Marine Chemistry，2004，85(1/2)：27-40.

［34］ Gonzalez A G，Santana-Casiano J M，Perez N，et al. Oxidation of Fe(Ⅱ) in natural waters at high nutrient concentrations［J］. Environmental Science & Technology，2010，44：8095-8101.

［35］ Cheng X，Shi Z，Glass N，et al. A review of PEM hydrogen fuel cell contamination: impacts, mechanisms, and mitigation[J]. Journal of Power Sources, 2007,165(2):739-756.

[36] Yokokawa H, Yamaji K, Brito M E, et al. General considerations on degradation of solid oxide fuel cell anodes and cathodes due to impurities in gases[J]. Journal of Power Sources, 2011, 196(17): 7070-7075.

[37] Ni Y H, Ge X W, Liu H R, et al. Synthesis and characterization of α-Fe (OH) nano-rods in situ via a solution-oxidation[J]. Materals Letters, 2001, 49(3/4): 185-188.

[38] He Z, Mansfeld F. Exploring the use of electrochemical impedance spectroscopy(EIS) in microbial fuel cell studies[J]. Energy Environmental Science, 2009, 2(2): 215-219.

[39] Sun M, Zhang F, Tong Z H, et al. A gole-sputtered carbon paper as an anode for improved electricity generation form a microbial fuel cell inoculated with *Shewanella oneidensis* MR-1[J]. Biosensors and Bioelectronics, 2010, 26(2): 338-343.

[40] Zhang J L, Zhang L, Bezerra C W B, et al. EIS-assisted performance analysis of non-noble metal electrocatalyst(Fe-N/C)-based PEM fuel cells in the temperature range of $23 \sim 80$ °C [J]. Electrochimica Acta, 2009, 54(6): 1737-1743.

[41] Liu H, Logan B E. Electricity generation using an air-cathode single chamber microbial fuel cell in the presence and absence of a proton exchange membrane[J]. Environmental Science & Technology, 2004, 38(14): 4040-4046.

[42] Wan C H, Chen C L. Mitigating ethanol crossover in DEFC: a composite anode with a thin layer of Pt_{50}-Sn_{50} nanoparticles directly deposited into Nafion [J]. International Journal Hydrogen Energy, 2009, 34(23): 9515-9522.

[43] Beydaghi H, Javanbakht M, Amoli H S, et al. Synthesis and characterization of new proton conducting hybrid membranes for PEM fuel cells based on poly(vinyl alcohol) and nanoporous silica containing phenyl sulfonic acid[J]. International Journal of Hydrogen Energy, 2011, 36(20): 13310-13316.

[44] Santana-Casiano J M, Gonzalez-Davila M, Davila-Gonzalez M, et al. The effect of organic compounds in the oxidation kinetics of Fe(Ⅱ)[J]. Marine Chemistry, 2000, 17(1-3): 211-222.

[45] Theis T L, Singer P C. Complexation of iron Ⅱ. By organic matter and its

effect on iron（Ⅱ）oxygenation［J］. Environmental Science & Technology，1974，8：569.

［46］ Krishnamurti G S R，Huang P M. Influence of citrate on the kinetics of Fe（Ⅱ）oxidation and the formation of iron oxyhydroxides［J］. Clays and Clay Minerals，1991，39：28-34.

［47］ Pham A N，Waite T D. Oxygenation of Fe（Ⅱ）in the presence of citrate in aqueous solutions at pH 6.0～8.0 and 25 ℃：interpretation from an Fe（Ⅱ）/citrate speciation perspective［J］. Journal Physical Chemistry A. 2008，112（4）：643-651.

［48］ Lensbouer J J，Patel A，Sirianni J P，et al. Functional characterization and metal ion specificity of the metal-citrate complex transporter from *Streptomyces coelicolor*［J］. Journal of Bacteriology，2008，190（16）：5616-5623.

［49］ Guan X，Dong H，Ma J. Influence of phosphate，humic acid and silicate on the transformation of chromate by Fe（Ⅱ）under suboxic conditions［J］. Separation and Purification Technology，2011，78（3）：253-260.

［50］ Stumm W，Morgan J J. Aquaticchemistry，chemical equilibria and rates in natural Waters［M］. 3rd Edition，New York：John Wiley & Sons，1996.

［51］ Seo M，Sato M. Auger analysis of the anodic oxide film on iron in neutral solution［J］. Corrosion Science，1977，17（3）：209-217.

［52］ Ozcan A，Sahin Y，Oturan M A. Complete removal of the insecticide azinphos-methyl from water by the electro-Fenton method-a kinetic and mechanistic study［J］. Water Research，2013，47（3）：1470-1479.

［53］ Costa R C C，Moura F C C，Ardisson J D，et al. Highly active heterogeneous Fenton-like systems based on Fe_0/Fe_3O_4 composites prepared by controlled reduction of iron oxides［J］. Applied Catalysis B：Environmental，2008，83（1-2）：131-139.

［54］ Wang Y，Zhao H，Chai S，et al. Electrosorption enhanced electro-Fenton process for efficientmineralization of imidacloprid based on mixed-valence iron oxide composite cathode at neutral pH［J］. Chemical Engineering Journal，2013，223：524-535.

［55］ Huang H H，Lu M C，Chen J N. Catalytic decomposition of hydrogen peroxide and 2-chlorophenol with iron oxides［J］. Water Research，2001，35：2291-2299.

［56］ Zhao H，Wang Y，Wang Y，et al. Electro-Fenton oxidation of pesticides with a novel $Fe_3O_4@Fe_2O_3$/activated carbon aerogel cathode: high activity, wide pH range and catalytic mechanism[J]. Applied Catalysis B: Environmental, 2012, 125: 120-127.

[57] Liu S, Zhao X R, Sun H Y, et al. The degradation of tetracycline in a photo-electro-Fenton system[J]. Chemical Engineering Journal, 2013, 231: 441-448.

[58] Kwan W P, Voelker B M. Rates of hydroxyl radical generation and organic compound oxidation inmineral-catalyzed Fenton-like systems[J]. Environmental Science & Technology, 2003, 37: 1150-1158.

[59] Lin S S, Gurol M D. Catalytic decomposition of hydrogen peroxide on iron oxide: kinetics, mechanism, and implications[J]. Environmental Science & Technology, 1998, 32(10): 1417-1423.

[60] Li J, Ai Z, Zhang L, et al. Design of a neutral electro-Fenton system with $Fe@Fe_2O_3$/ACF composite cathode for wastewater treatment[J]. Journal of Hazardous Materials, 2009, 164: 18-25.

[61] Zhang G, Wang S, Yang F, et al. Efficient adsorption and nombined heterogeneous/homogeneous Fenton oxidation of amaranth using supported nano-FeOOH as cathodic catalysts[J]. Journal of Physical Chemistry C, 2012, 116(5): 3623-3634.

[62] Rosales E, Iglesias O, Pazos M, et al. Decolourisation of dyes under electro-Fenton process using Fe alginate gel beads[J]. Journal of Hazardous Materials, 2012, 213: 369-377.

[63] Luo M, Yuan S, Tong M, et al. An integrated catalyst of Pd supported on magnetic Fe_3O_4 nanoparticles: simultaneous production of H_2O_2 and Fe^{2+} for efficient electro-Fenton degradation of organic contaminants[J]. Water Research, 2014, 48: 190-199.

[64] Xie G, Xi P, Liu H, et al. A facile chemical method to produce superparamagnetic graphene oxide-Fe_3O_4 hybrid composite and its application in the removal of dyes from aqueous solution[J]. Journal of Materials Chemistry, 2012, 22(3): 1033-1039.

[65] Nidheesh P V, Gandhimathi R, Velmathi S, et al. Magnetite as a heterogeneous electro Fenton catalyst for the removal of rhodamine B from aqueous solution[J]. RSC Advances, 2014, 4(11): 5698-5708.

[66] Nidheesh P V. Heterogeneous Fenton catalysts for the abatement of organic

pollutants from aqueous solution: a review[J]. RSC Advances, 2015, 5 (51): 40552-40577.

[67] Teel A L, Warberg C R, Atkinson D A, et al. Comparison of mineral and soluble iron Fenton's catalysts for the treatment of trichloroethylene[J]. Water Research, 2001, 35(4): 977-984.

[68] Andreozzi R, Caprio V, Marotta R. Oxidation of 3, 4-dihydroxybenzoic acid by means of hydrogen peroxide in aqueous goethite slurry[J]. Water Research, 2002, 36(11): 2761-2768.

[69] Brillas E, Sirés I, Oturan M A. Electro-Fenton process and related electrochemical technologies based on Fenton's reaction chemistry[J]. Chemical Reviews, 2009, 109(12): 6570-6631.

[70] Kefeni K K, Msagati T A, Nkambule T T, et al. Synthesis and application of hematite nanoparticles for acidmine drainage treatment[J]. Journal of Environmental Chemical Engineering, 2018, 6(2): 1865-1874.

[71] Kefeni K K, Msagati T A, Mamba B B. Acidmine drainage: prevention, treatment options, and resource recovery: a review[J]. Journal of Cleaner Production, 2017, 151: 475-493.

[72] Chen T, Yan B, Lei C, et al. Pollution control and metal resource recovery for acidmine drainage[J]. Hydrometallurgy, 2014, 147: 112-119.

[73] Lee G, Bigham J M, Faure G. Removal of trace metals by coprecipitation with Fe, Al and Mn from natural waters contaminated with acidmine drainage in the ducktown mining district, tennessee[J]. Applied Geochemistry, 2002, 17(5): 569-581.

[74] Nieto J M, Sarmiento A M, Canovas C R, et al. Acidmine drainage in the iberian Pyrite Belt: 1. hydrochemical characteristics and pollutant load of the Tinto and Odiel rivers [J]. Environmental Science and Pollution Research, 2013, 20(11): 7509-7519.

[75] Equeenuddin S M, Tripathy S, Sahoo P, et al. Metal behavior in sediment associated with acidmine drainage stream: role of pH[J]. Journal of Geochemical Exploration, 2013, 124: 230-237.

[76] Victoria S G, Raj A M E. A systematic probe in the properties of spray coated mixed spinel films of cobalt and manganese[J]. Journal of Physics and Chemistry of Solids, 2018, 112: 262-269.

[77] Bennet J, Tholkappiyan R, Vishista K, et al. Attestation in self-propagating

combustion approach of spinel AFe_2O_4（A = Co，Mg and Mn）complexes bearing mixed oxidation states：magnetostructural properties［J］. Applied Surface Science，2016，383：113-125.

[78] Zhao Y，Nie S，Wang H，et al. Direct synthesis of palladium nanoparticles on Mn_3O_4 modified multi-walled carbon nanotubes：a highly active catalyst for methanol electro-oxidation in alkaline media［J］. Journal of Power Sources，2012，218：320-330.

[79] Yin S，Wang X，Mou Z，et al. Synergistic contributions by decreasing overpotential and enhancing charge-transfer in α-Fe_2O_3/Mn_3O_4/graphene catalysts with heterostructures for photocatalytic water oxidation［J］. Physical Chemistry Chemical Physics，2014，16(23)：11289-11296.

[80] Zhan Y，Xu C，Lu M，et al. Mn and Co co-substituted Fe_3O_4 nanoparticles on nitrogen-doped reduced graphene oxide for oxygen electrocatalysis in alkaline solution［J］. Journal of Materials Chemistry A，2014，2(38)：16217-16223.

[81] Bokare A D，Choi W. Review of iron-free Fenton-like systems for activating H_2O_2 in advanced oxidation processes［J］. Journal of Hazardous Materials，2014，275：121-135.

[82] Costa R C，Lelis M，Oliveira L，et al. Novel active heterogeneous Fenton system based on $Fe_{3-x}M_xO_4$（Fe，Co，Mn，Ni）：the role of M^{2+} species on the reactivity towards H_2O_2 reactions［J］. Journal of Hazardous Materials，2006，129(1-3)：171-178.

[83] Song X C，Zheng Y F，Yin H Y. Catalytic wet air oxidation of phenol over co-doped Fe_3O_4 nanoparticles［J］. Journal of Nanoparticle Research，2013，15(8)：1856.

[84] Al-Rashdi K，Widatallah H，Al Ma'Mari F，et al. Structural and Mössbauer studies of nanocrystalline Mn^{2+}-doped Fe_3O_4 particles［J］. Hyperfine Interactions，2018，239(1)：3.

[85] García-Rodríguez O，Bañuelos J A，Rico-Zavala A，et al. Electrocatalytic activity of three carbon materials for the in-situ production of hydrogen peroxide and its application to the electro-Fenton heterogeneous process［J］. International Journal of Chemical Reactor Engineering，2016，14（4）：843-850.

[86] Zahoor A，Christy M，Hwang Y J，et al. Improved electrocatalytic activity

240

of carbon materials by nitrogen doping[J]. Applied Catalysis B: Environmental, 2014, 147: 633-641.

[87] Miao J, Zhu H, Tang Y, et al. Graphite felt electrochemically modified in H_2SO_4 solution used as a cathode to produce H_2O_2 for pre-oxidation of drinking water[J]. Chemical Engineering Journal, 2014, 250: 312-318.

[88] Le T X H, Esmilaire R, Drobek M, et al. Design of a novel fuel cell-Fenton system: a smart approach to zero energy depollution[J]. Journal of Materials Chemistry A, 2016, 4(45): 17686-17693.

[89] Zhang W, Xi J, Li Z, et al. Electrochemical activation of graphite felt electrode for VO^{2+}/VO^{2+} redox couple application[J]. Electrochimica Acta, 2013, 89: 429-435.

[90] Wang Y, Liu Y, Wang K, et al. Preparation and characterization of a novel KOH activated graphite felt cathode for the electro-Fenton process[J]. Applied Catalysis B: Environmental, 2015, 165: 360-368.

[91] Liu Y, Cui L L, Wang J C, et al. Transition metal oxides modified graphite felt and its electrochemical oxidation performance[J]. Chinese Journal of Inorganic Chemistry, 2016, 32(9): 1552-1558.

[92] Zhou L, Hu Z, Zhang C, et al. Electrogeneration of hydrogen peroxide for electro-Fenton system by oxygen reduction using chemically modified graphite felt cathode[J]. Separation and Purification Technology, 2013, 111: 131-136.

[93] Zhou L, Zhou M, Hu Z, et al. Chemically modified graphite felt as an efficient cathode in electro-Fenton for p-nitrophenol degradation[J]. Electrochimica Acta, 2014, 140: 376-383.

[94] Liu X, Yang D, Zhou Y, et al. Electrocatalytic properties of n-doped graphite felt in electro-Fenton process and degradation mechanism of levofloxacin[J]. Chemosphere, 2017, 182: 306-315.

[95] Yu J, Liu T, Liu H, et al. Electro-polymerization fabrication of PANI@GF electrode and its energy-effective electrocatalytic performance in electro-Fenton process[J]. Chinese Journal of Catalysis, 2016, 37(12): 2079-2085.

[96] Yang W, Zhou M, Cai J, et al. Ultrahigh yield of hydrogen peroxide on graphite felt cathode modified with electrochemically exfoliated graphene[J]. Journal of Materials Chemistry A, 2017, 5(17): 8070-8080.

［97］ Yu F，Zhou M，Yu X. Cost-effective electro-Fenton using modified graph-ite felt that dramatically enhanced on H_2O_2 electro-generation without external aeration［J］. Electrochimica Acta，2015，163：182-189.

［98］ Ma L，Zhou M，Ren G，et al. A highly energy-efficient flow-through elec-tro-Fenton process for organic pollutants degradation［J］. Electrochimica Acta，2016，200：222-230.

［99］ Tian J，Olajuyin A M，Mu T，et al. Efficient degradation of rhodamine B using modified graphite felt gas diffusion electrode by electro-Fenton process［J］. Environmental Science and Pollution Research，2016，23(12)：11574-11583.

［100］ Tian J，Zhao J，Olajuyin A M，et al. Effective degradation of rhodamine B by electro-Fenton process，using ferromagnetic nanoparticles loaded on modified graphite felt electrode as reusable catalyst：in neutral pH condi-tion and without external aeration［J］. Environmental Science and Pollution Research，2016，23(15)：15471-15482.

［101］ Yu X，Zhou M，Ren G，et al. A novel dual gas diffusion electrodes system for efficient hydrogen peroxide generation used in electro-Fenton［J］. Chemical Engineering Journal，2015，263：92-100.

［102］ Huang H，Han C，Wang G，et al. Lignin combined with polypyrrole as a renewablecathode material for H_2O_2 generation and its application in the e-lectro-Fenton process for azo dye removal［J］. Electrochimica Acta，2018，259：637-646.

［103］ Murugananthan M，Yoshihara S，Rakuma T，et al. Mineralization of bis-phenol A（BPA）by anodic oxidation with boron-doped diamond（BDD）electrode［J］. Journal of Hazardous Materials，2008，154(1/2/3)：213-220.

［104］ Liu D，Zhang H，Wei Y，et al. Enhanced degradation of ibuprofen by hetero-geneous electro-Fenton at circumneutral pH［J］. Chemosphere，2018，209：998-1006.

［105］ Zeng J，Yang B，Wang X，et al. Degradation of pharmaceutical contami-nant ibuprofen in aqueous solution by cylindrical wetted-wall corona discharge［J］. Chemical Engineering Journal，2015，267：282-288.

［106］ Zhou W，Meng X，Rajic L，et al. "Floating" cathode for efficient H_2O_2 electrogeneration applied to degradation of ibuprofen as a model pollutant

[J]. Electrochemistry Communications，2018，96：37-41.

[107] Gözmen B，Oturan M A，Oturan N，et al. Indirect electrochemical treatment of bisphenol a in water via electrochemically generated Fenton's reagent[J]. Environmental Science & Technology，2003，37(16)：3716-3723.

[108] Yuan S，Gou N，Alshawabkeh A N，et al. Efficient degradation of contaminants of emerging concerns by a new electro-Fenton process with Ti/MMO cathode[J]. Chemosphere，2013，93(11)：2796-2804.

[109] 张冬云，薛敏华，王孝英，等. 栲胶-NTA 络合铁体系的脱硫研究[J]. 天然气化工，2005，30(4)：39-54.

[110] Deshmukh G M，Shete A，Pawar D M. Oxidative absorption of hydrogen sulfideusing an iron-chelate based process：chelate degradation[J]. Journal of Chemical Technology & Biotechnol，2013，88(3)：432-436.

[111] Sada E，Kumazawa H，Machida H. Oxidation kinetics of Fe Ⅱ-EDTA and Fe Ⅱ-NTA chelates by dissolved oxygen[J]. Industrial & Engineering Chemistry Research，1987，26：1468-1472.

[112] Wubs H J，Beenackers A A C M. Kinetics of the oxidation of ferrous chelates of EDTA and HEDTA in aqueous solution[J]. Industrial & Engineering Chemistry Research，1993，32(11)：2580-2594.

[113] Karimi A，Tavassoli A，Nassernejad B. Kinetic studies and reactor modeling of single step H_2S removal using chelated iron solution[J]. Chemical Engineering Research and Design，2010，88(5)：748-756.

[114] King D W，Lounsbury H A，Millero F J. Rates and Mechanism of Fe(Ⅱ) oxidation at nanomolar total iron concentrations[J]. Environmental Science & Technology，1995，29(3)：818-824.

[115] Marzouk S A M，Al-Marzouqi M H，Teramoto M，et al. Simultaneous removal of CO_2 and H_2S from pressurized CO_2—H_2S—CH_4 gas mixture using hollow fiber membrane conactors[J]. Separation and Purification Technology，2012，86(15)：88-97.